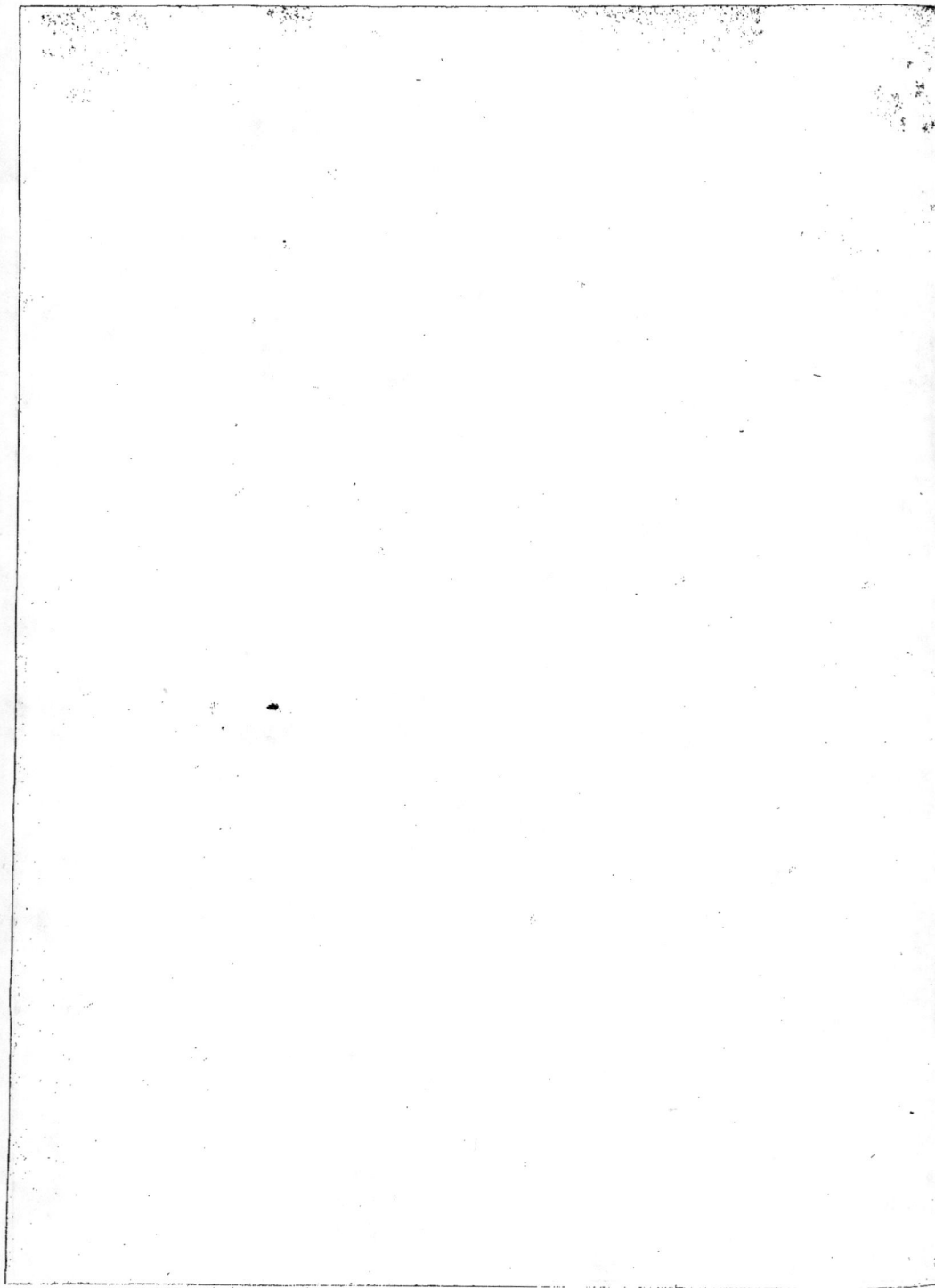

TRAITÉ

DES ARBRES

FRUITIERS.

TOME PREMIER.

POMONA

GALLICA

De Sève inv.

N. de Launay Sculp.

TRAITÉ
DES ARBRES
FRUITIERS;

CONTENANT

LEUR FIGURE, LEUR DESCRIPTION, LEUR CULTURE, &c.

Par M. *DUHAMEL DU MONCEAU*, de l'Académie Royale des Sciences ; de la Société Royale de Londres ; des Académies de Petersbourg, de Palerme, & de l'Institut de Bologne ; Honoraire de la Société d'Edimbourg, & de l'Académie de Marine ; Associé à plusieurs Sociétés d'Agriculture ; Inspecteur Général de la Marine.

TOME PREMIER.

A PARIS,

Chez { SAILLANT, Libraire, rue Saint Jean de Beauvais.
{ DESAINT, Libraire, rue du Foin.

M. DCC. LXVIII.
Avec Approbation et Privilege du Roi.

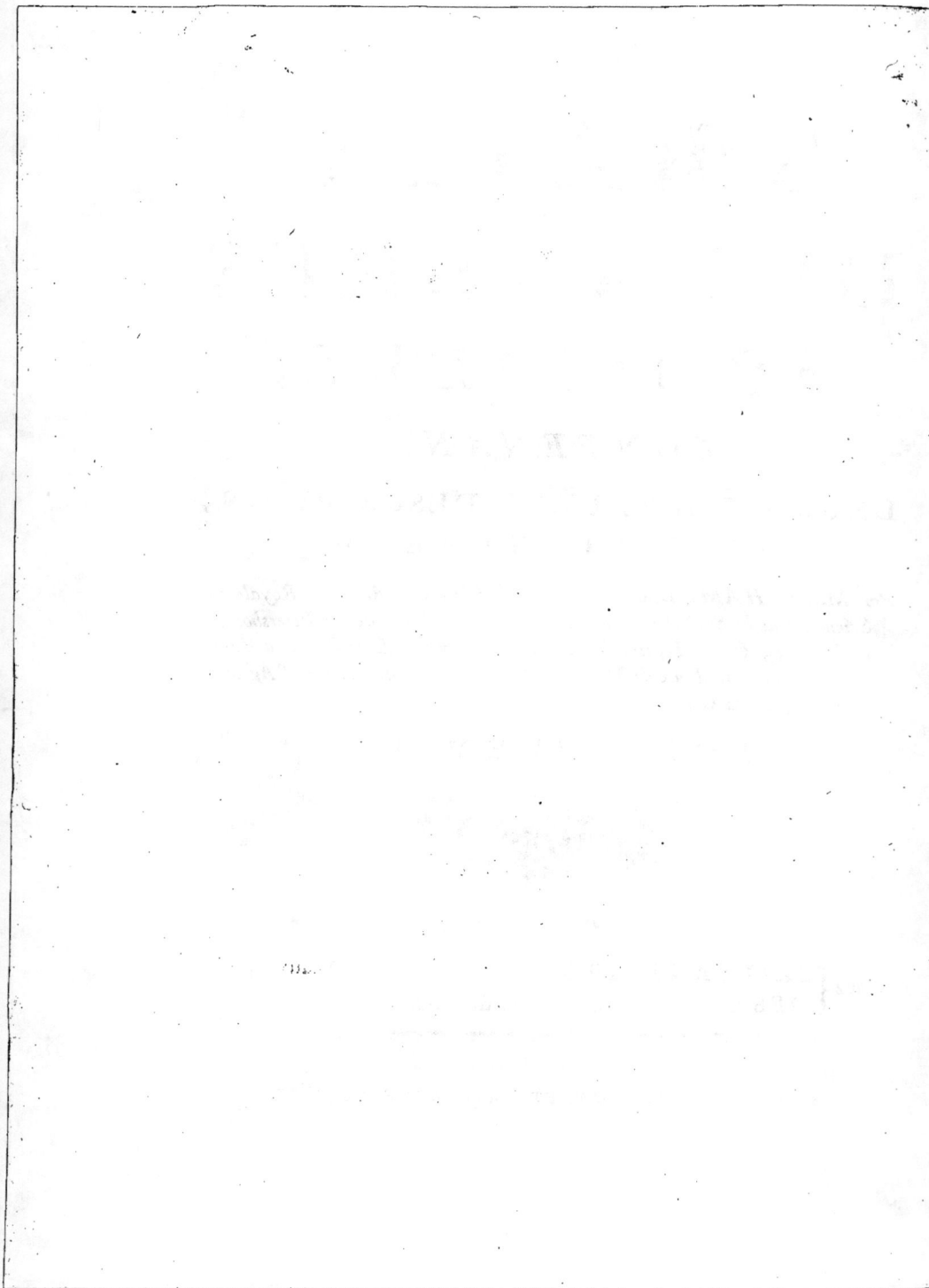

PRÉFACE.

ÉTUDIER les Ouvrages du Créateur, contempler l'admirable spectacle de la Nature, est une occupation bien digne de l'homme qui pense. Dans quelque point de vue qu'il se place, il n'apperçoit rien qui ne mérite son attention, rien qui ne le conduise à faire des réflexions utiles. Mais dans la variété infinie d'objets qui composent cet immense tableau, ceux qu'on nomme de premiere nécessité doivent le toucher plus que tous les autres ; tels sont les Bleds, la Vigne, les Bois, les Bestiaux, ressources principales pour sa vie, sa sûreté, & même ses plaisirs.

OUTRE ces objets précieux, la Nature lui en offre d'autres, qui, sans être aussi intéressants, peuvent arrêter ses regards & mériter ses soins. L'agrément & l'utilité des Arbres fruitiers, doivent leur assurer le premier rang dans cette classe. A leurs fleurs, l'un des plus beaux ornements des Jardins au Printemps, succedent les fruits qui sont la partie la plus brillante des richesses de l'Eté & de l'Automne. Pendant toute l'année ils fournissent nos tables de mets d'autant plus agréables qu'ils flattent & réveillent le goût à la fin des repas les plus somptueux & les plus recherchés. Le parfum, la fraîcheur, la saveur, la délicatesse des bons fruits sont des qualités avouées de tout le monde : mais plusieurs prétendent que l'usage en est dangereux, & que, pour être servi dans des vases précieux, cet aliment n'en est pas moins contraire à la santé ; qu'étant froid, il produit dans l'estomac des crudités qui

troublent les digeftions, font un mauvais chyle, & occafionnent des fievres opiniâtres , & fouvent vermineufes.
J'ai rapporté dans mes Obfervations Botanico-Météorolo-
giques des faits bien conftatés qui déchargent les fruits de
ces accufations , & plufieurs célebres Médecins les ont
pleinement juftifiés de reproches qui ne doivent tomber
que fur l'intempérance de ceux qui , s'abandonnant à leur
appétit, en ufent fans modération. Si je n'étois retenu par
les bornes d'une Préface qui ne peut être trop courte, je
démontrerois facilement que cette nourriture délicieufe ,
& unique de nos premiers peres, n'eft devenue nuifible
que parce que l'homme s'y livre fans réferve.

Je n'ai garde cependant de confeiller à tout le monde
indiftinctement de manger de toutes fortes de fruits. Sur
cet aliment comme fur tout autre, chacun doit déterminer
d'après fa propre expérience l'ufage qu'il en peut faire, tant
pour la quantité, que pour l'efpece. Mais auffi il feroit in-
confidéré de vouloir profcrire fans reftriction tous les
fruits de deffus nos tables : j'en appelle à tous les âges & à
tous les Peuples qui ont conftamment recherché les fruits.
L'affurance de leurs fuffrages, autant que le goût que j'ai
pour les bons fruits, m'a porté dans le temps même où
j'étois occupé des objets de la premiere néceffité, la Culture des Terres, la Confervation des Grains, le rétabliffe-
ment des Forêts, &c. (*) à raffembler dans nos Jardins
les meilleures efpeces d'Arbres fruitiers, à les décrire, à
les faire deffiner par les plus habiles Artiftes dans la vue
de compofer l'Ouvrage que je donne aujourd'hui au Pu-

(*) Les Eléments d'Agriculture, 2 vol. *in-*12; le Traité de la Confervation
des Grains, 2 vol. *in-*12. & le Traité des Bois & Forêts en 8 vol. *in-*4°. fe trouvent chez L. F. Delatour, Libr. rue S. Jacques.

blic : mais les grands frais qu'exigeoient les Gravures, me firent abandonner ce projet, & ces matériaux font reftés comme oubliés dans mon Cabinet pendant plus de vingt ans. Enfin les ayant fait voir à un Amateur (*) rempli des mêmes vues & occupé des mêmes objets, il efpéra pouvoir les mettre en œuvre ; les difficultés qui m'avoient arrêté ne lui parurent point infurmontables. Je ne lui diffimulai pas que diverfes occupations importantes ne me laiffoient que peu de temps à donner à cet Ouvrage ; mais fon zele l'engagea à m'offrir de travailler de concert avec moi pour finir les Defcriptions & les Deffeins imparfaits, & pour ajouter ce qui manquoit des uns & des autres, fe propofant de me mettre en état de m'acquitter avec le Public des engagements que j'avois pris de donner ce Traité qui complete celui des Arbres & Arbuftes.

LES Planches ont été exécutées par les Graveurs les plus habiles en ce genre ; & quoiqu'on apperçoive différentes manieres dans les hachures, parce que l'Ouvrage étoit trop confidérable pour être fait par une même main, cependant elles ont été portées à un degré de perfection que l'on voit dans peu d'Ouvrages ; ce qui a déterminé les Libraires à n'épargner ni foins, ni dépenfes pour qu'il n'y eût rien à defirer à la partie typographique de ce Traité, dont nous allons rendre un compte abrégé.

EN examinant la plupart des Vergers & des Efpaliers plantés d'Arbres fruitiers, on eft furpris qu'un objet auffi intéreffant foit fi éloigné de fa perfection, principalement pour le choix des efpeces, & même pour leur culture.

(*) M. LE BERRIAYS.

a ij

À L'ÉGARD du choix des efpeces, les uns plantent des Arbres pour tirer un revenu de leurs fruits : ceux-là ne prenant confeil que de leur intérêt, donnent la préférence aux fruits qui font précoces ou fort gros ; ces deux qualités étant plus avantageufes pour la vente que la délicateffe des fruits, elles déterminent leur choix ; & on ne peut les en blâmer, puifqu'ils prennent le moyen le plus propre à remplir leurs vues. D'autres plantent des Arbres pour leur ufage particulier & la fourniture de leur maifon : ceux-ci reglent fouvent le nombre des efpeces qui doivent entrer dans leurs Jardins, d'après la Quintinye, qui s'eft propofé d'établir fon choix fur le mérite & la bonté des fruits de chaque genre. Cependant, en fuivant les confeils de ce célebre Auteur, on mettroit dans un même Verger foixante-cinq Ambrettes, autant d'Epines d'hiver, foixante-dix Echafferis, tous fruits médiocres ; & feulement vingt-quatre S. Germains, qui eft un fruit bien fupérieur à ceux que nous venons de nommer. Plufieurs Propriétaires fe décident auffi par leur goût particulier, qui fouvent n'eft pas le plus général ; mais quand on travaille pour foi, on doit être maître de fuivre fon inclination. D'autres enfin s'en rapportent entiérement à leur Jardinier qui fouvent remet la décifion au Pépiniérifte qu'il a affectionné ; & celui-ci plus occupé de fon débit que de l'avantage du Propriétaire, fournit les efpeces qu'il a le plus abondamment dans fes Pépinieres.

LAISSANT à part ces motifs d'un intérêt perfonnel, il faut convenir qu'il ne feroit pas aifé, même à celui qui auroit fait une étude fuivie des fruits, de donner de bons confeils à qui voudroit faire un plant confidérable. Car le goût eft une fenfation perfonnelle & libre à laquelle on ne peut impofer de Loix : ainfi chacun eft autorifé à donner la préférence à un fruit fur un autre. Les uns fe déclarent pour les fruits fondants, tandis que d'autres aiment mieux les caffants. Cependant il y a des fruits qui, indépendamment des goûts de fantaifie, méritent la préférence fur tous les autres. Cela étant, il femble qu'on pourroit établir comme une regle générale de faire choix des bons plutôt que des médiocres. Quelque naturel que cela paroiffe, nous ofons dire que cette regle eft fufceptible de reftriction. En effet celui, par exemple, qui ne planteroit que des Fraifiers des Bois, des Cerifiers de Montmorency, des Pruniers de Dauphine, des Pêchers de groffe Mignonne, des Poiriers de Beurré, &c. auroit les fruits communément réputés les meilleurs; mais tous les ans il éprouveroit de longues difettes, & rien n'eft plus contraire à la bonne économie que de fe fournir avec profufion pendant quelques mois des fruits les plus excellents, & de refter au dépourvu le refte de l'année. Il paroît plus raifonnable de fe ménager une fucceffion de fruits, de forte que fi l'on n'eft pas toujours dans l'abondance jufqu'au fuperflu, on ne foit jamais dans l'extrême indigence. Ainfi comme il n'eft pas poffible d'avoir pendant toute l'année d'excellents fruits, il faut faire enforte que les médiocres ne manquent point. C'eft-là difpenfer avec intelligence les dons de la Nature; & le moyen de s'affurer de ces reffources, eft de planter les efpeces & les variétés d'Arbres dont les fruits fe fuccedent, depuis les plus précoces jufqu'aux plus tardifs, faifant enforte de proportionner le nombre de chaque efpece aux befoins de la faifon où elle mûrit. Une plantation ne remplit donc point du tout fon objet, lorfque trop nombreufe en Arbres dont les fruits concourent pour le temps de la maturité & ne produifent qu'une abondance momentanée, elle manque des efpeces dont les fruits fe confervent jufqu'aux nouveaux. Elle eft

encore incomplete lorfqu'elle n'eft compofée que des
plus excellents fruits de chaque faifon ; parce que ces
fruits, ordinairement délicats, étant fujets à manquer, il
faut fuppléer à ceux-là par des fruits de moindre qualité,
mais qui donnent plus abondamment & plus conftamment. D'ailleurs il faut du fruit pour les compotes & les
confitures ; or ce ne font pas toujours les fruits les plus
agréables à manger cruds qui réuffiffent le mieux dans le
fucre. Une compote de Griottes ou de Poires de S. Germain ne feroit pas préférée à une compote de Cerifes
communes ou de Poires de Martin-fec. De même les confitures d'Abricots-Alberge & de Mirabelle font plus eftimées
que celles de gros Abricots & de Prunes de Dauphine.

Ces défauts très-communs dans les plantations, viennent de ce que la plupart des Propriétaires ne connoiffent
point affez toutes les efpeces d'Arbres pour faire eux-
mêmes un bon choix. Peu de Jardiniers même les connoiffent fuffifamment, & il n'y en a prefque aucun qui
fe donne la peine de les raffembler dans les Jardins de
leurs Maîtres.

C'est principalement pour faciliter & répandre cette
connoiffance que nous avons entrepris notre Traité des
Arbres Fruitiers. Nous ne nous fommes point propofés
d'y faire une longue énumération de tous les fruits bons,
médiocres & mauvais. Nous en avons exclus toutes les
Poires & Pommes à Cidre, & tous les Raifins qui ne
font propres que pour faire du Vin. Les fruits de table
font feuls la matiere de ce Traité ; & quoiqu'entre ceux-ci
même, nous ayions fait un choix des meilleures efpeces,
& que nous en ayions omis un grand nombre qui font

plus connues qu'elles ne méritent de l'être , nous ne
conseillons à personne de cultiver toutes celles dont nous
faisons mention ; quelques-unes n'étant que des fruits de
fantaisie, d'autres ne réussissant que dans certains climats
ou dans certains terreins, & d'autres n'étant propres qu'à
diversifier le coup d'œil d'un Verger ou d'une Fruiterie :
mais il a été nécessaire de rendre cette collection assez
nombreuse, pour satisfaire à tous les goûts, & suffire à tous
les usages qu'on peut faire des fruits.

Observer dans toutes les Saisons de l'année plus de
trois cents variétés d'Arbres ; épier & saisir le moment où
chacune de leurs productions est au point qui peut établir
leur caractere ; prendre les dimensions de ces productions,
en examiner la forme, la couleur, la saveur, les différences qu'elles reçoivent de l'âge, de la force, de l'état
des Arbres, de la nature du terrein, de l'exposition, de
la température de l'air ; distinguer les caracteres constants
des accidentels ; tels sont les objets de notre travail, dont
la longueur & les détails ne nous ont point rebutés, étant
soutenus par le desir de faire un Ouvrage utile au Public,
& comptant que nos observations lui procureront des
connoissances aussi distinctes qu'elles sont nécessaires.
Cette entreprise offroit bien des difficultés à surmonter ;
les remarques suivantes les feront appercevoir.

1°. Chaque Arbre a un port &, pour ainsi dire, une façon
d'être qui lui est particuliere ; elle est sans contredit le
résultat des caracteres qui distinguent un Arbre des autres :
un Connoisseur les apperçoit, il en est frappé ; mais ces
petites différences ne peuvent être rendues sensibles, ni
par les figures, ni par le discours. Celui qui les apperçoit

ne peut même les expofer à un autre d'une maniere bien décidée.

2°. Les bourgeons des Arbres font bien diftinguer un genre d'un autre, un Poirier d'un Prunier, & même quelques variétés, une Virgouleufe, par exemple, d'une Bergamotte Crafanne; mais il y a un nombre de variétés où ces différences font fi peu confidérables, qu'on peut plutôt les regarder comme des caracteres négatifs qui indiquent quelle variété ce n'eft pas, que comme des caracteres pofitifs qui défignent précifément telle ou telle variété. Les Jardiniers, fur-tout ceux qui s'adonnent à la culture des Pépinieres, affurent que le bourgeon leur fuffit pour connoître prefque tous les Arbres, principalement les Poiriers. Il eft poffible qu'ils les connoiffent dans les Jardins ou dans les Pépinieres qu'ils cultivent, parce que les caracteres des bourgeons varient rarement dans le même terrein. Cependant nous avons vu plufieurs fois d'habiles Pépiniériftes fe tromper fur des variétés d'Arbres fruitiers, qui avoient été tirés peu de jours auparavant de leurs Pépinieres. Nous Convenons qu'un Pépiniérifte, qu'on peut comparer au chef d'une nombreufe famille, vivant au milieu de fes Arbres qu'il voit naître & s'élever, qu'il a plantés, greffés, formés, &c. doit les connoître, même indépendamment de leurs bourgeons, quoiqu'ils puiffent lui aider à diftinguer plufieurs efpeces; mais on peut affurer qu'il eft impoffible pour le Pêcher & très-difficile pour les autres genres, d'établir, fur la feule infpection des bourgeons, des caracteres diftinctifs, au moins pour le plus grand nombre des variétés d'Arbres fruitiers: & l'incertitude augmenteroit fi les bourgeons avoient été pris dans différentes Pépinieres;

car

car le terrein, l'expofition, l'âge, la vigueur des Arbres, les divers fujets fur lefquels ils ont été greffés, toutes ces circonftances occafionnent des différences qui jettent les plus grands Connoiffeurs dans des embarras dont ils ne peuvent fe tirer.

3°. Les boutons par leur groffeur, leur forme & celle de leurs fupports, préfentent quelques différences affez fenfibles pour faire connoître plufieurs variétés, comme eft, par exemple, la Reine-Claude, qui a des fupports plus gros qu'aucune autre efpece de Prune. Mais ces différences font trop peu confidérables dans beaucoup d'Arbres pour former des caracteres diftinctifs, fur-tout fi l'on examine les boutons à fruit de toutes les variétés d'un même genre. Cependant la forme & la groffeur des boutons font des circonftances moins fujettes à varier que la couleur & la groffeur des bourgeons.

4°. La grandeur, la forme, & la nuance de la couleur des pétales des fleurs, peuvent, dans certains genres, comme le Pêcher, faire diftinguer les unes des autres beaucoup de variétés; mais il faut de l'étude & de l'application pour faifir ces fingularités qui font fouvent peu confidérables.

5°. Les feuilles des Arbres caractérifent mieux les efpeces, que ne peuvent faire les parties dont nous venons de parler; elles peuvent même faire reconnoître dans les efpeces beaucoup de variétés; mais il fe trouve de ces caracteres qui font communs à plufieurs variétés, & les feuilles d'un même bourgeon font fujettes à n'avoir pas toujours une forme & une couleur conftantes. C'eft pourquoi

nous avons rarement décrit les feuilles des bourgeons :
nous nous fommes attachés aux grandes feuilles des
branches à fruit, dont la forme, la grandeur, la couleur font plus déterminées ; & nous n'avons décrit
les petites feuilles qui accompagnent les grandes, que
quand elles nous ont préfenté quelque chofe de remarquable. A l'égard des dimenfions que nous avons affi-
gnées tant aux feuilles, qu'aux autres productions, elles
ne doivent pas être prifes à la rigueur : car il eft certain
qu'un jeune Arbre vigoureux, qui fera planté dans une
bonne terre à l'expofition du Nord, aura les feuilles beaucoup plus grandes que fi cet Arbre étoit vieux ou languiffant, ou expofé au grand foleil dans un mauvais terrein : mais comme nous nous fommes attachés à établir
nos dimenfions fur des feuilles bien conditionnées, prifes
fur des Arbres en bon état, on aura des termes de comparaifon entre les feuilles de différentes efpeces ou variétés
d'Arbres.

CONCLUONS de ce qui vient d'être dit, qu'en examinant
ou les bourgeons, ou les boutons, ou les feuilles feules, on
ne prononcera fur les efpeces ou variétés des Arbres qu'avec
beaucoup d'incertitude ; mais qu'en réuniffant & en com-
binant les obfervations qu'on peut faire fur ces différentes
parties, on parviendra à diftinguer les unes des autres la
plupart des efpeces & variétés des Arbres fruitiers.

6°. LES mêmes caufes qui font varier les caracteres
des autres productions des Arbres, peuvent auffi changer
ceux des fruits. Mais ces altérations ne rendent jamais
méconnoiffables tous les fruits d'un Arbre ; & fi les jeux
de la Nature, le terrein, l'expofition, &c. en dérobent

quelques-uns au difcernement des yeux, ils ne pourront les fouftraire au jugement du goût. Si par hafard une Louife-bonne reffemble à l'extérieur à un S. Germain, l'incertitude ceffera quand on aura ouvert ces fruits. La groffeur des pepins, les pierres qui les environnent, caractériferont le S. Germain, & le goût levera encore plus l'incertitude. Nous en difons autant de la Virgouleufe comparée à l'Impériale ; la Dauphine à la petite Reine-Claude, la Pêche-violette au Brugnon, la Pomme-Poire à la Reinette-grife, &c. Concluons que fi dans ces cas l'extérieur de plufieurs fruits en impofe, leur faveur, le temps de leur maturité, & leurs caracteres intérieurs les feront diftinguer.

Les fruits offrent donc dans leur forme, leur volume, leur couleur, leur faveur, leur confiftance & le temps de leur maturité des caracteres plus marqués, plus déterminés, plus certains que les autres productions des Arbres. C'eft pourquoi les Phrafes latines qui précedent chaque variété d'Arbre ne contiennent ordinairement que les caracteres des fruits.

Si ce Traité étoit fait pour les Botaniftes, ils pourroient blâmer la longueur de la plupart de ces Phrafes, & trouver mauvais que nous n'en ayions pris que très-peu dans les Auteurs célebres, dont les Phrafes font affez univerfellement reçues. Voici les raifons qui nous ont déterminés à nous écarter de cette regle.

1°. Comme il n'eft pas poffible d'exprimer en peu de mots les caracteres communs à une efpece, & le caractere particulier à chacune de fes variétés, nous avons tâché de

remplir notre objet fans chercher à abréger les phrafes par
la fuppreffion de quelques mots. Nous nous fommes propofés de renfermer le caractere de chaque variété d'Arbre
en une feule phrafe latine, dont les termes font fouvent
plus propres & plus déterminés que ceux de notre langue : mais nous n'avons pas cru devoir aftreindre nos
phrafes aux loix & à la précifion de la Botanique. De
même nous avons préféré dans le difcours de parler la
langue des Jardiniers à celle des Savants, prenant les termes dans la fignification commune que leur donnent les
gens de l'Art, & non dans la rigoureufe exactitude des
Botaniftes.

2°. D'AILLEURS, il s'en faut bien que les Ouvrages
de Botanique les plus étendus contiennent toutes les efpeces d'Arbres fruitiers qui font décrites dans ce Traité ;
d'où il réfulte que fouvent les phrafes qu'ont employé les
Botaniftes, pourroient convenir à plufieurs variétés, quelquefois même à plufieurs efpeces. Par exemple, la phrafe
Pyrus fativa, fructu Autumnali, fuaviffimo, in ore liquefcente.
INST. caractérife-t-elle le Poirier de Beurré plutôt que plufieurs autres dont le fruit fondant & très-agréable mûrit
en Automne ? De même *Prunus fructu cerei coloris.* INST. ne
caractérife pas plus la Sainte-Catherine que quelques autres efpeces de Prunes, comme la Mirabelle dont le fruit
eft de même couleur. Nous n'avons donc pu faire ufage
de la plupart des phrafes des Botaniftes.

QUELQUES Amateurs auroient defiré une nouvelle
nomenclature : mais auroit-elle été de quelque utilité ?
Il eft vrai que le nom de plufieurs Arbres varie d'une
Province à une autre : mais une nouvelle nomenclature,

bien loin de remédier à cet inconvénient, auroit encore augmenté la confusion. On peut être certain que les Jardiniers préféreront toujours les noms qu'ils tiennent de leur Maître, auxquels ils sont accoutumés dès leur enfance, à ceux que nous mettrions dans notre Traité. Ainsi on ne peut guere espérer l'uniformité de noms, quoique sans doute elle fût à desirer. La plupart des noms des Arbres sont vuides de sens, nous en convenons : mais peut-on espérer de leur composer dans notre langue des noms qui expriment leur nature & leur caractere? Les Peuples que nous pouvons regarder comme nos Maîtres pour les choses de goût, ont-ils mieux nommé les Arbres? *Uva Apiana*, *Pyra Dolabelliana*, sont-ils meilleurs que *Poire aux Mouches*, *Prune de Monsieur*? Ainsi nous avons conservé les noms communs; & lorsqu'un Arbre en a plusieurs, nous les avons marqués, ayant attention de placer le premier celui qui est le plus usité. La liberté qu'on a pris de changer le nom des Plantes, a fait un grand obstacle au progrès de la Botanique, ou du moins en a rendu l'étude très-difficile.

Il est certain qu'il seroit avantageux de pouvoir distinguer sûrement ce qui est espece de ce qui est variété; mais ceux qui ont étudié la Physique des Arbres, sont obligés de convenir que cette distinction est impossible pour les Arbres qui sont long-temps à donner leurs fruits, & encore plus de temps à se reproduire par leurs semences. Comme on voit qu'un grain de Froment produit du Froment, un grain de Seigle, du Seigle, & un grain d'Orge, de l'Orge, on est en droit d'en conclure que le Froment, le Seigle & l'Orge sont des especes. Nous avons tenté de pareilles expériences sur les Arbres fruitiers, mais elles font de trop longue durée pour pouvoir les répéter comme on le fait très-aifément à l'égard des Plantes annuelles. Ainfi elles nous ont feulement fait appercevoir que les femences produifent un grand nombre de variétés, & on feroit tenté de penfer que le Poirier eft une efpece, le Pommier une autre, le Cerifier une autre, & que tout le refte font des variétés, mais qu'on doit, dans un Ouvrage comme celui-ci, appeller *efpeces*, puifque telle variété eft très-précieufe pendant que telle autre eft méprifable. On voit par-là qu'il eft impoffible de remonter aux efpeces primitives, & qu'il feroit ridicule de vouloir ranger les Arbres, qu'on me paffe ce terme, fuivant leur ordre généalogique.

IL ne nous reftoit que deux ordres à choifir ; favoir celui de la faifon de leur maturité, & l'ordre alphabétique.

PAR l'ordre de la maturité nous aurions rapproché des Arbres de tous les genres qui n'ont nul rapport entr'eux, & nous en aurions éloigné dont tous les caracteres fe reffemblent: nous avons donc préféré de difpofer les genres felon l'ordre alphabétique, comme dans le *Traité des Arbres & Arbuftes*, dont celui-ci n'eft qu'une extenfion, & nous croyons avoir fatisfait à tout ce qu'on pourra defirer en ajoutant une Table, où les efpeces & les variétés de chaque genre font rangées par ordre alphabétique & par ordre de maturité, au moyen de laquelle on faura quels font les fruits dont on pourra jouir dans chaque mois de l'année.

NOUS ne pouvions pas nous difpenfer de dire quelque chofe de la Culture, mais nous nous fommes renfermés dans des principes fimples, & qui peuvent être pratiqués par tout le monde. Nous ne dirons rien des chaffis, des vitrages, des ferres chaudes, des changemements de la nature du terrein, & de toutes les cultures fort difpendieufes qui ne.peuvent convenir qu'à un très-petit nombre de Propriétaires affez riches pour en faire la dépenfe : leur opulence leur procurant des gens capables & intelligents, qui confacreront volontiers leurs talents & leurs travaux à fatisfaire les defirs de ceux qui peuvent les récompenfer, les Livres & les infructions fur ce fujet, feroient auffi inutiles aux gens très-riches, qu'aux Particuliers dont la fortune eft trop bornée pour de telles entreprifes.

Nous éviterons auffi de nous engager dans des recherches fublimes, qui n'aboutiroient qu'à faire illufion. Plufieurs Phyficiens, par exemple, ont tenté d'analyfer les terres pour connoître leur fertilité: malheureufement les réfultats de leurs travaux n'ont jamais cadré avec l'expérience.

Ainsi, fuivant nous, tout Cultivateur doit fe borner à favoir fi fa terre eft feche ou humide, forte ou légere, meuble ou compacte, fablonneufe, glaifeufe ou argilleufe. Les yeux & la main fuffifent pour juger de ces qualités, & la fertilité des terres fe connoît mieux & plus sûrement par l'expérience, que par les Analyfes les plus recherchées.

Mais il nous a paru indifpenfable de traiter avec quelque étendue de la culture commune des Arbres fruitiers prife en général, de leur éducation, de leur greffe, de leur plantation, de leur taille, &c. & d'indiquer la culture particuliere à chaque efpece, fans toutefois prétendre donner un Traité complet fur ce fujet. Nous n'entreprendrons pas même de faire la critique des mauvaifes pratiques qui fe font perpétuées chez beaucoup de Jardiniers; quelques-uns ont fu s'en écarter, & juftifier, par des fuccès, la bonté des nouvelles méthodes qu'ils fe font formées.

AINSI nous nous contenterons d'expofer le méchanifme des méthodes fimples & des pratiques les plus faciles, qui font fondées fur des principes, fur de bonnes obfervations, & fur l'expérience des Jardiniers qui ne font ni ne promettent des prodiges, mais dont les fuccès peuvent contenter les Amateurs. Nous nous abftiendrons de faire mention du Phyfique de la germination des femences, du développement des branches & des racines, de la réuffite des marcottes & des boutures, de l'union des greffes avec leur fujet, de la guérifon des plaies des Arbres, de la formation des couches ligneufes, des effets qui réfultent de la taille, &c. Ceux qui feront curieux d'acquérir ces connoiffances, pourront confulter ce que nous en avons dit dans la *Phyfique des Arbres*, où elles font mieux à leur place.

NOUS nous bornons dans ce Traité aux inftruct́ions indifpenfablement néceffaires à un Jardinier, ou à celui qui ne dédaigne pas de le devenir, foit pour conduire lui-même fes Arbres, foit pour juger s'ils font bien conduits, afin d'être en état d'inviter fes amis à venir partager avec lui des dons que le travail obtient de la Nature, & que l'induftrie multiplie, perfectionne & embellit.

TABLE

TABLE
ALPHABÉTIQUE.

ABRICOTIER. *Voyez* ARMENIACA.
Abris. Divers expédients pour abriter les Arbres d'espalier. I. 91.

AMANDIER. *Voyez* AMYGDALUS.
Amendements des Terres. I. 37.

AMYGDALUS, AMANDIER. Sa Description. I. 115. Qualités des Amandes destinées à faire des Semis. 5. Leur préparation ; le temps de les mettre en terre ; la distance & la profondeur auxquelles elles doivent être plantées. 3. Culture de l'Amandier. 128. Especes & variétés d'Amandes.

Amande amere............................	123
Amande amere à noyau tendre..........	121
Amande (grosse) amere................	123
Amande (grosse) douce................	122
Amande commune......................	118
Amande des Dames....................	120
Amandier nain.......................	124
Amande-Pêche........................	127
Amande-Pistache.....................	122
Amande Sultane.	121

ARMENIACA, ABRICOTIER. Comment s'éleve de Semences. I. 5. Sa Description. 131. Sa Culture. 146. L'usage de ses fruits. 147. Ses especes & variétés.

Abricot-Alberge.	142
Abricot d'Alexandrie................	145
Abricot Angoumois..................	137
Abricot blanc......................	134
Abricot commun.	135
Abricot de Hollande................	138
Abricot de Nancy...................	144
Abricot noir.......................	142
Abricotier panaché.	145
Abricot-Pêche. *Voyez* Abricot blanc.	
Abricot de Portugal................	140
Abricot précoce....................	133
Abricot de Provence................	139
Abricot violet.....................	141

Tome I.   c

Arrofements. Sont néceffaires aux Arbres fruitiers. I. 50.

AZEROLIER. *Voyez* MESPILUS.

BERBERIS, ÉPINE-VINETTE. Sa Defcription. I. 149. L'ufage de fon fruit. 152. Ses variétés.

     Epine-Vinette à fruit rouge............149
     Epine-Vinette à fruit noir. 152
     Epine-Vinette fans pepins. 151

BIGARREAUTIER. *Voyez* CERASUS.

Blanc, maladie du Pêcher. Sa caufe & fon remede. I. 103.

Boutures. Quels Arbres s'élevent de boutures, & comment. I. 10.

Branches. Définitions des diverfes fortes de branches, leurs ufages, & leur deftination. I. 72.

Bois. Branche à bois. I. 72. Branche de faux bois. 74.

Bouquet. Petite branche à fruit des Arbres à fruits à noyau. I. 75.

Brindille (branche). I. 74.

Buiffon. Arbre en buiffon ; fa forme ; fa taille. I. 89.

Butter. Il vaut mieux butter les Arbres en les plantant, que de les planter trop bas. I. 41.

CERASUS, CERISIER. Comment s'éleve de noyaux. I. 5. Sa Defcription. 153. Sa Culture. 197. Les ufages de fes fruits. 198. Ses efpeces & variétés.

   I.   Guigne blanche...................161
        Guigne de fer.....................162
        Guigne luifante....................*Ibid.*
        Guigne rouge......................*Ibid.*
        Guigne noire......................158
        Guigne noire (petite)..............160
  II.   Bigarreau, Belle de Rocmont...........167
        Bigarreau blanc (gros)...............165
        Bigarreau blanc (petit)..............*Ibid.*
        Bigarreau commun..................167
        Bigarreau hâtif (petit) 166
        Bigarreau rouge (gros) 163
  III.   Cerife ambrée.....................185
        Autre ambrée......................187
        Cerife à bouquet...................176
        Chéry-Duke. Voyez Cerife Royale.
        Cerife commune...................172
        Cerife de Hollande, Coularde..........184
        Cerifier à fleur double...............174
        Cerifier à fleur femi-double. 173
        Cerife à la feuille..................174
        Cerife-Griotte....................187
        Griotte d'Allemagne................192

Griotte de Chaux. *Voyez* Griotte d'Allemagne.
Griotte de Portugal.................190
Cerise gros Gobet.................180
Cerise-Guigne.....................195
Sa variété........................196
Cerise hâtive.....................170
May-Duke. Voyez Cerise Royale hâtive.
Cerise de Montmorency.............181
Cerise à noyau tendre.............174
Cerise précoce....................168
Cerise à Ratafia..................189
Petite Cerise à Ratafia...........190
Cerise rouge-pâle (grosse).....182
Cerise Royale. *Chéry-Duke*.......193
Cerise Royale hâtive. *May-Duke*....194
Cerise de la Toussaint............178
Cerise à trochet..................175

Chaperons nécessaires aux murs d'espaliers. Diverses sortes de Chaperons, & façons de les construire. I. 54.

Chancre, maladie des Arbres. Sa cause, & ses remedes. I. 100.

Chenilles, ennemies des Arbres. I. 107.

Chifonne. Branche chifonne. I. 73.

Choix des Arbres dans les Pépinieres. I. 47.

Cloque, maladie du Pêcher. Ses causes. I. 101.

Crossette de Vigne. II. 274.

Culture générale des Arbres fruitiers. I. 1 *& suiv.*

CYDONIA, COIGNASSIER. Sa Description. I. 201. Sa Culture. 204. Les usages de ses fruits. *Ibid.* Ses variétés.

Coignassier commun................201
Coignassier femelle...............204
Coignassier mâle..................*Ibid.*
Coignassier de Portugal...........201

Drageons. Comment se déplantent, se plantent, & se conduisent. I. 8. Semences préférables aux drageons. 9.

Ebourgeonnement. Avantages de cette opération. I. 97. Saison & façon de la faire. 93.

Ennemis des Arbres fruitiers. I. 104 *& suiv.*

EPINE-VINETTE. *Voyez* BERBERIS.

Espaliers. I. 52.

Expositions. I. 52.

Faux bois (branche de). *Voyez* Bois.

FICUS, FIGUIER. Sa Description. I. 207. Sa Culture. 213. Usages de ses fruits. 217. Ses variétés.

Figue Angélique. 211
Figue blanche. 210
Figue de Marſeille. 211
Figue violette. .212
Figue violette longue. 213

Fourmi, ennemie des Arbres difficile à détruire. I. 107.

FRAGARIA, FRAISIER. Sa Deſcription. I. 219. Sa Culture. 254. Uſages de ſes fruits. 261. Ses eſpeces & variétés.

Fraiſier des Alpes. 231
Fraiſier Ananas. 244
Fraiſier blanc. 226
Fraiſier Capron femelle. 247
Fraiſier Capron mâle. 250
Fraiſier de Caroline. 246
Fraiſier du Chili. 234
Fraiſier commun. 224
Fraiſier Coucou. 233
Fraiſier cultivé. .229
Fraiſier écarlate de Bath. 238
Fraiſier écarlate de Virginie. 241
Fraiſier à fleur ſemi-double 226
Fraiſier Framboiſe. 250
Fraiſier ſans coulants. 227
Fraiſier de Verſailles. 228
Fraiſier vert. 252

FRAMBOISIER. *Voyez RUBUS IDÆUS.*

Franc. Greffe ſur franc. I. 16.

Fruit. Branches à fruit. I. 73. Petites branches à fruit. 75.

Fruiterie. Qualités & diſpoſition d'une fruiterie. I. 111.

Fruits. Temps & façon de les découvrir. I. 109. De les cueillir & de les conſerver. I. 110, & II. 253.

Fumier. Eſt-il utile ou nuiſible aux Arbres fruitiers ? I. 113. Attire les vers blancs. 104.

Gomme. Maladie des Arbres. Sa cauſe ; ſes remedes. I. 100.

Greffe. Noms des diverſes Greffes ; temps de les faire ; ſujets convenables à chacune. I. 14. Qualités des ſujets ſur leſquels on greffe. 16. Qualités des Greffes. 17. Différentes façons de greffer ; en fente. 19. En fente par enfour-chement. 21. En fente ſur le côté du ſujet. 30. En couronne. 21. En écuſſon. 23. En approche 27. En flûte. 29. A emporte-piece. 31. Greffes rebottées. 36.

GROSSULARIA, GROSEILLER à grappes. Sa Deſcription. I. 263. Sa Culture. 268. Les uſages de ſes fruits. 270. Ses eſpeces & variétés.

Groſeiller d'Amérique. 268
Groſeiller Caſſis. 267

Grofeiller à gros fruit blanc...........266
Grofeiller à gros fruit couleur de chair....267
Grofeiller à gros fruit rouge...........266

GROSSULARIA SPINOSA, GROSEILLER ÉPINEUX. **270.**
Guêpes. Ennemies des fruits. I. 108.

GUIGNIER. *Voyez* CERASUS.
Jaune. Maladie des Arbres ; fes caufes ; fes remedes. I. 103.
Maladies des Arbres fruitiers. I. 100 *& fuiv.*

MALUS, POMMIER. Sa Defcription. I. 273. Semis de Pommiers. 7.
Culture du Pommier. 319. Ufages de fes fruits. 321. Ses efpeces & variétés.

ORDRE ALPHABÉTIQUE.	*ORDRE DE MATURITÉ.*
Anis...........,................287	Calville d'été.
Api................................309	Poftophe d'été.
Api noir..........................311	Paffe-Pomme rouge.
Bardin. *Voyez* Fenouillet rouge.	Rambour franc.
Calville blanche d'hiver..............279	Pigeonnet.
Calville d'été.....................275	Reinette jaune hâtive.
Calville rouge d'hiver...............280	Fenouillet jaune.
Calville rouge Normande...............281	Drap d'or.
Capendu........................315	Reinette de Bretagne.
Drap d'or........·...............290	Calville rouge d'hiver.
Doux.............................304	Calville blanche d'hiver.
Etoilée (Pomme)...................312	Calville Normande.
Faros (gros)......................385	Anis.
Faros (petit)......................386	Fenouillet rouge.
Fenouillet gris. *Voyez* Anis.	Doux.
Fenouillet jaune...................290	Pigeon.
Fenouillet rouge....................289	Gros Faros.
Figue (Pomme-)..................318	Petit Faros.
Glace (Pomme de)................317	Reinette dorée.
Haute-bonté......................315	Reinette d'Angleterre.
Noire (Pomme)...................311	Groffe Reinette d'Angleterre.
Non-pareille......................313	Api.
Paffe-Pomme d'automne..............278	Api noir.
Paffe-Pomme rouge..................277	Reinette (nain).
Pigeon........................306	Reinette blanche.
Pigeonnet......................305	Non-pareille.
Poftophe d'été...................282	Capendu.
Poftophe d'hiver..................283	Haute-bonté.
Rambour franc...................307	Pomme noire.
Rambour d'hiver..................308	Reinette grife de Champ.
Reinette d'Angleterre...............292	Reinette rouge.
Reinette d'Angleterre (groffe)........299	Rambour d'hiver.
Reinette blanche..................295	Violette.
Reinette de Bretagne...............298	Pomme-Rofe.

ORDRE ALPHABÉTIQUE.	ORDRE DE MATURITÉ.
Reinette dorée..........................293	Pomme étoilée.
Reinette franche........................300	Reinette grife.
Reinette grife...........................302	Poſtophe d'hiver.
Grife de Champagne.....................303	Reinette franche.
Reinette jaune hâtive....................294	
Reinette (Pommier nain)................296	
Reinette rouge..........................297	
Rofe (Pomme-).........................312	
Violette...............................284	

Marcottes. Méthode d'élever les Arbres par marcottes. I. 10.

MERISIER. *Voyez* CERASUS.

MESPILUS, AZEROLIER. Sa Defcription. I. 323. Sa Culture. 333. Les ufages de fes fruits. *Ibid.* Ses efpeces & variétés.

Azerolier blanc d'Italie................325
Azerolier de Canada...................326
Azerole-Poire.......................327
Azerolier de Virginie.................326

MESPILUS, NEFFLIER. Sa Defcription. 327. Sa Culture. 333. L'ufage de fes fruits. *Ibid.* Ses variétés.

Nefflier des Bois. 327
Nefflier à gros fruit...................329
Nefflier fans noyaux..................331

MORUS, MURIER. Sa Defcription. I. 335. Sa Culture. 337. Les ufages de fes fruits.

Murs d'efpaliers. Divers matériaux dont on peut les conftruire. I. 52. Hauteur des murs d'efpaliers. 54. Crépi des murs. 53. Chaperons. 54.

Paliffage. Premier paliffage ; façon de le faire. I. 90. Second paliffage. 97.

Pépiniere. Eſt néceffaire aux Amateurs. I. 1. Terrein propre pour une Pépiniere. 2. Préparation du terrein. 3. Labours , binages , & autres façons néceffaires aux Pépinieres. 13.

PERSICA, PESCHER. Comment s'élève de Semences. I. 5. Sa Defcription. II. 1. Sa Culture. 46. Terrein , climat & expofition convenables au Pêcher. 48. Taille du Pêcher. 51. Méthode du F. Philippe. 53. Obfervation fur la taille du Pêcher. 57. Méthode de M. de Combes. 59. Culture des Pêchers en plein-vent. 62. Temps & façon de découvrir les Pêchers. 63. Ufages des Pêches. *Ibid.* Efpeces & variétés.

ORDRE ALPHABÉTIQUE.	ORDRE DE MATURITÉ.
Abricotée. *Voyez* Admirable jaune.	Avant-Pêche blanche.
Admirable, ...31	Avant-Pêche rouge.

TABLE ALPHABÉTIQUE.   xxiij

ORDRE ALPHABÉTIQUE.	ORDRE DE MATURITÉ.
Admirable jaune...........................33	Avant-Pêche jaune.
Admirable tardive. *Voyez* Belle de Vitry.	Double de Troies.
Alberge jaune.............................10	Madeleine blanche.
Avant-Pêche blanche.......................5	Véritable pourprée hâtive.
Avant-Pêche jaune.........................9	Alberge jaune.
Avant-Pêche rouge.........................7	Pavie Alberge.
Belle Chevreuse...........................22	Chevreuse hâtive.
Bellegarde................................31	Vineuse.
Belle de Vitry............................36	Grosse Mignonne.
Betterave. *Voyez* Sanguinole.	Madeleine rouge.
Bourdin...................................20	Belle Chevreuse.
Brugnon...................................29	Bellegarde.
Cardinale.................................43	Pavie blanc.
Cerise (Pêche-)........................25	Chanceliere.
Chanceliere...............................23	Pêche d'Italie.
Chevreuse hâtive..........................21	Pêche-Malte.
Chevreuse tardive.........................24	Pêche-Cerise.
Courson (Madeleine de). *Voyez* Madeleine rouge.	Petite Violette-hâtive.
Double de Troies..........................8	Grosse Violette hâtive.
Galande. *Voyez* Bellegarde.	Bourdin.
Jaune lisse...............................30	Admirable.
Italie (Pêche d').......................22	Rossanne.
Lissée jaune. *Voyez* Jaune lisse.	Belle de Vitry.
Madeleine blanche.........................11	Teindou.
Madeleine rouge...........................14	Teton de Vénus.
Madeleine tardive.........................15	Chevreuse tardive.
Malte (Pêche-)..........................15	Brugnon violet.
Mignonne (grosse)......................18	Pêcher à fleur semidouble.
Mignonne (petite). *Voyez* Double de Troies.	Royale.
Narbonne. *Voyez* Bourdin.	Nivette.
Nivette...................................39	Violette tardive.
Noix (Pêche-)...........................29	Madeleine tardive.
Pau (Pêche de)..........................41	Pourprée tardive.
Pavie Alberge.............................11	Persique.
Pavie blanc...............................13	Pavie rouge.
Pavie jaune...............................34	Pavie jaune.
Pavie Madeleine. *Voyez* Pavie blanc.	Abricotée.
Pavie rouge...............................37	Jaune lisse.
Pêche jaune. *Voyez* Alberge jaune.	Sanguinole.
Pêcher à fleur semi-double................42	Cardinale.
Pêcher nain à fleur double................45	Pêche de Pau.
Pêcher nain d'Orléans.....................44	Pêche-Noix.
Persais d'Angoumois. *Voyez* Pavie Alberge.	
Persique..................................40	
Pourprée. *Voyez* Chevreuse tardive.	
Pourprée hâtive...........................16	
Pourprée tardive..........................17	
Royale....................................35	

ORDRE ALPHABÉTIQUE.

Roſſanne...........................11	Vineuſe...........................19
Sanguinole.......................43	Violette hâtive (groſſe)............27
Teindou..........................38	Violette hâtive (petite)............26
Teton de Vénus...................34	Violette tardive...................28
Troies (Pêche de). *Voyez* Double de Troies.	Violette très-tardive. *Voyez* Pêche-Noix.
Veloutée. *Voyez* Groſſe Mignonne.	

Plantation des Arbres fruitiers. Choix & qualités du plant. I. 47. Groſſeur du plant. 34. A quelle profondeur on doit planter. 40. Diſtance convenable entre chaque Arbre. 41. Planter les Arbres ſuivant l'ordre des eſpeces & variétés, & de la maturité. 42. Saiſon & façon de planter. 43. Attentions néceſſaires dans la plantation des Arbres. 44. Méthode & avantages d'élever les Arbres en place. 45. Conduite des Arbres nouvellement plantés. 50.

POIRIER. *Voyez PYRUS.*

POMMIER. *Voyez MALUS*

PRUNUS, PRUNIER. Semis de Pruniers. I. 5. Deſcription du Prunier. II. 65. Sa Culture. 114. Uſages de ſes fruits. 116. Ses eſpeces & variétés.

ORDRE ALPHABÉTIQUE.	*ORDRE DE MATURITÉ.*
Abricot vert. *Voyez* Dauphine.	Jaune hâtive.
Abricotée..........................93	Précoce de Tours.
Alteſſe (Prune d'). *Voyez* Suiſſe.	Monſieur hâtif.
Bricette...........................97	Noire hâtive de Tours.
Catalogne (Prune de). *Voyez* Jaune hâtive.	Gros Damas de Tours.
Chypre (Prune de)..................82	Monſieur.
Damas blanc (gros).................72	Royale de Tours.
Damas blanc (petit)................71	Diaprée violette.
Damas Dronet......................75	Damas rouge.
Damas d'Italie...................*Ibid.*	Damas muſqué.
Damas de Maugerou.................76	Royale.
Damas muſqué......................74	Mirabelle.
Damas noir........................73	Drap d'or.
Damas rouge.......................72	Impériale violette.
Damas de Septembre................77	Damas violet.
Damas de Tours....................69	Damas Dronet.
Damas violet......................70	Damas d'Italie.
Dame-Aubert......................107	Damas de Maugerou.
Datte (Prune-)....................113	Damas noir tardif.
Dauphine..........................89	Perdrigon violet.
Diaprée blanche...................104	Perdrigon Normand.
Diaprée rouge.....................102	Dauphine.
Diaprée violette..................101	Jacynthe.
Drap d'or..........................96	Impériale blanche.
Groſſe-Juiſante. *Voyez* Dame-Aubert.	Reine-Claude (petite).

Jacynthe

ORDRE ALPHABÉTIQUE.	ORDRE DE MATURITÉ.
Jacynthe............................100	Reine-Claude à fleur femi-double.
Jaune hâtive.........................66	Petit Damas blanc.
Ille - verte...........................107	Gros Damas blanc.
Impératrice blanche...................106	Perdrigon blanc.
Impératrice violette..................105	Abricotée.
Impériale blanche.....................101	Diaprée blanche.
Impériale violette.....................98	Diaprée rouge.
Impériale violette à feuilles panachées..........99	Impératrice blanche.
Mirabelle.............................95	Dame-Aubert.
Mirabelle double. *Voyez* Drap d'or.	Ille-verte.
Mirabolan............................111	Perdrigon rouge.
Monfieur..............................78	Sainte-Catherine.
Monfieur hâtif........................80	Prune de Chypre.
Noire hâtive (groffe)................68	Prune Suiffe.
Perdrigon blanc.......................84	Bricette.
Perdrigon Norman.....................87	Impératrice violette.
Perdrigon rouge.......................86	
Perdrigon violet.......................85	
Précoce de Tours......................67	
Reine-Claude (groffe). *Voyez* Dauphine.	
Reine-Claude (petite)................91	
Reine-Claude à fleur femi-double..........92	
Roche-Corbon. *Voyez* Diaprée rouge.	
Royale...............................88	
Royale de Tours.......................81	
Sainte-Catherine......................109	
Sans-noyau...........................110	
Suiffe (Prune-)......................82	
Vacance (Prune de). *Voyez* Damas de Septembre.	
Verte-bonne. *Voyez* Dauphine.	
Virginie (Prune de)..................111	

Puceron, ennemi des Arbres. I. 104. Sa fécondité ; moyens de le détruire 105.

Punaife, Gale-infecte ; ennemi des Arbres. I. 108.

PYRUS, POIRIER. Comment s'éleve de Semences. I. 7. Sa Defcription. II. 117. Sa Culture. 250. Ufages de fes fruits. 253. Ses efpeces & variétés.

ORDRE ALPHABÉTIQUE.	ORDRE DE MATURITÉ.
Ah! mon Dieu (Poire d')..............154	Amiré Joannet.
Ambre (Poire d'). *Voyez* Mufcat Robert.	Petit Mufcat.
Ambrette.............................186	Aurate.
Amiré Joannet........................125	Mufcat-Robert.
Amofelle. *Voyez* Bergamotte de Hollande.	Mufcat-fleuri.
Amour. *Voyez* Tréfor.	Madeleine.
Ange (Poire d')......................138	Hâtiveau.
Angélique de Bordeaux.................214	Rouffelet hâtif.

ORDRE ALPHABÉTIQUE. | ORDRE DE MATURITÉ.

Angélique de Rome....................239	Cuiffe-Madame.
Angleterre..........................197	Gros Blanquet.
Angleterre d'hiver...................198	Gros Blanquet rond.
Archiduc d'été. Voyez Ognonnet.	Epargne.
Aurate..............................122	Ognonnet.
Beau préfent. Voyez Epargne.	Sapin.
Belliffime d'automne................128	Deux-Têtes.
Belliffime d'été....................203	Belliffime d'été.
Belliffime d'hiver..................234	Bourdon mufqué.
Bequêne.............................181	Blanquet à longue queue.
Bergamotte d'Alençon. Voyez Berg. de Hollande.	Petit Blanquet.
Bergamotte d'automne................165	Gros Hâtiveau.
Bergamotte Cadette..................172	Poire d'Ange.
Bergamotte-Crafanne.................166	Sans-peau.
Bergamotte d'été....................161	Parfum d'Août.
Bergamotte de Hollande..............170	Chere-Adame.
Bergamotte de Pâques................169	Fin or d'été.
Bergamotte rouge....................162	Epine-rofe.
Bergamotte de Soulers...............168	Salviati.
Bergamotte Suiffe...................163	Orange mufquée.
Beurré..............................196	Orange rouge.
Beurré d'Angleterre. Voyez Angleterre.	Robine.
Bezi de Caiffoy.....................178	Sanguinole.
Bezi de Chaffery. Voyez Echaffery.	Bon-Chrétien d'été mufqué.
Bezi de Chaumontel..................199	Gros Rouffelet.
Bezi d'Hery.........................139	Poire d'œuf.
Bezi de Montigny....................207	Caffolette.
Bezi de la Motte....................206	Grife-bonne.
Blanquet (gros).....................129	Mufcat royal.
Blanquet à longue queue.............131	Jargonnelle.
Blanquet (petit)....................132	Rouffelet de Reims.
Blanquet rond.......................130	Ah! mon Dieu.
Bon-Chrétien d'Efpagne..............216	Fin or de Septembre.
Bon-Chrétien d'été..................217	Inconnue Cheneau.
Bon-Chrétien d'été mufqué...........218	Epine d'été.
Bon-Chrétien d'hiver................212	Poire-Figue.
Bonne de Soulers. Voyez Bergamotte de Soulers.	Bon-Chrétien d'été.
Bourdon mufqué......................142	Orange tulipée.
Caffolette..........................260	Bergamotte d'été.
Cadet (Poire de). Voyez Bergamotte Cadette.	Bergamotte rouge.
Catillac............................233	Verte-longue.
Chere-Adame.........................156	Beurré.
Champ riche d'Italie................232	Angleterre.
Chat brûlé..........................247	Doyenné.
Citron des Carmes. Voyez Madeleine.	Bezi de Montigny.
Colmars.............................222	Bezi de la Motte.
Crafanne. Voyez Bergamotte Crafanne.	Bergamotte-Suiffe.
Cuiffe-Madame.......................127	Bergamotte d'automne.

Ordre Alphabétique.	*Ordre de Maturité.*
Dauphine. *Voyez* Lanfac.	Bergamotte-Cadette.
Demoifelle. *Voyez* Vigne.	Jaloufie.
Deux-Têtes...................244	Franchipanne.
Donville.....................245	Lanfac.
Double fleur.................177	Vigne.
Doyenné......................205	Paftorale.
Doyenné gris.................208	Belliffime d'automne.
Echaffery....................187	Meffire-Jean.
Epargne......................133	Sucré-vert.
Epine d'été..................182	Manfuette.
Epine d'hiver................184	Rouffeline.
Epine-rofe...................176	Bon-Chrétien d'Efpagne.
Figue [Poire-].............183	Crafanne.
Fin or d'été.................155	Bezi de Caiffoy.
Fin or de Septembre..........156	Doyenné gris.
Fleur de Guigne. *Voyez* Sans-peau.	Merveille d'hiver.
Fondante de Breft. *Voyez* Inconnue Cheneau.	Epine d'hiver.
Fondante mufquée. *Voyez* Epine d'été.	Louife-bonne.
Franchipanne.................210	Martin-fec.
Franc-Réal...................180	Marquife.
Friolet. *Voyez* Caffolette.	Echaffery.
Gobert [Poire à]...........191	Ambrette.
Gracioli. *Voyez* Bon-Chrétien d'été.	Bezi de Chaumontel.
Grife-bonne..................245	Vitrier.
Hâtiveau.....................126	Bequêne.
Hâtiveau [gros]............127	Bezi d'Hery.
Honville [Poire de la]. *Voyez* Robine.	Franc-réal.
Jaloufie.....................211	Saint-Germain.
Jardin.......................143	Virgouleufe.
Jargonnelle..................123	Jardin.
Impériale....................228	Royale d'hiver.
Inconnue Cheneau.............159	Angleterre d'hiver.
Inconnue la Fare. *Voyez* S. Germain.	Angélique de Bordeaux.
Lanfac.......................241	Saint-Auguftin.
Livre........................235	Champ-riche d'Italie.
Louife-bonne.................227	Livre.
Madeleine....................124	Tréfor.
Manne [Poire-]. *Voyez* Colmars.	Angélique de Rome.
Manfuette....................220	Martin-Sire.
Marquife.....................221	Bergamotte de Pâques.
Martin-fec...................152	Colmars.
Martin-Sire..................145	Belliffime d'hiver.
Merveille d'hiver............188	Tonneau.
Meffire-Jean.................173	Donville.
Milan de la Beuvriere. *Voyez* Bergamotte d'été.	Trouvé.
Mouille-bouche. *Voyez* Verte-longue.	Bon-Chrétien d'hiver.
Mufcat-fleuri................121	Catillac.
Mufcat-l'Alleman.............193	Rouffelet d'hiver.

Ordre Alphabétique.

Muſcat [petit]. 119
Muſcat-Robert. 120
Muſcat-royal. ....*ibid.*
Muſcat vert. *Voyez* Caſſolette.
Naples. 238
Œuf (Poire d'). 157
Ognonnet. 135
Orange d'hiver. 144
Orange muſquée. 140
Orange rouge. 141
Orange tulipée. 202
Parfum d'Août. 136
Paſtorale. 231
Perdreau muſqué. *Voyez* Rouſſelet hâtif.
Prêtre [Poire de]. 190
Prince [Poire de]. *Voyez* Chere-Adame.
Robine. 174
Roi d'été. *Voyez* Gros Rouſſelet.
Ronville. *Voyez* Martin-Sire.
Roſe [Poire de]. *Voyez* Epine-roſe.
Rouſſelet [gros]. 149
Rouſſelet hâtif. 148
Rouſſelet d'hiver. 146
Rouſſelet de Reims. 147
Rouſſeline. 152
Rouſſette d'Anjou. *Voyez* Bezi de Caiſſoy.
Royale d'été. *Voyez* Robine.
Royale d'hiver. 191
Saint-Auguſtin. 230
Saint-Germain. 225
Saint-Michel. *Voyez* Beurré.
Saint-Pere. 247
Saint-Samſon. *Voyez* Epargne.
Salviati. 137
Sanguinole. 243
Sans-peau. 150
Sapin. 244
Sarazin. 249
Sept-en-gueule. *Voyez* Muſcat [petit].
Solitaire. *Voyez* Manſuette.
Sucre vert. 189
Suprême. *Voyez* Belliſſime d'été.
Tarquin. 134
Tonneau. 237
Tréſor. 236
Trouvé. 248
Tulipée. *Voyez* Orange tulipée.
Vermillon. *Voyez* Belliſſime d'automne.

Ordre de Maturité.

Orange d'hiver.
Bergamotte de Soulers.
Double-fleur.
Poire de Prêtre.
Naples.
Chat-brûlé.
Muſcat-l'Alleman.
Impériale.
Saint-Pere.
Poire-à-Gobert.
Bergamotte de Hollande.
Tarquin.
Sarazin.

ORDRE *ALPHABÉTIQUE.*

Verte-longue...................194 | Virgouleufe...................224
Verte-longue panachée...........195 | Vitrier.......................139
Vigne.........................242 |

RUBUS IDÆUS, FRAMBOISIER. Sa Defcription. II. 255. Sa Culture. 258. Ufages de fes fruits. 259.

Sauvageons, fujets. Divers moyens de les multiplier. I. 2. Leur éducation & leur culture. 12. Comment fe traitent ceux qu'on leve dans les Bois. 7.

Semences. Les Arbres fruitiers fe perpétuent par les Semences ; mais ils varient & dégénerent. I. 1.

Semis de noyaux & pepins d'Arbres fruitiers. I. 3.

Taille des Arbres fruitiers. Son objet , & la Saifon de la faire. I. 64. Taille des Arbres de plein vent. 65. Définition & notions générales de la taille des Arbres d'efpalier. 66. La taille n'a que des regles générales. 81. Propofitions ou principes de la taille. 68. Définitions & ufages des branches. 72. Taille d'un jeune Arbre ; Ie année. 76. IIe année. 78. IIIe année. 79. IVe année. 80. Taille d'un Arbre formé. 83. Méthode de Montreuil. 87. Taille des Arbres en buiffon. 89.

Tygre , Infecte ennemi des Arbres fruitiers. I. 107.

VITIS, VIGNE. Sa Defcription. II. Sa Culture. 273. Sa taille. 275. L'ufage de fes fruits. 280. Ses efpeces & variétés.

Bar-fur-Aube. *Voyez* Chaffelas.
Bourdelas.........................272
Chaffelas doré....................265
Chaffelas mufqué..................266
Chaffelas rouge...................265
Cioutat...........................266
Corinthe blanc....................273
Cornichon blanc...................271
Maroc.............................270
Morillon hâtif....................264
Mufcat d'Alexandrie...............270
Mufcat blanc......................267
Mufcat noir.......................269
Mufcat rouge......................268
Mufcat violet.....................269
Raifin d'Autriche. *Voyez* Cioutat.
Verjus. *Voyez* Bourdelas.

Fin de la Table Alphabétique.

EXTRAIT DES REGISTRES
de l'Académie Royale des Sciences.

Du vingt-huit Juin 1768.

MESSIEURS DE JUSSIEU & FOUGEROUX DE BONDAROY, qui avoient été nommés pour examiner un Ouvrage de M. Duhamel, intitulé : *Traité des Arbres fruitiers contenant leur Figure, leur Description, leur Culture, &c.* en ayant fait leur rapport, l'Académie a jugé cet Ouvrage digne de l'Impression ; en foi de quoi j'ai signé le présent Certificat. A Paris le 28 Juin 1768.

GRANDJEAN DE FOUCHY, *Secretaire perpétuel de l'Académie Royale des Sciences.*

PRIVILEGE DU ROI.

LOUIS par la grace de Dieu, Roi de France & de Navarre : A nos amés & féaux Conseillers, les Gens tenant nos Cours de Parlement, Maîtres des Requêtes ordinaires de notre Hôtel, Grand Conseil, Prevôt de Paris, Baillifs, Sénéchaux, leurs Lieutenans Civils, & autres nos Justiciers qu'il appartiendra, SALUT. Nos bien - amés LES MEMBRES DE L'ACADÉMIE ROYALE DES SCIENCES de notre bonne Ville de Paris, Nous ont fait exposer qu'ils auroient besoin de nos Lettres de Privilege pour l'impression de leurs Ouvrages : A CES CAUSES, voulant favorablement traiter les Exposans, Nous leur avons permis & permettons par ces Préfentes de faire imprimer, par tel Imprimeur qu'ils voudront choisir, toutes les Recherches ou Observations journalieres, ou Relations annuelles de tout ce qui aura été fait dans les Assemblées de ladite Académie Royale des Sciences, les Ouvrages, Traités ou Mémoires de chacun des Particuliers qui la composent, & généralement tout ce que ladite Académie voudra faire paroître, après avoir fait examiner lesdits Ouvrages, & qu'ils seront jugés dignes de l'impression, en tels volumes, forme, marge, caractères, conjointement, ou séparément & autant de fois que bon leur semblera, & de les faire vendre & débiter par tout notre Royaume, pendant le tems de vingt années consécutives, à compter du jour de la date des Préfentes ; sans toutefois qu'à l'occasion des Ouvrages ci-dessus spécifiés, il puisse en être imprimé d'autres qui ne soient pas de ladite Académie : faisons défenses à toutes sortes de personnes, de quelque qualité & condition qu'elles soient, d'en introduire d'impression étrangere dans aucun lieu de notre obéissance ; comme aussi à tous Libraires & Imprimeurs d'imprimer ou faire imprimer, vendre, faire vendre & débiter lesdits Ouvrages, en tout ou en partie, & d'en faire aucunes traductions ou extraits, sous quelque prétexte que ce puisse être, sans la permission expresse & par écrit desdits Exposans, ou de ceux qui auront droit d'eux, à peine de confiscation des Exemplaires contrefaits, de trois mille livres d'amende contre chacun des contrevenans ; dont un tiers à Nous, un tiers à l'Hôtel-Dieu de Paris, & l'autre tiers auxdits Exposans, ou à celui qui aura droit d'eux, & de tous dépens, dommages & intérêts ; à la charge que ces Préfentes seront enregistrées tout au long sur le Registre de la Communauté des Libraires & imprimeurs de Paris, dans trois mois de la date d'icelles; que l'impreffion defdits Ouvrages fera faite dans notre Royaume, & non ailleurs, en bon papier & beaux caractères, conformément aux Réglemens de la Librairie; qu'avant de les expofer en vente, les Manufcrits ou Imprimés qui auront fervi de copie à l'impreffion defdits Ouvrages, feront remis ès mains de notre très-cher & féal Chevalier le Sieur DAGUESSEAU, Chancelier de France, Commandeur de nos Ordres, & qu'il en fera enfuite remis deux Exemplaires dans notre Bibliothèque publique, un en celle de notre Château du Louvre, & un en celle de notredit très-cher & féal Chevalier le Sieur DAGUESSEAU, Chancelier de France, le tout à peine de nullité defdites Préfentes : du contenu defquelles vous mandons & enjoignons de faire jouir lefdits Expofans & leurs ayant caufe pleinement & paifiblement, fans fouffrir qu'il leur foit fait aucun trouble ou empêchement. Voulons que la copie des Préfentes qui fera imprimée tout au long, au commencement ou à la fin defdits Ouvrages, foit tenue pour dûement fignifiée; & qu'aux copies collationnées par l'un de nos amés & féaux Confeillers & Secretaires, foi foit ajoutée comme à l'original. Commandons au premier notre Huiffier ou Sergent fur ce requis, de faire, pour l'exécution d'icelles, tous actes requis & néceffaires, fans demander autre permiffion, & nonobftant Clameur de Haro, Charte Normande & Lettres à ce contraires; CAR tel eft notre plaifir. DONNÉ à Paris le dix-neuvieme jour du mois de Mars, l'an de grace mil fept cent cinquante, & de notre Regne le trente-cinquieme. Par le Roi en fon Confeil. *Signé*, MOL.

Regiftre fur le Regiftre XII de la Chambre Royale & Syndicale des Libraires & Imprimeurs de Paris, N° 430, folio 309, conformément au Réglement de 1723, qui fait défenfes, article 4, à toutes perfonnes, de quelque qualité qu'elles foient, autres que les Libraires & Imprimeurs, de vendre, debiter & faire afficher aucuns Livres pour les vendre, foit qu'ils s'en difent les Auteurs ou autrement; à la charge de fournir à la fufdite Chambre huit exemplaires de chacun, preferits par l'art. 108 du même Réglement. A Paris le 5 Juin 1750.

Signé, LE GRAS, Syndic.

TRAITÉ

TRAITÉ

DES

ARBRES FRUITIERS.

CULTURE GÉNÉRALE DES ARBRES FRUITIERS.

CHAPITRE PREMIER.

Des Pépinieres.

LES SEMENCES font la voie naturelle & la plus commune par laquelle les Arbres fe multiplient, & la feule par laquelle ils diverfifient leurs Efpeces. Mais celles des Arbres Fruitiers ne produifent ordinairement que des efpeces dégénérées ou des fauvageons dont le fruit auftere & défagréable eft plus propre à devenir la pâture des animaux, que la nourriture des hommes ; & fi quelquefois il en naît un arbre franc, la jouiffance de ce précieux individu fera bornée à un feul poffeffeur, & à la durée d'un feul arbre, à moins que la greffe ne le perpétue & ne le tranfmette aux âges fuivants , en le faifant adopter par des

Tome I.   A

fauvageons qui lui communiquent leurs fucs & leur vigueur, fans lui communiquer leurs défauts.

Quiconque s'applique à la culture des Arbres Fruitiers, doit donc avoir une Pépiniere de toutes les efpeces de fauvageons ou fujets fur lefquels fe greffent les arbres francs.

De ces fauvageons, les uns, favoir le Pêcher, l'Amandier, l'Abricotier ne s'élevent que de femences; les autres, le Prunier, le Poirier, le Pommier, le Cerifier, & quelquefois le Merifier fe multiplient par leurs femences & par les rejets de leurs racines; quelques-uns fe perpétuent par les femences, les marcottes & même les boutures, ce font les Coignaffiers, les Cerifiers de Sainte-Lucie, & les Pommiers de Doucin & de Paradis.

Ayant expliqué en détail dans le *Traité des Semis* & dans la *Phyfique des Arbres* (a) tout ce qui concerne les Pépinieres, & les différents moyens de multiplier les arbres, je ne répéterai ici que ce qui eft néceffaire, ou directement relatif à mon fujet.

ARTICLE I. *Du Terrein propre pour une Pépiniere.*

CROIRE que des arbres élevés dans un mauvais terrein fe rétabliffent facilement & prennent promptement vigueur, étant tranfplantés dans une terre fertile & bien cultivée, c'eft une erreur. Ces arbres étiques, tortus, rabougris, galeux, chargés de mouffe, dépourvus de bonnes racines languiffent long-temps, ou périffent pour la plupart fuffoqués par l'abondance d'une nourriture trop forte & trop fubftantieufe pour la délicateffe de leurs fibres & de leurs organes. Croire qu'un arbre élevé dans un bon terrein humide, fumé, engraiffé & bien cultivé fe foutiendra avec fuccès étant tranfplanté dans un terrein maigre, fec ou médiocrement bon, c'eft une autre erreur. En paffant

_____

(a) Ces deux Ouvrages faifant partie du *Traité complet des Bois & des Forêts* en 8 vol. in-4°. fig. fe trouvent chez L. F. Delatour, Libraire, rue S. Jacques.

de l'excès dans l'indigence, il tombera dans la langueur & le dépérissement.

Choisissons donc, pour établir une Pépiniere, une bonne terre franche plus seche qu'humide. Pendant l'été, il faut la défoncer à deux pieds de profondeur, & la passer à la claie, si elle est pierreuse, ou seulement graveleuse ; si elle ne l'est point, cette opération n'est pas nécessaire, mais très-avantageuse.

Si le terrein a besoin d'être amendé, il faut que ce soit avec des terres neuves de bonne qualité qu'on y mêle en faisant le défoncement ; & non pas avec des fumiers, parce que non-seulement il ne se forme dans le fumier que de petites racines noires, foibles & mal conditionnées ; mais encore parce qu'il attire des vers blancs qui endommagent les racines, & souvent font périr les jeunes arbres.

Le terrein étant ainsi préparé, on le laisse rasseoir jusqu'à la mi-Mars, ou au commencement d'Avril, ou au moins jusqu'au mois de Novembre ; (quelques Jardiniers conseillent de le laisser rasseoir pendant un an.) Avant que de le garnir de petit plant ou de semence, on lui donne un léger labour pour détruire les mauvaises herbes. A moins que le terrein ne soit très-mauvais, ce que je ne suppose pas, on peut compter qu'étant façonné comme nous l'avons dit, les arbres s'y éléveront bien, & réussiront dans toutes les terres où on les transplantera.

Article II. *Des Semis.*

I. Les Amandes destinées à faire des Semis, doivent germer pendant l'hiver, afin qu'au printemps elles sortent plutôt de terre, & courent moins risque d'être mangées par les mulots, les pies, les corneilles, les geais, &c.

Les uns piquent ces amandes en terre, le bout pointu en bas, & tout près les unes des autres. Ils ne mettent point de terre par deſſus, mais ils les couvrent d'une planche qu'ils chargent de groſſes pierres. Cette opération étant faite en Décembre ou Janvier, l'humidité de la terre ſuffit pour faire germer les amandes, qu'on trouve en état d'être plantées en Avril.

D'autres en Novembre (& c'eſt la pratique la plus ordinaire) mettent alternativement un lit de deux pouces de ſable gras & humide, & un lit d'amandes dans un baquet, mannequin, tonneau défoncé par un bout, ou autre vaiſſeau. Ils le placent contre un mur expoſé au midi, & lorſqu'il vient de fortes gelées, ils le couvrent avec de la litiere, ou bien ils le renferment dans une orangerie, une cave, un cellier; & ils ont attention de viſiter de temps en temps les amandes, pour les mouiller un peu, ſi les germes ne commencent pas à ſe montrer en Février; ou les tenir plus ſeches, ſi les germes ſont trop alongés : étant eſſentiel qu'elles ſoient germées avant que d'être plantées; mais qu'elles ne ſoient pas trop avancées; car alors il eſt très-difficile de les retirer du ſable & de les planter, ſans rompre beaucoup de plumes ou tiges naiſſantes, ſi elles ſont déja développées; ou au moins de racines & de chevelu : or les amandes épuiſées par ces productions ne pourroient en former de nouvelles.

Les Pépiniériſtes ne mettent les amandes & autres noyaux dans le ſable, que du 1 au 15 Janvier. Au défaut de ſable, on peut ſe ſervir de terre bien meuble.

Dans le commencement d'Avril, on trace au cordeau ſur le terrein préparé à recevoir ces amandes, des raies diſtantes entre elles de deux pieds & demi ou trois pieds; & par un beau temps on tire les amandes du ſable; on en coupe ou pince la radicule, afin qu'il ſe forme un bel empatement de racines, & non pas un pivot qui rendroit très-difficile & très-incertaine la repriſe de ces arbres lorſqu'on les tranſplanteroit. On les met dans une manne, & on les porte au lieu où elles doivent être plantées. Des Jardiniers font avec la cheville des trous diſtants de vingt ou vingt-quatre

pouces les uns des autres dans les raies qui ont été tracées au
cordeau ; ils y mettent les amandes à trois ou quatre pouces au plus
de profondeur, les couvrent de terre avec la pointe du plantoir,
& plombent doucement la terre avec le pied, suppofé qu'elle
ne foit pas affez humide pour fe pêtrir. Les germes ne tarderont
pas à fortir de terre, & dès la fin d'Août ou la mi-Septembre de la
même année, une partie des jeunes Amandiers fera affez forte pour
être écuffonnée en œil dormant pour des arbres nains ; les plus
foibles feront écuffonnés l'année fuivante, ou la troifieme année.

On prétend que les amandes de Provence qui ont le bois
tendre font des arbres fujets à la gomme, & que les Pêchers
greffés fur des fujets provenants d'amandes ameres, donnent
beaucoup de bois & peu de fruit. J'ai toujours tâché de me
procurer des amandes du pays, douces, nouvelles, des plus
groffes, & à bois dur ; ayant reconnu que les femences venues
dans notre climat donnent des arbres moins délicats que ceux
qui viennent des femences tirées d'un climat plus chaud ; & que
les arbres que produifent les amandes dont le bois eft dur &
épais, font plus ruftiques que les autres. Faute d'obfervations
particulieres, je m'en fuis tenu à ces préfomptions générales.
Cependant dans les années où les amandes ont entiérement manqué dans nos jardins, j'ai eu recours à celles de Provence, & ce
n'a pas été fans fuccès.

Quelques Pépiniériftes affurent auffi qu'il ne faut point femer
les amandes dans le même terrein qui les a produites, & qu'ils
ont éprouvé que la greffe ne réuffit pas bien fur les fujets qui en
proviennent. Je n'ai fait aucune obfervation là-deffus.

II. Les noyaux de Pêches, de Prunes, & d'Abricots fe traitent
de la même façon que les amandes. On les fait germer dans le
fable ; on les met en terre à la même diftance, & à la même
profondeur. Les fujets de Pêcher font pour la plûpart affez forts
pour être greffés en œil dormant dès la fin d'Août de la même

année, pour des arbres nains. Ceux de Prunier & d'Abricotier ne font ordinairement en état de recevoir l'écuſſon que la ſeconde année. Cependant en mettant dans le commencement de Janvier des noyaux d'abricots tremper dans de l'eau claire, qu'on change & renouvelle tous les deux ou trois jours, au bout d'environ trois ſemaines on voit ces noyaux entr'ouverts par le renflement des amandes. Alors on les plante dans des pots ou caiſſes remplis de bonne terre; on les place ſur des fenêtres d'orangerie ou d'autre bâtiment expoſé au midi; & on les préſerve des gelées, en les rentrant ou les couvrant lorſque l'air eſt trop froid. Avant la fin de Février, le plant eſt ſorti de terre : on le laiſſe croître & ſe fortifier juſques vers la mi-Avril, qu'on le leve en motte pour le tranſplanter dans les places qu'on lui deſtine; on le plombe à l'eau, & pendant quelques jours on le défend du ſoleil; pendant l'été, on lui donne quelques arroſements. Ces ſujets qui ont plus d'un mois d'avance ſur ceux qu'on éleve par la méthode ordinaire, prennent aſſez de force pour recevoir la greffe dès la même année. Mais ces ſoins ne conviennent qu'à des Particuliers qui peuvent les prendre, & qui n'ont beſoin que d'un petit nombre de ſujets.

III. Les noyaux de Ceriſes, de Meriſes, de Ceriſes de Sainte-Lucie ſe mettent auſſi pendant l'hiver dans du ſable gras & humide. Au mois de Mars, lorſque les fortes gelées ſont paſſées, on fait dans le terrein préparé pour recevoir ces ſemences, des rigoles d'environ deux pouces de profondeur, & diſtantes les unes des autres de quatre à cinq pouces. On ſeme dans ces rigoles les noyaux pêle-mêle avec le ſable; on recouvre le tout d'un demi-pouce de terre, ſi elle eſt bonne, meuble & légere; ou mieux d'un pouce de terreau de vieilles couches, ou de feuilles d'arbres bien conſommé, ou de marc de raiſin, ou de vieux fumier de pigeon. Lorſque ce petit plant eſt aſſez fort pour être mis en pépiniere, ce qui arrive ordinairement dès la premiere année, on l'arrache, on lui coupe ou racourcit le pivot, on le replante aux mêmes distances que les Amandiers. Cette transplantation se fait mieux en automne qu'au printemps. On le greffe à mesure qu'il acquiert la force & la hauteur convenables pour des nains, des demi-tiges, des tiges. Quelquefois ces noyaux, ou une partie, ne levent que la seconde année, sur-tout lorsqu'ils n'ont pas été mis assez tôt dans le sable, ou lorsqu'il n'a pas été entretenu dans une humidité suffisante pour avancer leur germination. Les jeunes Merisiers qui levent dans les bois étant transplantés en pépiniere, deviennent de fort bons sujets

IV. On stratifie pareillement dans le sable les pepins de Poires, Pommes, Coings; mais comme ils ont plus de facilité à germer que les noyaux, il faut tenir le sable moins humide, & les placer dans un lieu moins chaud, afin que leur germination n'ait pas fait trop de progrès en Mars lorsqu'on les mettra en terre. Ils se sement comme les noyaux de Cerises, mais à une profondeur un peu moindre. (Il est plus ordinaire de prendre dans les pressoirs à cidre du marc de Poires & de Pommes, de le laisser sécher, ensuite le passer à la claie, le répandre également sur un terrein préparé, & le recouvrir d'environ demi-pouce de bonne terre meuble.) La troisieme année on arrache ce petit plant, pour en couper le pivot, & le replanter en pépiniere.

On peut s'épargner les soins de cette premiere éducation, en transplantant & cultivant en pépiniere du jeune plant de Poirier & de Pommier arraché dans les bois, où il en leve beaucoup de pepin.

Quant aux noyaux osseux tels que ceux d'Azérolier, & d'Aube-épine, on les met dans une fosse creusée dans un jardin ou autre terrein, à telle profondeur, qu'ils soient couverts de dix-huit pouces ou deux pieds de terre. On les laisse dans cet état jusqu'au second mois de Mars suivant; c'est-à-dire, pendant environ quinze mois.

Alors on les retire de la foſſe, & on les ſeme comme leſ noyaux de Ceriſes en rayons d'environ un pouce de profondeur.

Nota. 1°. Il eſt à propos de fréquenter & viſiter ſouvent le terrein où l'on a fait un Semis pour écarter les pies, geais, &c. qui arrachent quelquefois le plant lors même que le germe eſt ſorti de terre de plus de deux pouces. Quelques Pépiniériſtes couvrent leurs Semis de litiere qui les préſerve au moins juſqu'à ce que les germes ſoient ſortis de terre; car alors il faut retirer la paille.

Nota. 2°. Lorſqu'on met en terre des ſemences qui ne ſont point germées, & qu'on craint qu'elles ne ſoient dévaſtées par le mulot, il eſt bon de ſemer des féveroles ou des feves de marais entre les rangs. Pendant que le mulot qui en eſt très-avide s'amuſe à les manger, les ſemences germent, & alors elles ſont à couvert.

Article III. *Des Drageons enracinés.*

Rarement on éleve de noyaux les ſujets de Ceriſier & de Prunier. On préfere les Drageons enracinés qui ſortent abondamment du pied & des racines de ces arbres. Lorſque ces Drageons ſont de la groſſeur du petit doigt, on les arrache, ménageant ſoigneuſement leurs racines ; mais on retranche la noix, ou croſſe, ou partie de la racine qui les a produits, qui y demeure quelquefois attachée en les arrachant. On les plante à vingt ou vingt quatre pouces de diſtance l'un de l'autre, dans des ſillons profonds de cinq à ſix pouces, larges d'un fer de bêche, alignés au cordeau à deux pieds & demi ou trois pieds les uns des autres. On couvre les racines de terre en rempliſſant le ſillon, & on la plombe avec le pied. Cette plantation ſe fait l'automne. A la mi-Février, ou au commencement de Mars, on rabat tout ce jeune plant preſqu'à fleur de terre, afin qu'il produiſe du nouveau

bois.

bois. Pendant l'été, il faut avoir foin d'ôter avec le pouce tous les bourgeons qui fortiront du pied, & de n'en laiffer qu'un, ou au plus deux, qui devenant vigoureux, font plus propres à recevoir l'écuffon au mois d'Août de la même année, ou de la fuivante, ce qui eft plus ordinaire.

Comme les Pruniers qui ont l'écorce mince font préférables aux autres, on prend les Drageons des Pruniers de Cerifette, de gros Damas, ou à fon défaut, de petit Damas noir, & fur-tout de faint Julien. Des Jardiniers Pépiniériftes affurent que les Pêchers de Violette & de Chevreufe ne réuffiffent bien que fur le faint Julien ; les autres efpeces de Pêchers s'accommodent du Damas.

Cependant le grand nombre de rejets & de Drageons que pouffent les Pruniers & les Cerifiers, fur-tout ceux qui ont été élevés de Drageons, étant nuifibles aux arbres greffés deffus, & très-incommodes pour ceux qui les cultivent ; il vaudroit beaucoup mieux élever ces arbres de noyaux, fur-tout fi on les femoit aux places où ils doivent refter. On ne leur couperoit point le pivot ; (on doit le laiffer entier à tous les arbres qui ne doivent point être tranfplantés ;) & leurs racines feroient beaucoup moins fujetes à tracer. Au moins il feroit avantageux de greffer fort près des racines les fujets élevés de Drageons. Lorfque la greffe auroit fait un jet long d'environ un pied, on la butteroit, on la laifferoit s'enraciner, on déplanteroit l'arbre, on retrancheroit tout le fujet, & on replanteroit la greffe avec fes racines propres. Tous les Drageons qui pourroient en fortir, feroient autant d'arbres francs qui n'auroient pas befoin d'être greffés.

Les fouches de Poiriers & Pommiers dans les bois, les vieux Poiriers & Pommiers dans les vergers produifent auffi beaucoup de Drageons & de rejets dont on peut faire de très-bons fujets, en les traitant de la même maniere que ceux de Prunier & de Cerifier.

B

ARTICLE. IV. *Des Marcottes.*

LES SUJETS de Coignaffier, de Cerifier de fainte Lucie, de Pommier de Doucin, & de Pommier de Paradis, s'élevent plus ordinairement de Marcottes que de femences. Pour s'en procurer abondamment, on fait des meres; c'eft-à-dire, que l'automne ou au commencement du printemps on coupe à fleur de terre un gros arbre qu'on veut multiplier; on décomble un peu la terre autour de la fouche, pour que les rejets fortent le plus bas qu'il fera poffible. Au printemps, il en perce un grand nombre qui fe trouvent l'automne longs de deux à trois pieds. Alors on butte les rejets & la fouche de quatre ou cinq pouces de terre : ou mieux, on creufe autour de la fouche une petite tranchée large de cinq à fix pouces, & de pareille profondeur. On y couche les rejets qu'on affujettit, s'il eft néceffaire, avec des crochets de bois. On remplit la tranchée. On plombe fortement la terre avec le pied, tenant en même temps la cime de chaque rejet avec la main, afin de le fixer dans une direction perpendiculaire au terrein. Pendant l'été, on couvre la tranchée avec de la litiere ou de la fougere pour y entretenir de la fraîcheur, & on y donne quelques arrofements dans les fechereffes. L'automne fuivant, ou la deuxieme année au plus ces rejets font affez bien pourvus de racines, pour être fevrés & plantés en pépiniere. Cependant la fouche en produit de nouveaux, & peut continuer d'en fournir pendant douze ou quinze ans.

ARTICLE. V. *Des Boutures.*

LE FIGUIER, le Grofeillier, le Coignaffier, le Pommier de Paradis, le Cerifier de fainte Lucie, &c. fe multiplient encore par les Boutures,

Sur des arbres fains & vigoureux (*a*), prenez des branches droites ; verticales plutôt que latérales ; d'une écorce vive & unie ; d'un, deux ou trois (*b*) ans ; coupez-les par longueurs d'environ un pied. Enlevez avec l'ongle les boutons qui fe trouvent fur la partie qui doit être enterrée ; mais ménagez les fupports (*c*) , ou petites tumeurs qui font à la naiffance de ces boutons ; & s'il y a quelques petites branches, rabattez-les à une demi-ligne de leur infertion. Ces branches, étant ainfi préparées, plantez-les (*d*) de quatre à fix pouces de profondeur, & autant de diftance les unes de autres, dans une terre franche, bien meuble, ou même paffée à la claie, fans terreau (*e*) ni fumier. Plombez-les avec la main ou le pied. Couvrez la terre de litiere (*f*). Enveloppez la partie hors de terre avec de la mouffe retenue lâchement avec un fil ou un ofier. Donnez une mouillure abondante. Elevez des planches ou paillaffons du côté du midi (*g*) pour préferver les Boutures du foleil. Arrofez légérement, mais fréquemment, pour entretenir l'humidité néceffaire à la végétation. Ne retirez l'abri contre le foleil, que quand le fuccès des Boutures fera affuré (*h*) par des pouffes déja grandes & fortes. Cette opération

(*a*) Les branches d'un arbre foible & languiffant ne peuvent fournir à la formation & à la fubfiftance des productions que doivent faire les boutures. Les branches verticales font plus vigoureufes, & plus remplies de feve que les horizontales.

(*b*) Les branches de la derniere feve étant fort tendres, tranfpirent trop facilement.

(*c*) Les fupports des boutons, & les anneaux de l'infertion des branches contiennent beaucoup de feve, & font propres à produire des racines.

(*d*) Il faut planter & non pas ficher les Boutures en terre, de peur de décoler l'écorce qui s'échaufferoit, & communiqueroit bientôt la pourriture au refte de la Bouture.

(*e*) Le terreau & le fumier empêchent la

terre de ferrer & embraffer exactement la Bouture.

(*f*) La litiere empêche la terre d'être battue & endurcie par les arrofements, & y entretient l'humidité. La mouffe préferve les Boutures du defféchement, & de la trop grande tranfpiration. Les Boutures s'enracinent facilement fous cloche, parce qu'elles y ont de l'humidité, de la chaleur, & qu'elles n'y tranfpirent prefque point.

(*g*) Le foleil & une humidité pourriffante font les deux plus grands ennemis des Boutures. Ainfi elles feroient très-mal placées au pied d'un mur de terraffe, ou d'un mur très-élevé ; mais elles le feroient encore plus mal au foleil, qui les deffécheroit & les feroit périr en peu de temps.

(*h*) Quelques feuilles, ou petites branches

fe fait avant le premier mouvement de la (a) feve. L'automne
fuivant on déplante ces Boutures enracinées, pour les mettre en
place ou en pépiniere.

Pour des Boutures d'arbres qui s'enracinent facilement, tels
que le Coignaffier, le Pommier de Paradis, il fuffit de les planter
en un terrein meuble, abrité du foleil, frais ou entretenu tel par
quelques arrofements.

On trouve dans la Phyfique des Arbres d'autres pratiques, &
des inftructions plus détaillées fur cette matiere.

Les fujets d'arbres fruitiers qui font la fourche, ou qui font
tortus, ou d'une vigueur médiocre, fe greffent en arbres nains
ou de baffe-tige, de trois à fix pouces au-deffus du terrein. Ceux
qui font vigoureux & difpofés à venir droits, on les éleve pour
être greffés en demi-tiges de trois à quatre pieds, & en tiges de
cinq à huit pieds : & afin qu'ils foient plus droits & plus unis, on
a foin de leur retrancher les branches latérales ; mais il faut faire
ce retranchement peu-à-peu & fucceffivement & non pas tout
d'un coup. On peut laiffer fubfifter les branches foibles, &
couper les fortes à trois ou quatre pouces de la tige, ou les tordre,
pour les empêcher de fe fortifier & de prendre le deffus ; l'année
fuivante on les retranche à fleur du tronc. Car, comme je l'ai
prouvé dans la Phyfique des Arbres, les branches & les racines
font en proportion les unes des autres ; & un arbre pouffe d'autant plus en racines, qu'il a plus de branches ; de forte que, fi
on lui retranchoit toutes les branches, il deviendroit effilé, &
ne prendroit point de corps.

Les fujets fur lefquels on greffe le Prunier, le Poirier, le
Pommier, & même le Cerifier, peuvent être tous greffés comme

qui fe développent quelquefois affez promptement fur les Boutures, ne font que des marques équivoques de leur réuffite, qui épui-
fent leur feve avant qu'elles aient pû produire des racines.

(a) Si l'on foupçonne quelque commencement de mouvement de feve, il faut tailler les Boutures, les laiffer quelques jours
expofées à l'air, mais à couvert du foleil,
& les planter enfuite.

pour des arbres nains ; & des jets que pouffent les greffes, on forme les tiges & les demi-tiges : au lieu que le corps des autres arbres doit être formé du fujet.

Les fujets fur lefquels l'écuffon a manqué doivent être rabattus au-deffous de l'endroit où ils ont été greffés, afin qu'ils pouffent de jeune bois fur lequel l'écuffon réuffit mieux que fur le vieux. Mais ceux qui ont été greffés pour arbres nains, s'ils ont difpo-fition à s'élever droits, peuvent être réfervés entiers & formés .pour être greffés en tige. & demi-tige.

On donne aux pépinieres un labour en Janvier ou Février, & deux ou trois binages pendant l'été, pour entretenir la terre meuble, & détruire toutes les mauvaifes herbes. Mais dans les terreins chauds & fujets à être infectés de lifettes & autres in-fectes ébourgeonneurs, qui paroiffent quelquefois dès le com-mencement de Février, il vaut mieux différer le labour, & ne point détruire les herbes jufqu'à ce que les boutons des arbres foient développés ; afin que ces infectes trouvant de la pâture fur la terre, ne montent point aux arbres, dont ils rongent les yeux, & fur-tout ceux des greffes. Ils ne faut donner aux jeunes femis que des binages ou labours très-légers.

Si les Pépinieres ne demandent de travaux pénibles que les labours, elles exigent des foins prefque continuels. Les préferver de la dent pernicieufe du gibier & des bêtes fauves ; défendre du mulot les plants de Pommiers de Doucin & de Paradis, dont ils rongent les racines ; attacher à des échalas les premieres pouffes des greffes, lorfqu'elles ne s'élevent pas droites ; élaguer, rabat-tre, ébourgeonner, nettoyer de mouffe & d'infectes ; veiller fans ceffe au bien de ces jeunes éleves, entretenant & fortifiant les uns, corrigeant les défauts des autres, &c. ce font les moyens d'affurer le fuccès des Pépinieres.

ARTICLE VI. *De la Greffe*

§. 1. *Noms & saisons des Greffes.*

TROIS sortes de Greffes sont usitées pour les Arbres fruitiers ; savoir, la Greffe en écusson, la Greffe en couronne, & la Greffe en fente.

1°. On écussonne les jeunes sujets, ou les vieux ; mais sur du bois de l'année, ou au plus de deux ans.

Cette Greffe se fait au commencement ou pendant la seve du printemps ; & alors on la nomme *Ecusson à la pousse*, ou *à œil poussant*, parce que douze ou quinze jours après avoir appliqué l'écusson, si l'on voit que l'écorce soit vive, & sur-tout que l'œil grossisse, on étête le sujet à deux ou trois pouces au-dessus de l'endroit de l'insertion, & l'œil de l'écusson se développant pousse un jet dès la même année.

Il est plus ordinaire de greffer en écusson au déclin de la seconde seve. Le terme doit être pris à la lettre, sur-tout pour les arbres sujets à la gomme ; car s'ils ont trop de seve lorsqu'on les écussonne, la gomme survient autour de l'écusson, le chasse en dehors & le décolle, ou, comme parlent les Jardiniers, le noye. Pourvu qu'on puisse lever les écussons, & décoller l'écorce des sujets, il y aura assez de seve pour le succès des Greffes. Dans les terreins chauds & secs, la seconde seve des arbres se soutient rarement au-delà du commencement d'Août, excepté celle des jeunes Pêchers & Amandiers qui dure environ un mois plus tard. Dans les terreins frais, les jeunes Pêchers & Amandiers conservent leur seve jusqu'à la mi-Septembre, & même au-delà ; dans les autres sujets, elle s'arrête un mois plutôt. Ainsi, suivant les terreins, on écussonne les vieux Pêchers & Amandiers, & les autres sujets depuis la mi-Juillet jusqu'à la mi-Août ; & les jeunes Pêchers & Amandiers depuis la mi-Août jusqu'à la mi-Septembre. Les écuſſons faits dans cette ſaiſon ſe nomment *à œil dormant*, parce que l'œil juſqu'au printemps demeure dans l'inaction & comme dormant. A la mi-Février, on coupe le ſujet un demi-pouce au-deſſus de la Greffe. Le Pêcher & l'Amandier ne ſe greffent bien qu'en écuſſon à œil dormant.

Si l'on n'a qu'un petit nombre de ſujets à greffer, & qu'une ſéchereſſe en ait arrêté la ſeve avant le temps ordinaire, on jette quelques voies d'eau au pied, & peu de jours après la ſeve reprend ſon mouvement.

Lorſqu'on a négligé d'élaguer les ſujets, il ne faut faire ce retranchement qu'en écuſſonnant, ou après avoir écuſſonné, & non pas la veille ou peu de jours auparavant; car les arbres perdroient leur ſeve.

Si l'on reçoit des écuſſons de quelqu'eſpece précieuſe ou rare, lorſqu'il n'y a plus de ſeve dans les ſujets, on cherche ſur des arbres de même genre des branches gourmandes qui conſervent de la ſeve fort tard; on y applique les écuſſons. L'année ſuivante, ils fourniſſent des branches vigoureuſes ſur leſquelles on pourra prendre des Greffes

2°. La Greffe en couronne ſe fait ſur des ſujets qui ont plus de deux pouces de diametre, pendant la ſeve du printemps, lorſque l'écorce des ſujets peut ſe décoller aiſément.

3°. On greffe en fente des ſujets qui ſont au moins gros comme le pouce, avant le premier mouvement de la ſeve du printemps, lorſque l'écorce des arbres eſt très-adhérente, c'eſt-à-dire, vers la mi-Février, ou plutôt.

Mais le ſuccès de toutes ſortes de Greffes dépend de trois choſes; du ſujet ou arbre ſauvage ſur lequel on greffe; de la Greffe ou portion d'arbre franc qu'on ente ſur le ſujet; & de l'opération, ou inſertion de la Greffe ſur le ſujet.

§. 2. *Qualités des Sujets.*

Les Sujets doivent être fains, vigoureux, d'une écorce vive, claire, unie & fans cicatrice dans l'endroit où l'on applique la greffe. On ne peut efpérer de fatisfaction d'un arbre greffé fur des fujets foibles, languiffants, chancreux, rabougris, &c. Ils doivent encore être analogues aux greffes; car l'union de la greffe avec le fujet eft d'autant plus facile & plus ferme, qu'il y a entre eux plus de rapports pour la quantité, les qualités & le temps de la feve. Un Poirier très-vigoureux comme l'Ambrette, réuffira mal fur le Coignaffier à petite feuille, & même médiocrement fur le Coignaffier de Portugal, qui, quoiqu'il ait une feve beaucoup plus abondante, n'en a pas encore affez pour ce Poirier, qui ne réuffit bien que fur franc. La greffe du Cerifier ne fe collera pas folidement fur un Merifier fauvage à petit fruit noir, dont la feve, apparemment trop âcre, eft prefqu'infociable. Un Prunier ne s'accommodera pas de l'Amandier qui eft en pleine fleur, lorfqu'à peine la feve des Pruniers commence à fe mettre en mouvement. En traitant de la culture particuliere de chaque arbre fruitier, je marquerai fur quel fujet il faut le greffer.

Pendant l'automne, il faut élaguer les fujets de toutes branches au-deffous de l'endroit où l'on doit placer les greffes au printemps fuivant. Ce retranchement fe fait au printemps fur ceux qui ne doivent être greffés qu'au déclin de la feconde feve.

On choifit, pour placer la greffe, un endroit du fujet qui foit uni, fans nœuds, fans cicatrice.

On appelle *Greffe fur franc* celle qui fe fait fur un fujet de même famille & de même nom, quoique fauvage. Ainfi on dit d'un Poirier greffé fur un fauvageon pris dans les bois, ou élevé de pepin; d'un Figuier greffé fur un autre Figuier; d'un Cerifier greffé fur un autre Cerifier, &c. qu'ils font *greffés fur franc.* Lorfque le fujet eft de nom différent, quand même il feroit de

la

la même famille, on le défigne par fon nom : ainfi on dit, un Pêcher greffé fur Amandier, un Abricotier greffé fur Prunier, un Albergier greffé fur Abricotier ; un Pommier greffé fur Doucin, un Cerifier greffé fur Merifier, &c.

Quelques Jardiniers affurent que greffe fur greffe de même variété ou de même efpece, augmente le volume des fruits & perfectionne leurs qualités. Je n'ai jamais pû appercevoir ces avantages ; mais une greffe intermédiaire qui a des rapports moyens entre la greffe & le fujet, peut produire de bons effets. Greffer un Coignaffier fur un fauvageon de Poirier, & enfuite un Poirier franc fur la greffe de Coignaffier, peut mettre plus promptement un arbre à fruit ; ou même être néceffaire dans un terrein où le Coignaffier réuffit mal, & où il ne faut que des Poiriers de moyenne grandeur. Greffer d'abord des Abricotiers fur des Pruniers, & enfuite des Pêchers fur les greffes d'Abricotier, c'eft un procédé qui convient à plufieurs efpeces de Pêches, & fur-tout à la Pêche blanche.

§. 3. Qualités des Greffes.

Il faut prendre les Greffes fur des arbres formés, ni trop jeunes ni trop vieux, en plein rapport, fains, & dont l'efpece foit bien franche & vraie. Cette derniere qualité mérite attention, fur-tout pour les arbres qu'on multiplie quelquefois de femences, qui font ordinairement varier, & prefque toujours dégénérer l'efpece. Il y a une grande différence entre une véritable Pêche Mignone, une véritable Prune de Reine-Claude, & leurs variétés. Les defcriptions que je donnerai de chaque arbre mettront en état de faire ce difcernement. Et comme le bois & les feuilles de la plupart des arbres fruitiers n'ont pas de caracteres fuffifants pour diftinguer l'efpece de fes variétés, ni fouvent même l'efpece de l'efpece, il faut pendant la faifon de

Tome I.   C chaque fruit, reconnoître & marquer les arbres dont on doit tirer des Greffes.

Les rameaux deftinés à faire des Greffes en fente, & en couronne, doivent être droits, fains, d'une belle écorce, garnis de beaux yeux peu éloignés les uns des autres; contenir du bois de la derniere & de l'avant-derniere année; être d'une vigueur moyenne. (Les branches chiffonnes & les gourmandes ne font propres pour aucune Greffe d'arbres fruitiers.) Il faut les cueillir avant le premier mouvement de la feve du printemps, c'eft-à-dire, en Janvier, Février, ou plutôt ; les enterrer par le gros bout à deux ou trois pouces de profondeur dans un lieu expofé au nord & à couvert du foleil, afin qu'ils ne foient pas en feve dans le temps où ils doivent être employés; & les couvrir pendant les fortes gelées, fur-tout ceux d'arbres à fruits à noyau. On pourroit fe fervir de bourgeons de la derniere année feulement; mais étant tendres, & tranfpirant facilement, il eft à craindre que leur deffèchement ne prévienne leur union avec le fujet.

Les écuffons fe prennent fur des bourgeons de la derniere feve, bien conditionnés, bien garnis de bons yeux, & d'une force moyenne. Il faut rejetter les branches chiffonnes & très-foibles, les écuffons étant difficiles à lever deffus ; & les branches gourmandes, parce que les yeux d'en-bas, vers la naiffance de la branche, font fujets à dormir, c'eft-à-dire, à ne point s'ouvrir : les autres s'ouvrent & font de beaux jets ; mais on croit avoir remarqué que les arbres qui en viennent, ont plus de difpofition à donner du bois que du fruit.

On choifit, pour faire les écuffons, les yeux les plus gros & les mieux formés vers le milieu du bourgeon. Et pour les Pêchers & autres arbres qui ont des yeux fimples ; des doubles, c'eft-à-dire, un bouton à fruit à côté d'un bouton à bois ; & des triples, c'eft-à-dire, un bouton à bois entre deux à fruit, ou un à fruit entre deux à bois ; on préfere ceux-ci, fauf à éborgner les yeux à fruit, aux yeux fimples, qui, n'étant que des yeux à bois, confervent trop de leur deftination, & font des arbres peu féconds.

Lorfque ces bourgeons font coupés, ou même avant que de les couper, il faut en retrancher l'extrémité tendre, & toutes les feuilles jufqu'à l'extrémité de la queue, parce que ces parties tranfpirant beaucoup, les bourgeons auroient bientôt perdu leur feve, fi on les confervoit. Il faut de plus les envelopper de mouffe humide, d'herbe fraîche, ou d'un linge mouillé, ou en tenir le gros bout dans de l'eau. Lorfqu'on eft obligé de les tranfporter loin, ou de les conferver quelques jours, on les pique par le gros bout dans un Concombre ou autre fruit, & on enveloppe le tout de mouffe humide.

Lorfqu'on cueille les Greffes, il faut lier enfemble les rameaux des mêmes efpeces ou des mêmes variétés, y mettre des étiquettes, des ligatures de différentes couleurs, ou d'autres marques qui les puiffent faire reconnoître.

Il faut auffi greffer de fuite & numéroter les mêmes efpeces ou les mêmes variétés; & tenir un regiftre ou catalogue relatif aux marques ou numéros de la Pépiniere.

Sans ces attentions & toutes celles que nous avons indiquées ci-devant, on court rifque de la méprife dans le choix des efpeces, du déplaifir de cultiver des arbres lents à fe mettre à fruit ou qui n'en produifent que de dégénéré & de médiocre qualité, d'accufer le terrein, le fujet, la culture, l'intempérie des faifons, &c. d'une faute qui ne doit être attribuée qu'à la négligence du Greffeur.

§. 4. *Infertion. Différentes façons de la faire.*

I. *Greffe en fente. Fig.* 1. 1°. On fcie horizontalement le fujet; avec une ferpette, plane, ou autre inftrument bien tranchant, on pare la coupe, fur-tout à l'endroit où l'on veut inférer

C ij

la Greffe. On pose sur le diametre de la coupe le tranchant d'une serpette, ou serpe si le sujet est gros; & frappant avec un maillet sur le dos de l'instrument, on fend le sujet verticalement; on fait descendre la fente à un pouce & demi ou deux pouces, & si le sujet est gros, on se sert pour cela d'un coin. (Quelques-uns fendent d'abord l'écorce du sujet avec la pointe d'une serpette, vis-à-vis l'endroit où ils doivent faire la fente.) On nettoie & on unit l'intérieur de la fente, lorsqu'on y apperçoit quelques filaments.

2°. On taille en coin long d'un pouce ou un pouce & demi le gros bout de la greffe *A* (le bois en doit être de deux ans;) on fait ordinairement deux petites retraites au-dessus de la tête du coin, & on a soin que le côté qui répondra au cœur du sujet soit un peu plus mince que celui qui doit répondre à l'écorce. On rabat la Greffe à deux, trois, ou quatre yeux, suivant la force du sujet.

3°. Pour placer la Greffe, on ouvre la fente des petits sujets avec la pointe d'une serpette, & celle des gros avec un coin de bois, ou un instrument de fer très-connu des Greffeurs, composé d'un levier ou manche à chaque bout duquel est un coin. On insere le coin de la greffe dans la fente du sujet, de maniere que le liber de la greffe réponde exactement au liber du sujet, ou que l'entre-deux du bois & de l'écorce du sujet soit précisément vis-à-vis de l'entre-deux du bois & de l'écorce de la greffe; & non pas que l'extérieur de l'écorce de l'un & de l'autre coïncide. Car l'écorce de la greffe & celle du sujet étant rarement d'égale épaisseur, la coïncidence des libers d'où dépend le succès de la greffe, ne s'ensuit pas de la coïncidence des surfaces extérieures des écorces.

Quelques-uns inferent obliquement la greffe *Z* dans la fente, faisant un peu entrer la pointe & sortir la tête du coin, de sorte que les libers se croisant, coïncident au moins dans le point de leur interfeétion, ce qui fuffit pour la reprife de la greffe ; mais il vaut mieux que le rapport fe trouve dans toute la longueur du coin.

La greffe étant placée, on laiffe les deux côtés de la fente fe rapprocher, & leur reffort, fi le fujet eft un peu gros, ferre fuffifamment la greffe ; finon on l'affujettit avec un petit ofier dont on lie le fujet à l'endroit de l'infertion.

4°. On forme fur la coupe du fujet & fur l'endroit de l'infertion une poupée avec un mêlange de terre rouge, ou d'argile, & de bouze de vache., & on la retient avec un morceau de vieux linge ; ou bien on forme cette poupée avec un petit torchis de foin & de ce mêlange de terre & de bouze de vache.

Sur les petits fujets on met une greffe ; fur les moyens, deux ; & fur les gros, quatre ; faifant une feconde fente qui coupe la premiere à angles droits. Il vaudroit mieux inférer ces deux dernieres greffes entre le bois & l'écorce (en couronne) que dans une feconde fente, s'il n'étoit pas fort incommode de faire l'opération en deux fois.

Lorfque les fujets font fort menus, on peut prendre une greffe d'égale groffeur, & la placer de façon que les deux bords intérieurs de l'écorce de l'un répondent exaétement aux bords intérieurs de l'écorce de l'autre.

On peut encore, lorfque le fujet & la greffe font de groffeur égale ou prefqu'égale, faire l'inverfe de l'opération précédente ; c'eft-à-dire, tailler en coin l'extrémité du fujet ; fendre le gros bout de la greffe *C* ; faire coïncider les deux, ou un des deux bords intérieurs de l'écorce de l'un avec le bord, ou les deux bords intérieurs correfpondants de l'écorce de l'autre, comme le repréfente *D*. Cette façon de greffer fe nomme *Enfourchement.* On y applique le même appareil qu'à la greffe en fente ordinaire.

II. Greffe en Couronne. *Fig.* 3. 1°. On taille le bas

de la greffe *O* en forme de cure-dent, ou en talus long d'un pouce ou d'un pouce & demi.

2°. On scie, & on unit le sujet comme pour la greffe en fente. Avec un petit coin d'os ou de bois dur, de la même forme que la taille de la greffe, qu'on enfonce entre le bois & l'écorce du sujet qui est en seve, on fait la place de la greffe.

3°. On retire ce coin, & à sa place on insere la greffe, de sorte que sa face taillée & les bords de son écorce soient appliqués sur la surface ligneuse du sujet, ayant attention en introduisant la greffe entre le bois & l'écorce du sujet, que son écorce ne se décolle pas du bois; car il est essentiel pour cette greffe, & pour celle en fente, que l'écorce de la greffe soit adhérente. On place ainsi des greffes autour de la coupe du sujet, à trois pouces les unes des autres.

4°. On couvre la coupe du sujet de la même façon que les greffes en fente.

Si l'action du coin fend l'écorce du sujet, la greffe n'en réussira pas moins, pourvu qu'on l'assujettisse avec une ligature. On peut même, au lieu de détacher l'écorce avec un coin, décoller des bandes verticales *Q* d'écorce, des mêmes dimensions que la face taillée des greffes, sans les séparer du sujet par leur extrémité inférieure; appliquer la taille des greffes sur la surface ligneuse du sujet; les recouvrir avec les bandes d'écorce; assujettir le tout avec un lien, & y faire une poupée. Par cette méthode on ne risque point de décoller l'écorce des greffes en les inférant.

On peut encore fendre l'écorce verticalement dans l'endroit *P* où l'on doit introduire le coin, afin qu'elle ne se déchire pas inégalement; ce qui toutefois intéresse moins le succès que la propreté de l'opération. Au lieu de fendre toute l'écorce, il vaut mieux ne fendre que ses couches extérieures: les couches intérieures étant plus souples, céderont plus facilement à l'action du coin; & cette précaution pourra préserver l'écorce d'un déchirement entier.

Cette greffe, qui n'est pas pratiquable sur des sujets en pépiniere, mais sur de gros arbres en place, pousse quelquefois avec
tant de force qu'il est nécessaire de lui donner des tuteurs contre
le vent, la pluie & le poids de ses feuilles, qui pourroient la
décoller. La greffe en fente exige souvent la même précaution.

III. *Greffe en Ecusson*. 1°. On leve la greffe *L*,
Fig. 4. qui n'est qu'une piece d'écorce avec un bouton. On
lui donne une forme approchante d'un Ecusson antique d'Armoiries, d'où elle tire son nom. Chacun la leve suivant la méthode qui lui est la plus familiere. Les uns levent avec la greffe
un peu de bois qu'ils en détachent ensuite avec la pointe du
greffoir. L'habitude & la pratique rendent quelques Greffeurs
très-adroits à lever l'écusson avec si peu de bois, qu'il n'est pas
nécessaire de le retrancher. On objecte contre cette méthode,
qui est la plus suivie, qu'on s'expose souvent à endommager la
substance visqueuse de l'intérieur de l'écorce; mais il est plus à
craindre, & plus ordinaire de couper & d'endommager l'écorce
même, qu'il n'est essentiel de ménager la substance visqueuse,
comme on le verra ci-après.

D'autres coupent la piece d'écorce *R* sur la branche; & la
saisissant avec le pouce & l'index, la détachent du bois; mais
si la branche n'est pas bien en seve, on endommage l'écorce, &
souvent l'œil reste vuide du petit filet ligneux qui est attaché
par un bout aux couches ligneuses de la branche, & de l'autre
s'étend dans le bouton. Or ce filet ligneux étant comme le germe
de l'arbre qui doit sortir de la greffe, jamais elle ne feroit aucune
production, s'il étoit demeuré sur la branche, & si l'œil de l'é-
cusson en étoit dépourvu.

D'autres enfin coupent la piece d'écorce sur la branche, & in-
sinuant entre le bois & l'écorce une queue de greffoir très-
mince & très-petite, ils coupent le filet ligneux qui est fort

tendre, fans endommager l'écorce, comme peut faire la lame du greffoir dans la premiere méthode; & ainfi levent facilement l'écuffon avec fon œil plein. Il eft vrai qu'on peut altérer la fub-ftance vifqueufe; mais un bon Greffeur m'a affuré que non-feu-lement il ne leve point autrement fes écuffons, mais encore qu'il a fouvent paffé exprès trois ou quatre fois la queue du greffoir entre le bois & l'écorce du fujet après l'avoir décollée, ce qui fans doute a beaucoup altéré cette fubftance vifqueufe tant de la greffe que du fujet, fans qu'aucun des écuffons, bien faits d'ailleurs, ayent manqué: ce qui prouve que la fubftance vifqueufe n'eft pas fi refpectable qu'on le croit; quoiqu'il foit très-utile de la ménager, fur-tout aux arbres fujets à la gomme.

2°. On fait à l'écorce du fujet une incifion horizontale *a e*, & du milieu de cette incifion on en abaiffe une verticale *i o*, l'une & l'autre égale ou un peu plus grande que les dimenfions correfpondantes de la greffe; avec l'ongle, ou avec la queue du greffoir on décolle l'écorce des deux côtés de l'incifion verticale.

3°. Préfentant la pointe de l'écuffon au point *i* d'incidence des deux incifions, on le fait defcendre entre le bois & l'écorce, jufqu'à ce que toute fa furface intérieure foit appliquée fur la furface ligneufe du fujet, ayant attention que la bafe de l'écuffon joigne immédiatement le bord fupérieur de l'incifion horizontale, & que l'intérieur des écorces coïncide, comme on voit au point *K*.

4°. On lie le tout de plufieurs révolutions d'écorce d'ofier, ou d'un double fil de laine ou de coton, qu'on évite de faire paffer fur l'œil de la greffe. Six femaines ou deux mois après l'infertion, on peut ôter la ligature.

Au lieu de faire paffer l'incifion horizontale *a e* par l'extré-mité *i* de l'incifion verticale, on peut la faire paffer par l'autre extrémité *o*; & on taillera l'écuffon comme le repréfente *N*, ayant fa bafe au-deffous de l'œil, & fa pointe au-deffus. Cette
méthode

méthode a ſes avantages. 1°. Pour faire monter l'écuſſon entre le bois & l'écorce du ſujet, on n'appuie le doigt ou le manche du greffoir que contre le ſupport du bouton ; & on ne court point riſque de fatiguer ou de meurtrir le bouton, de rompre ou de déchirer la queue des feuilles, comme dans la méthode ordinaire ; lorſque l'écuſſon ne gliſſe pas facilement. 2°. Si l'on place deux écuſſons oppoſés ſur un ſujet, l'un par cette méthode, l'autre par la méthode commune, les inciſions horizontales étant dans une diſpoſition alterne, le ſujet ſouffre moins que ſi, en les op-poſant, ſon écorce eſt coupée preſque tout autour dans un même point.

Les écuſſons, ſur-tout ceux à la pouſſe, ſont quelquefois deſ-féchés par le ſoleil. Pour prévenir cet accident, on attache un morceau de papier au-deſſus.

Il faut greffer par un beau temps ; car les greffes mouillées de la pluie ſont ſujettes à manquer.

Lorſqu'on a beaucoup de greffes à faire, on peut partager l'ouvrage entre deux ; l'un taille & prépare les greffes, l'autre opere ſur le ſujet. Ou entre trois, dont l'un fait les inciſions ſur le ſujet, l'autre leve les écuſſons & les infere, & le troiſieme fait les ligatures.

Quand les écuſſons ont pouſſé un jet long de ſept à huit pouces, il eſt bon de le pincer à la quatrieme ou cinquieme feuille, pour qu'il ſorte de l'aiſſelle des feuilles trois ou quatre branches qui ſeront très-avantageuſes pour la forme & la pre-miere taille des arbres. Et pour les arbres dont la tige ou demi-tige doit être formée du jet de la greffe, on ne pince ce jet que quand il a acquis la hauteur convenable.

Depuis que les greffes ont commencé à pouſſer, juſqu'à ce qu'on tranſplante les arbres, il faut viſiter de temps en temps la Pépiniere, tant pour lui donner les labours & façons néceſſaires, que pour retrancher les branches que pouſſent ordinairement les fujets au-deſſus & au-deſſous des greffes. Mais aux fujets très-vigoureux, il ne faut pas faire ce retranchement à la rigueur : il vaut mieux ne couper qu'une partie des branches, & feulement tordre les autres pour les empêcher de prendre le deſſus, juſqu'à ce que les greffes foient aſſez fortes pour conſommer toute la ſeve.

Nota. 1°. Les Bourgeons fur lefquels on veut lever des écuſ-ſons à la pouſſe doivent être coupés à la mi-Février ou peu après, & plantés par le gros bout à l'expoſition du Nord, à couvert du ſoleil, à deux pouces feulement de profondeur ; parce que les yeux qui ont été en terre ne réuſſiſſent pas auſſi bien que les autres. Au printemps, lorſque les fujets font en pleine ſeve, on y applique les écuſſons tirés de ces bourgeons, dont les yeux n'ont pas pu ſe développer, & qui ont aſſez de ſeve pour décol-ler facilement l'écorce.

2°. Les uns font les écuſſons fort grands (longs de neuf ou dix lignes, larges de trois ou quatre lignes), les autres leur donnent à peine deux lignes de largeur, & cinq ou ſix de longueur. Ceux-ci font plus faciles à lever, & leur ſuccès eſt auſſi fûr que celui des plus grands. Ainſi il importe peu de leur grandeur. Cependant lorſqu'on écuſſonne fur des fujets dont la greffe ſe décolle facile-ment, comme de l'Abricotier fur Amandier, du Ceriſier fur le Meriſier ſauvage à petit fruit noir, &c, il eſt très-utile de donner à l'écuſſon toute la grandeur poſſible, afin que couvrant & embraſ-ſant une plus grande ſurface du fujet, fon union foit plus ferme.

3°. Lorſqu'on greffe fur du bois de l'année, & bien en ſeve, on peut n'ouvrir les levres de l'inciſion verticale, qu'à fon point d'incidence fur l'inciſion horizontale, & feulement pour y inſi-nuer la pointe de l'écuſſon. En le faiſant deſcendre, fon action ſuffira pour décoller l'écorce. Ainſi la ſubſtance viſqueuſe ne ſera point du tout endommagée ; & l'écuſſon ne décollera d'écorce qu'autant qu'il eſt néceſſaire pour ſe placer : deux choſes qui ne

peuvent que hâter l'union de la greffe avec le fujet , & affurer le
fuccès de l'opération.

4°. La ligature doit commencer à la pointe de l'écuffon , &
faire fes révolutions en remontant , jufqu'à ce que les incifions
foient entiérement couvertes. Ces révolutions ne doivent pas
être circulaires ou fpirales; mais fe croifer fur l'incifion verticale,
& fur la partie oppofée du fujet. Lorfqu'on fe fert de fil de laine
ou de coton, il n'eft pas à craindre que ces matieres ferrent
trop les greffes ; mais le chanvre & l'écorce d'ofier ne prêtant
& ne s'alongeant point, il faut être attentif à ne les ferrer qu'autant qu'il eft néceffaire pour tenir la greffe bien appliquée fur le
fujet, & que l'air ni la pluie ne puiffe pénétrer entre-deux ; &
un mois ou fix femaines après l'opération , il eft néceffaire de
vifiter les greffes , & de lâcher la ligature de celles qui font trop
ferrées ; ce qui fe connoît aifément au gonflement ou bourrelet
de l'écorce du fujet , qui paroît au-deffus & au-deffous de la
ligature.

Peut-être ne fera-t-il pas inutile d'ajouter quelques autres
façons de greffer , qui peuvent paroître plus faciles dans l'opération , ou plus fûres dans le fuccès , ou plus propres pour certains ufages, & dans certaines occafions où les précédentes ne
peuvent fervir.

IV. *Greffe par approche.* On exécute différem-
ment cette greffe fur deux arbres qui font près , ou qui fe peuvent approcher l'un de l'autre.

1°. *Figure* 7. Sur un côté de la branche *O* d'arbre franc, on
enleve une petite piece verticale d'écorce. Sur un côté du fujet
P, on enleve une égale piece d'écorce. On applique immédiatement l'une contre l'autre les deux furfaces ligneufes découvertes;
faifant coïncider, ou rapporter exactement quelques points au
moins de l'entre-deux du bois & des libers de la greffe & du

fujet. On affermit le tout par une ligature de fil de laine ; & on le couvre de cire, ou de terre graffe détrempée & pêtrie. L'application de la greffe fur le fujet eft repréfentée en *o, fig. 9*, & en *Y, fig.* 10. Cette greffe que la nature exécute fouvent dans les bois où l'on trouve des branches entées les unes fur les autres, fe fait avant, ou pendant la premiere feve.

Il n'eft pas néceffaire d'enlever les écorces ; il fuffit de retrancher les couches corticales extérieures, & d'appliquer les libers l'un contre l'autre. Des filets ligneux percent ces libers, & s'uniffent au point de leur rencontre.

2°. *Figure 5*. Soit un côté de la branche *C* d'arbre franc taillé en talus alongé, terminé à fon extrémité fupérieure par une retraite qui ait moins de profondeur que le demi-diametre de la branche. Soit auffi le fujet *D* taillé à fon extrémité en talus dont les dimenfions foient égales à celles du talus de la greffe. On applique les faces taillées l'une contre l'autre, comme on voit en *a, Fig. 9*, de façon que les libers coïncident au moins en quelques parties. On affujettit, & on enduit le tout, comme dans l'opération précédente.

3°. *Figure 8*. Je taille l'extrémité du fujet *V* en coin. Sur un côté de la branche *T* d'arbre franc, je fais une fente de bas en haut de longueur égale au coin. J'infere le coin dans la fente, faifant correfpondre l'entre-deux de l'écorce & du bois du fujet à celui de la greffe, comme en *e, Fig. 9*. Je lie, & je recouvre le tout comme ci-deffus.

4°. *Figure 6*. A l'extrémité du fujet *L* foit faite une entaille triangulaire dont la bafe ne s'étendra pas jufqu'au centre du fujet, & dont la hauteur fera depuis huit lignes jufqu'à deux pouces, fuivant la force de l'arbre. On taille un côté de la branche *I* d'arbre franc en triangle de forme & de proportions propres à remplir l'entaille faite au fujet, & dont deux côtés fupérieurs de la bafe foient terminés par des retraites. On infere l'une dans l'autre comme en *n*, *Fig. 9*, avec l'attention déja répétée de placer l'intérieur des écorces dans la même direction. On lie & on enduit le tout.

La troisieme & la quatrieme façon d'opérer ne sont d'une pratique facile, que pendant le repos de la seve, lorsque les écorces sont adhérentes au bois.

La réussite de cette greffe est d'autant plus sûre, que la branche greffée tire de la nourriture de son pied jusqu'à ce qu'elle soit unie avec son sujet. Car on ne la sevre qu'après que l'union est formée ; c'est-à-dire, qu'alors on la coupe obliquement au-dessous de la ligature, & on couvre la coupe de cire.

On peut greffer par approche d'assez grosses branches ; & comme on ne les rabat point, elles forment un arbre en peu de temps.

Nous avons supposé que les branches qu'on greffe par approche demeurent attachées à l'arbre jusqu'à ce qu'elles soient unies au sujet ; mais on peut aussi les en séparer, planter le gros bout au pied du sujet, & les greffer vers l'autre extrémité qu'il faut alors rabattre à trois ou quatre yeux au-dessus de l'insertion. Ces branches tirent de la terre une subsistance qui aide & assure le succès des greffes : quelquefois même la partie enterrée s'enracine en même temps que la partie greffée se colle au sujet ; & la même branche donne une greffe & une bouture. Cette opération ne peut se faire qu'avant le premier mouvement de la seve.

La greffe par approche, malgré la facilité de son exécution, la certitude de son succès, l'avantage qu'elle présente de placer des branches sur le côté d'un arbre qui en manque, comme *Fig. 10*, &c, n'est presque en usage que pour multiplier des arbres rares.

V. Greffe en Flûte, Fluteau, Sifflet, *Fig. 11*.

Soit la branche *H* bien arrondie, unie, de la derniere pousse, égale en groffeur au fujet *E* , ou à la branche du fujet qui doit recevoir la greffe. Vers l'extrémité de cette branche j'incife l'écorce tout-au-tour , en faifant tourner la branche fous le tranchant de la ferpette ; enfuite tordant l'écorce qui eft au-deffus de l'incifion, je fais fortir un tuyau d'écorce *G* long de trois ou quatre doigts , & garni d'un , ou au plus , de deux yeux. Après avoir étêté le fujet , je dépouille fon extrémité d'un tuyau d'écorce *F* égal ou un peu plus long , que je rejette , & je lui fubftitue le tuyau *G.* Je couvre la jointure des écorces & l'extrémité du fujet avec de la cire , ou de la terre pêtrie , pour empêcher que la pluie ne pénetre entre la greffe & le fujet. Ou bien, fi la partie du fujet dépouillée eft plus longue que l'écorce inférée , autour de l'extrémité du fujet je fends de petits copeaux fort minces que je rabats en parafol fur l'extrémité de la greffe.

Au lieu de détacher du fujet un tuyau d'écorce , on peut fendre fon écorce verticalement, la décoller par bandes ; & après avoir placé la greffe , la recouvrir avec ces bandes , laiffant à découvert l'œil de la greffe ; & lier le tout. Cette pratique eft préférable.

Si le tuyau de la greffe eft trop étroit , fendez-le par le côté oppofé à l'œil, & couvrez le défaut avec une laniere de l'écorce du fujet. S'il eft trop large , fendez-le de même , & retranchez-en une bande verticale. Dans l'un & l'autre cas il faut lier la greffe , pour la tenir appliquée immédiatement fur la furface ligneufe du fujet.

Cette greffe praticable fur toutes fortes d'arbres , pourvu qu'ils ne foient ni gommeux ni réfineux , & que leur bois foit bien arrondi , ne fe fait ordinairement que fur le Figuier & le Châtaignier. Il faut que le fujet & la greffe foient en pleine feve.

VI. *Fig.* 1. Au lieu de placer la greffe en fente à l'extrémité du fujet ou de fes branches , on peut la placer fur le côté du

tronc, pour le garnir de branches, s'il n'en a point percé, ou
ſi elles ont péri.

On taille la greffe *E* en coin, dont l'extrémité & les retraites
feront coupées obliquement ; de ſorte que chacune des deux
faces repréſente à peu près une loſange.

Avec un petit ciſeau on fait fur le côté du ſujet *F*, ou *G*
Fig. 2, une fente d'une longueur & d'une profondeur propor-
tionnées au coin de la greffe. On place obliquement la greffe
dans la fente, de façon que les retraites du coin touchent l'é-
corce du ſujet. On couvre le tout comme la greffe en fente.

Cette greffe, l'une des meilleures, dont le ſuccès eſt prefqu'immanquable, ſe fait dans le même temps que la greffe en
fente ordinaire.

VII. *GREFFE A EMPORTE-PIECE. Fig.* 4. A la greffe
en écuſſon, on peut ſubſtituer la greffe à emporte-piece, dont
l'opération eſt très-facile, expéditive, & rarement fautive.

Avec un Emporte-piece dont la partie tranchante peut repré-
ſenter un parallélogramme long de huit ou neuf lignes, & large
de trois ou quatre lignes, ou une loſange, ou autre figure, de
dimenſions différentes, j'inciſe fur la branche *R S* la piece d'é-
corce *S* garnie d'un œil ; je la détache comme l'écuſſon, & je
m'aſſure ſi l'œil eſt plein.

Sur le ſujet *I K* j'inciſe avec le même inſtrument la piece
d'écorce *I* ; je la décolle ; je la rejette comme inutile *T* ; & à
ſa place j'applique fur la ſurface ligneuſe découverte du ſujet,
la ſurface intérieure de la piece *S* ; je la couvre, comme l'écuſſon,
de pluſieurs révolutions de chanvre ou de fil de laine qui cachent
toutes les jointures (*a*).

_____

(*a*) On nomme auſſi *Greffe à Emporte-*
piece la Greffe N°. VI ; lorſqu'au lieu d'infé-
rer la greffe dans une fente, on l'inſere dans | une mortaiſe, qui ſe fait avec un Bec-d'âne,
inſtrument commun chez les Menuiſiers &
les Tourneurs.

On fait cette greffe dans les mêmes faisons que l'écusson. Elle peut servir à démontrer le principe de la greffe en général considérée en Jardinier plutôt qu'en Physicien.

Comme un arbre ne reçoit d'accroissement que par une addition de nouvelles couches tant corticales que ligneuses ; & comme ces couches s'étendent entre le bois & l'écorce formés, comme dans un moule qui leur donne la forme, qui contient & retient la substance propre à les produire ; considérons la surface ligneuse extérieure d'un arbre comme le moule intérieur d'une nouvelle couche ; & la surface intérieure corticale comme son moule extérieur.

Si l'un & l'autre moule, ou seulement l'un des deux reçoit quelque rupture, les nouvelles couches cessent de s'étendre sur la partie offensée, jusqu'à ce qu'elle soit cicatrisée par une nouvelle feuille corticale ; qui sortant des bords de la plaie, & s'étendant peu à peu sur la partie découverte, rétablit le moule. Aussi un arbre dont l'écorce a reçu quelque plaie considérable, oublie son accroissement, & ne s'occupe que du rétablissement de l'intégrité de son écorce. Couvrez la plaie avec une emplâtre de terre, de térébentine, ou de quelqu'autre production des végétaux propre à la préserver du contact de l'air, & du dessèchement ; elle sera plus promptement cicatrisée ; parce que cette emplâtre tenant en quelque façon lieu d'un moule externe, aide & favorise la formation d'une nouvelle feuille d'écorce. Mais si sur cette plaie récente vous appliquez toute fraiche une piece d'écorce de quelqu'arbre analogue, ayant les mêmes dimensions que la plaie ; bien-tôt un feuillet cortical qui se formera entre elle & le bois de l'arbre, & un pareil feuillet qui sortira des bords de la plaie d'entre le bois & l'écorce de l'arbre se souderont ensemble ; & le moule des couches ligneuses étant rétabli, elles continueront à se former.

Maintenant considérons l'opération qui se fait sur un sujet pour

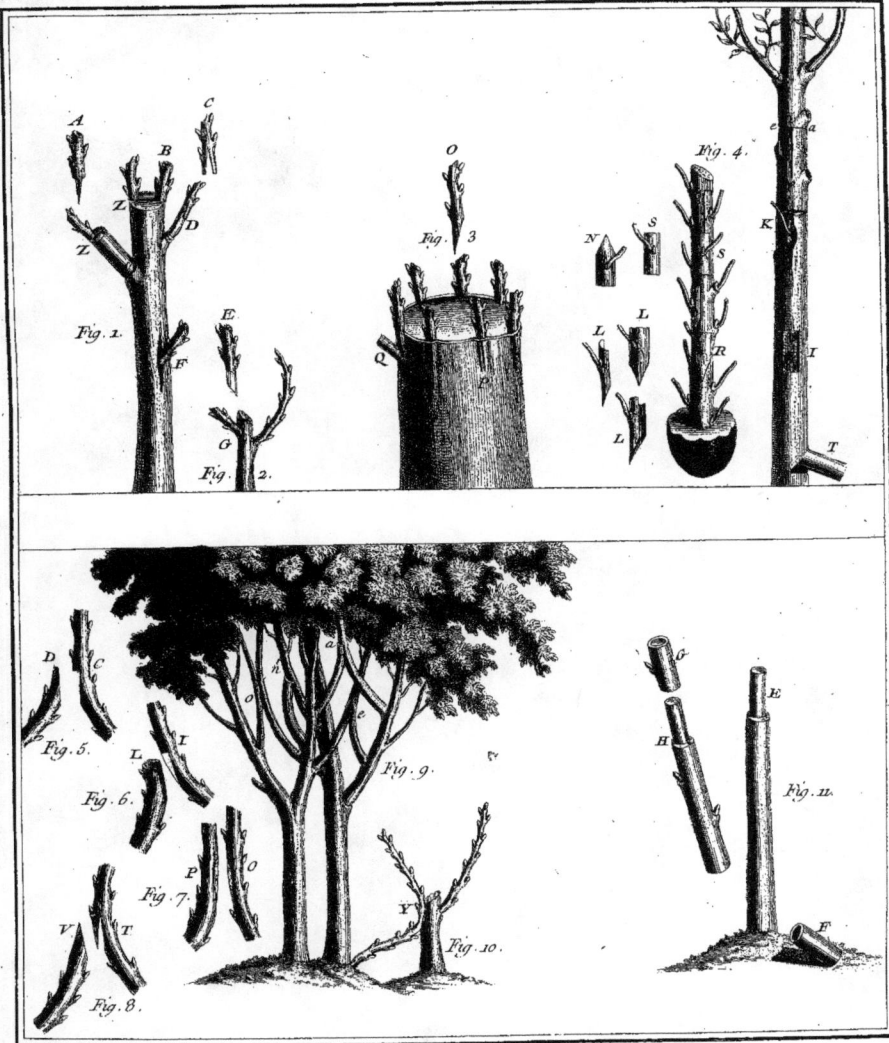

Greffe.

pour y placer la greffe, comme une plaie ou une rupture du moule des nouvelles couches; & la Greffe comme une piece qui rétablit ce moule: mais ce rétabliſſement ne pourra ſe faire, ſi les nouvelles productions de la greffe & du ſujet ne ſe rencontrent pour s'unir; & cette rencontre des nouvelles productions, qui ſortent d'entre le bois & l'écorce, ne peut arriver, ſi la ſurface ligneuſe extérieure & la ſurface corticale intérieure de la greffe & du ſujet ne ſont pas coïncidentes, ſur le même niveau, dans la même direction, comme continues au moins dans un point: la Nature indulgente ſe contente de peu, & l'arbre empreſſé de cicatriſer ſa plaie, profite des moindres ſecours qui lui ſont offerts. Ce rapport, cette coïncidence, cette correſpondance, eſt donc la condition la plus eſſentielle au ſuccès de la greffe: & ſi elle eſt remplie, bientôt la greffe produit de ſa propre ſubſtance une feuille ligneuſe entre ſon écorce & ſon bois, ſi elle eſt faite d'une branche; ou le bois du ſujet, ſi elle n'eſt qu'une piece d'écorce. Pareillement aux bords de la plaie du ſujet, il ſort d'entre le bois & l'écorce une feuille ligneuſe qui s'avance vers celle de la greffe. Ces productions n'étant encore qu'une ſeve un peu épaiſſie, ſans conſiſtance & ſans forme décidée, s'uniſſent enſemble aux points de leur rencontre. Mais ces feuilles ligneuſes ne peuvent s'étendre au-delà des bords des écorces ſans un feuillet cortical qui les couvre & leur ſerve de moule externe. Ce feuillet ſe forme en même temps, s'étend & s'unit de même; & alors la greffe commence à tirer ſa ſubſiſtance du ſujet. Ce n'eſt que par ces nouvelles productions que ſe fait l'union de la greffe avec le ſujet; car le bois formé de la greffe ne s'unit jamais avec aucune partie du ſujet: il ne ſert que de ſoutien à la greffe, ou de moule interne à ſes productions, & après avoir rempli cette fonction, il ſe deſſeche & périt. De même l'écorce formée de la greffe ne s'unit jamais à aucune partie du ſujet; elle ſert

de moule externe à ſes productions, & fournit la ſubſtance
dont elles ſont formées. Dans la Phyſique des Arbres, j'ai traité
de la Greffe & de ſes principes dans un plus grand détail. On
peut les réduire à deux points ; rapport ou analogie des qualités
de la greffe & du ſujet, rapport ou coïncidence des mêmes
parties de la greffe & du ſujet. Ces deux conditions remplies
(la ſeconde exécutée avec un peu d'adreſſe, en temps & de
façon convenables) aſſurent le ſuccès de cette opération d'A-
griculture d'autant plus admirable, qu'elle eſt plus ſimple &
plus facile.

CHAPITRE II.

PLANTATION DES ARBRES FRUITIERS.

ARTICLE I. De l'âge & de la groſſeur du Plant.

LES JEUNES arbres élevés, conduits, greffés dans la Pépiniere comme nous l'avons expliqué, doivent en être tirés
auſſi-tôt qu'ils ſont en état d'être mis en place ; ce qui dépend
plus de la force du ſujet que de celle de la greffe. Car tous les
arbres fruitiers peuvent (les Pêchers doivent) être plantés à
un an de greffe ; c'eſt-à-dire, de quatorze à dix-ſept mois après
avoir été écuſſonnés, & de neuf à onze mois après avoir été greffés en fente, pourvu que les ſujets des baſſes tiges aient près la
naiſſance des racines de dix à douze lignes de diametre, ou de
trente à trente-ſix lignes de circonférence ; ceux des demi-tiges
de quinze à dix-huit lignes de diametre ; & ceux des tiges de deux
à deux pouces & demi de diametre, ou ſix pouces au moins de
circonférence, & de douze à dix-huit lignes de diametre à cinq
ou ſix pieds de tige ; ſoit que cette tige ſoit formée par le ſujet,

foit qu'elle le foit du jet de la greffe, auquel cas il faut la laiffer en pépiniere le temps néceffaire pour prendre cette force. Et même il faut en laiffer prendre davantage aux tiges deftinées à être plantées autour des vignes & des héritages, & dans des vergers ouverts, & fréquentés par les beftiaux, afin qu'en peu d'années ces arbres foient en état de défenfe.

Quelques Jardiniers croient qu'il vaut mieux tranfplanter les arbres plus foibles; parce que, moins ils demeurent long-temps en pépiniere, moins ils prennent de goût & d'habitude dans ce terrein, moins leurs racines y acquierent de groffeur & de force, moins leur écorce fe durcit; par conféquent moins le change- ment de terrein leur eft fenfible, moins les plaies de leurs raci- nes font grandes, moins ils repercent difficilement, moins enfin leur fuccès eft imparfait & incomplet. Quelquefois cette prati- que réuffit, fur-tout lorfque les arbres font pris dans des pépi- nieres fort voifines du terrein où on les plante, arrachés avec beaucoup de foin, & remis auffi-tôt en terre, de forte que le chevelu & les racines n'éprouvent aucune altération. Je connois même un plant de plus de cent Poiriers levés de la pépiniere ayant à peine de fept à huit lignes de diametre à la naiffance des racines, tranfportés à une diftance de plus de fix lieues, replantés trois jours après avoir été arrachés, qui réuffiffent très-bien dans un terrein où des arbres plus forts avoient man- qué. Mais je doute qu'un petit nombre d'exemples femblables doive prefcrire contre l'ufage ordinaire de ne planter des arbres que des groffeurs marquées ci-deffus; & je regarde ceux qui font mis en place fort petits, comme des enfans trop tôt fevrés qui courent grand rifque de tomber en chartre.

J'ai dit que le Pêcher doit être tiré de la pépiniere à un an de greffe, fans confidération de la force ou de la foibleffe du fujet fur lequel il eft greffé; parce que de tous les arbres frui- tiers le Pêcher eft celui dont il reperce plus difficilement des

bourgeons fur le bois de plufieurs années; & l'Amandier fur
lequel on le greffe ordinairement, quelques précautions qu'on
ait prifes pour lui faire produire des racines latérales, fouffre
moins la tranfplantation qu'un autre arbre. De forte que, fi l'on
eft obligé de laiffer en pépiniere une feconde ou troifieme
année, ou même plus long - temps quelques Pêchers, il faut
tailler & difpofer leurs branches comme s'ils étoient en place;
& lorfqu'on veut les lever, il faut faire autour, à vingt-cinq ou
trente pouces de diftance du pied, ou davantage fuivant l'âge
& la force de l'arbre, une tranchée large de deux fers de bêche,
& plus profonde que les plus baffes racines; découvrir & dégager peu-à-peu les racines fans les endommager; couper les
groffes le plus loin qu'il eft poffible de leur naiffance; auffi-tôt
que l'arbre eft arraché, le porter au lieu de fa deftination; ra-
fraîchir l'extrémité de fes racines; le planter fuivant les regles
que nous donnerons ci-après; le plomber à l'eau; décharger fa
tête, & tailler court les branches qui doivent être confervées;
le préferver de la féchereffe pendant le printemps & l'été. Avec
ces attentions on peut s'affurer que l'arbre non-feulement re-
prendra, mais même pourra porter quelques fruits dès la premiere année, eût-il paffé fix ou fept ans dans la pépiniere.

Une petite réferve d'arbres fruitiers de toute efpece conduits
de cette façon feroit très-utile, tant pour remplacer les arbres
qui manquent dans les premieres années d'une nouvelle plantation, que ceux qui meurent dans les anciens plants.

La pratique ordinaire des Pépiniériftes, eft de rebotter au
printemps les greffes de Pêcher qui leur reftent de l'année précédente; c'eft-à-dire, qu'ils les rabattent à quatre ou cinq lignes
de leur infertion. Du collet de la greffe, il fort pour l'ordinaire
plufieurs nouveaux bourgeons dont ils confervent & dreffent un
ou deux. Cet ufage eft fort commode pour tenir plufieurs années
en pépiniere des Pêchers greffés, dont le jet de la greffe n'a

qu'une année, & par conséquent est propre à produire de nouvelles branches. Mais l'expérience a démontré que les greffes rebottées réussissent mal. Un coup d'œil les distingue aisément.

Article II. *De la préparation du Terrein.*

La place destinée à chaque arbre doit être préparée plusieurs mois avant de le planter.

Dans les vignes, les champs, les vergers, &c, si la terre est bonne, on fait des fosses de dix-huit ou vingt-deux pieds & demi cubes de fouille; c'est-à-dire, de trois pieds courants de longueur, d'autant de largeur, & de deux pieds & demi ou trois pieds de profondeur: leur donner de moindres dimensions, c'est exposer une partie du plant à manquer; leur en donner de plus grandes seroit avantageux, mais dispendieux, si la plantation étoit considérable. On jette sur le bord de la fosse, d'un côté les premieres levées de terre, & de l'autre les terres du fond. Si le terrein est médiocrement bon, il faut élargir les fosses, rejetter les terres du fond, & leur substituer des gazons ou de bonnes terres prises sur la superficie du terrein voisin, ou ailleurs. On laisse les fosses ouvertes jusqu'au temps de la plantation.

Lorsqu'on plante un verger réguliérement, en quinconce ou autrement, dont le terrein est médiocre, il vaut mieux faire des tranchées de toute la longueur des rangs, larges de trois pieds, profondes de deux pieds & demi ou trois pieds, & amender les terres comme nous venons de dire.

Les murs des espaliers neufs qu'on destine à être plantés, étant construits, crépis, chaperonnés, garnis de treillage, &c, comme il sera expliqué ci-après, on défonce les plate-bandes à six pieds de largeur, & environ trois pieds de profondeur. Si le terrein est bon, & de qualité convenable aux especes d'arbres qu'on fe propofe d'y planter ; ce défoncement eft une préparation fuffifante. Mais fi le terrein eft médiocre, ou de nature contraire aux arbres qui doivent l'occuper, il faut le corriger & l'amender. Des terres légeres & fablonneufes diviferont & rendront plus meuble un terrein trop compact. Des fumiers de vaches, ou mieux des terres fortes, s'il s'en trouve à portée, donneront de la confiftance à un terrein trop léger. S'il eft froid, des terreaux de couches ou mieux de feuilles d'arbres le réchaufferont. Ces amendements fe répandent également fur la plate-bande, & en la défonçant on les mêle avec le terrein. Mais fi l'efpalier a été occupé auparavant par des arbres de même genre que ceux qu'on lui deftine, des engrais & de fimples amendements font infuffifants ; il faut renouveller entiérement, ou prefqu'entiérement la plate-bande avec de bonnes terres neuves rapportées d'ailleurs.

Si les potagers dans lefquels on plante des arbres en buiffon, éventail, &c, font neufs ; le terrein étant bon, (je le fuppofe) bien défoncé & préparé, les arbres y réuffiront bien, pourvu que leur efpece & la nature du fol fe conviennent. Mais s'il eft queftion de renouveller le plant d'un ancien potager, il faut agir comme pour les efpaliers ; changer le terrein, ou changer le genre d'arbres, remplaçant les arbres à fruits à pepin par des arbres à fruits à noyau, ou au contraire. Pareillement lorfque l'on plante un arbre dans une place qui a été occupée plufieurs années par un autre arbre de même efpece, on doit faire une foffe de deux à trois pieds de profondeur & d'environ trente-fix pieds carrés d'ouverture, c'eft-à-dire, de fix pieds de long & de fix pieds de large ; répandre les terres qui en ont été tirées fur le terrein voifin, & la remplir de bonnes terres neuves.

Je crois fuperflu d'avertir que, fi en faifant les foffes, les tranchées, les défoncements, on trouve des pierres, des veines graveleufes, caillouteufes, &c, il faut enlever ces matieres, & leur fubftituer de bonnes terres.

On fait auffi qu'un terrein dans lequel il n'y a de bonnes terres que de dix-huit à vingt-quatre pouces de profondeur, ne peut recevoir que des Cerifiers & des Pruniers, ou des arbres greffés fur ces fujets; parce que les racines du Prunier & du Cerifier courent prefqu'à la fuperficie de la terre, & ne piquent point. Les autres arbres fruitiers exigent environ trois pieds de bonne terre. Lors donc qu'il s'en trouve une moindre profondeur dans le terrein où l'on fe propofe de faire une plantation, il faut y remédier fuivant les cas.

Si fous la couche de bonne terre il fe trouve un gros fable ftérile, du cailloutage, ou autres matieres perméables à l'eau, il faut enlever une quantité fuffifante de ces matieres, & rapporter à leur place des terres neuves autant qu'il fera néceffaire pour faire, avec la couche de bonne terre, une épaiffeur d'environ trois pieds; & ne pas oublier que les terres remuées & défoncées baiffent d'environ un cinquieme en fe plombant & fe raffermiffant; de forte que l'ouvrage nouvellement fait doit avoir de trois & demi à quatre pieds de profondeur.

Mais fi la couche de bonne terre couvre un banc d'argille, de glaife, de tuf, ou autre matiere qui retient l'eau, il ne faut pas l'entamer, ni le creufer, parce que l'eau féjournant dans les foffes ou enfoncements qu'on y auroit faits, s'y corromproit, putréfieroit la terre; & la corruption fe communiquant aux racines des arbres, ils feroient bientôt perdus fans reffource. Le meilleur parti eft de rehauffer le terrein avec des terres neuves rapportées d'ailleurs, & les mêler avec la couche de bonne terre en la défonçant jufqu'au banc de tuf ou de glaife qu'on laiffe intact; & former ainfi une épaiffeur de trois pieds au moins de bonne terre; car celle qui approche du tuf ou de la glaife, eft toujours froide, qualité ennemie des arbres.

Dans ces fortes de terreins, on ne peut faire de plantation qu'à grands frais. Elle ne feroit pas moins difpendieufe, fi fous une médiocre épaiſſeur de bonne terre, on trouvoit la carrière, dont les fentes laiſſent écouler les eaux; car il faudroit y faire des foſſes, ou tranchées de ſix pieds au moins de largeur ſur trois pieds de profondeur, & les remplir de bonnes terres. Il n'eſt pas même certain que les arbres dont toute la ſubſiſtance feroit bornée & renfermée dans cet eſpace, ne ſachant pas vivre d'économie, ne s'y trouveroient pas dans la diſette & au dépourvu avant leur vieilleſſe.

La veille, ou quelques jours avant de planter, on fait dans les plate-bandes d'eſpaliers, & dans les terreins défoncés, de petites foſſes d'environ dix-huit pouces de largeur, ſur un pied de profondeur; & on remplit les foſſes & tranchées à demi-pied près du niveau de la ſuperficie du terrein. De ſorte qu'ici les racines des arbres ſeront demi-pied au-deſſous de la ſuperficie du terrein, & lorſqu'on aura achevé de rejetter dans les foſſes ou tranchées toute la terre qui en a été tirée, l'arbre ſera butté d'environ demi-pied; mais la terre en ſe plombant rebaiſſera de ce demi-pied, & fera baiſſer les racines d'autant; par conſéquent l'arbre ſe trouvera planté à environ un pied de profondeur.

Dans les terreins défoncés, les arbres ſeront d'abord plantés à un pied de profondeur; parce que, quel que ſoit l'affaiſſement des terres en ſe raffermiſſant, les racines des arbres demeureront toujours à peu-près à la même diſtance de la ſurface du terrein, & par conſéquent environ à un pied de bas, qui eſt la profondeur convenable à la plûpart des arbres. Sur quoi deux choſes méritent attention; 1°. que l'endroit de l'inſertion ſoit entiérement hors de terre, parce qu'il ſortiroit bientôt des racines du bourrelet, & l'arbre devenu franc du pied, s'emporteroit en bois & ſe mettroit difficilement à fruit. Cet accident arrive ſur-tout aux arbres greffés ſur le Coignaſſier, le Doucin & le Paradis. Il en arrive un tout contraire aux Poiriers & Pommiers greffés ſur franc, & plantés dans des terres légeres : c'eſt que ce plan

ou

ou étage fupérieur de racines, qui eft naturellement le plus vigoureux, fe deffeche quelquefois; & alors l'arbre tirant peu de fubfiftance de l'étage inférieur qui a été altéré & affoibli par l'autre, languit, au lieu de produire trop de bois. 2°. Que les racines foient un peu plus enfoncées qu'elles n'étoient dans la pépiniere; car fi elles font à une trop grande profondeur, elles périffent; & l'arbre obligé d'en produire au-deffus, à la hauteur qui lui convient, languit long-temps dans cette opération; & fouvent il y fuccombe. La plupart des arbres élevés en place ayant la naiffance de leurs racines à fleur de terre, quelques-uns même hors de terre, montrent qu'il vaut mieux les planter un peu haut, fauf à les butter pendant les premieres années; obfervant cependant que dans les terres légeres on doit les enfoncer un peu plus que dans les terres fortes, fur-tout lorfqu'elles ont peu de profondeur.

ARTICLE III. *De la diſtance des Arbres.*

QUANT aux diftances auxquelles les arbres doivent être plantés, elles font relatives à la qualité du terrein, à l'efpece des arbres, à la grandeur & à la force qu'ils doivent acquérir. 1°. Des Poiriers, Pommiers, Cerifiers dans un verger d'un terrein médiocre, feront fuffifamment éloignés de dix-huit pieds l'un de l'autre; les Pruniers, Abricotiers, &c. peuvent l'être un peu moins. Ainfi un arpent de neuf cents toifes quarrées de furface contiendra environ cent arbres. Mais fi le terrein eft bon, & qu'on veuille le cultiver, & en tirer quelqu'autre utilité, on mettra environ vingt-quatre pieds d'intervalle entre chaque arbre. 2°. Dans un efpalier de bonne terre, dont le mur eft haut de huit pieds ou moins fous le chaperon, on ne peut planter que des arbres nains, les Pêchers, Abricotiers, Poiriers fur franc, de quinze à dix-huit pieds l'un de l'autre; les Poiriers fur Coignaffier

& autres arbres, de douze à quinze pieds : ceux-ci de dix à douze pieds, ceux-là de douze à quinze. Si le mur est haut de neuf à dix pieds, on plante entre chaque arbre nain, une demi-tige de quatre à quatre pieds & demi de haut, qu'on élaguera peu-à-peu à mesure que les nains s'étendront, & qu'on supprimera, lorsqu'à la taille de Février, elle ne leur laissera pas de quinze à dix-huit pouces pour étendre leurs nouveaux bourgeons. Mais ces demi-tiges pourront subsister assez long-temps pour bien payer la place qu'elles auront occupée. Lorsque les murs ont dix pieds de hauteur ou davantage, on plante entre les basses tiges, des tiges de cinq pieds & demi à six pieds. 3°. Les arbres en buisson, contre-espalier, éventail, pallissades, &c. autour des quarrés des potagers se plantent aux mêmes distances que les basses tiges en espalier ; & on peut planter un Pommier sur Paradis entre-deux.

Le coup-d'œil demande que dans une plantation, soit en plein vent, soit en espalier, toutes les tiges soient de même hauteur à la naissance de leurs branches ; & pareillement les demi-tiges. Ne point planter confusément les especes & les variétés ; mais mettre dans un même espalier, ou dans un même rang les arbres de même espece, & disposer les variétés suivant le temps de leur maturité, c'est une attention, qui, outre l'ordre qu'elle met dans une plantation, a des avantages réels, tant pour la conduite des arbres & pour la récolte des fruits, que pour le renouvellement de cette plantation, dont il faudra changer les especes, si l'on veut s'épargner le changement des terres.

ARTICLE IV. *De la saison & de la façon de transplanter les Arbres.*

LA SAISON de planter est depuis la mi-Octobre jusqu'en Mars ; ou plutôt tout le temps que la seve des arbres est dans

l'inaction ; car les Amandiers fleuriſſent quelquefois dès le commencement de Février, & les Abricotiers les ſuivent de près.
En général il eſt plus avantageux de planter en automne que
vers le printemps. Alors on trouve les terres plus ſaines & plus
propres pour cet ouvrage. Les pluies de l'hiver plombent les
terres & les attachent aux racines, qui ne laiſſent pas de travailler pendant cette ſaiſon ; & l'arbre dès le premier mouvement de la ſeve eſt tout diſpoſé à bien faire, & en état de donner
des preuves de ſa repriſe & de ſon ſuccès.

Pour tranſplanter, on doit préférer un temps ſombre, couvert,
un peu humide, doux & tempéré, à un beau ſoleil, un hâle ſec,
& ſur-tout à la gelée, afin que les racines ſoient moins expoſées à
l'impreſſion du froid & au deſſéchement.

Il faut découvrir les racines avec précaution, ſans les endommager ; les dégager & les extirper avec la même attention, afin
de les enlever les plus longues & les plus entieres qu'il eſt poſſible, & de ménager le chevelu. On tire avec l'arbre & on l'arrache
lorſqu'il ne fait plus qu'une médiocre réſiſtance, n'étant plus
retenu par aucune groſſe racine. Si l'on a eſpacé les arbres dans
la pépiniere comme je l'ai marqué, on aura la place & la liberté
néceſſaires pour les bien déplanter. On les tranſporte au lieu de
leur deſtination, ſans ſecouer la terre qui demeure ordinairement
attachée au chevelu. Si l'on ne les tranſporte pas ſur le champ,
il eſt très-utile de couvrir les racines avec du foin ou paille
humide.

Avant de mettre un arbre en place, on habille les racines,
c'eſt-à-dire, qu'on en rafraîchit l'extrémité, & la pointe du chevelu, s'il n'eſt ni deſſéché ni altéré ; autrement on le retranche.
Les racines forcées, écorcées, rompues, endommagées, ſe rabattent au-delà de l'endroit offenſé ; & la coupe doit être nette,
oblique ou en pied de biche alongé, & la face appuyée ſur la
terre lorſque l'arbre eſt en place.

Il faut pareillement habiller la tête de l'arbre. Si l'on a eu foin de pincer le jet de la greffe, il s'eft garni de plufieurs branches propres à affurer à l'arbre une forme convenable : & alors pour les arbres de tige en plein vent & pour les buiffons, on en confervera deux, trois, ou quatre des plus fortes & des mieux placées qu'on taillera au troifieme œil. Pour les arbres d'efpalier, contre-efpalier, éventail, on en confervera une ou deux de chaque côté de l'arbre, paralleles au mur d'efpalier, ou dans la direction convenable, qu'on taillera à trois yeux à la mi-Février. Mutiler la tête & les racines d'un arbre en le plantant, c'eft la méthode trop ordinaire de beaucoup de Jardiniers, fondée fur leur axiome ridicule. Ils détruifent ce qu'ils defirent à un arbre qu'ils rebute-roient, s'il en étoit dépourvu, belle tête & bonnes racines.

Un Planteur place l'arbre dans la foffe ; d'une main il le fou-tient ferme dans la fituation & à la profondeur où il doit demeurer ; & de l'autre main il arrange les racines & les garnit de terre meuble qui lui eft jettée par un autre Jardinier ; agite un peu l'arbre ver-ticalement, afin qu'elle s'infinue par-tout, & qu'il ne refte aucun vuide. Lorfque les racines font bien garnies & couvertes de terre, il la plombe en appuyant modérément le pied tout autour de l'arbre, fuppofé que la terre ne foit pas affez humide pour fe pêtrir. On acheve de remplir la foffe, & on dreffe le terrein à fa commodité. Il vaut mieux plomber à l'eau qu'avec le pied ; c'eft-à-dire, jetter fur les racines garnies & recouvertes de terre meuble un ou deux feaux d'eau en pluie avec un arrofoir à pompe, & n'achever de remplir la foffe que le lendemain ou quelques jours après, de peur que le poids des terres jettées fur celle qui eft trempée, ne la réduife en mortier.

En plaçant un arbre dans fa foffe, plufieurs chofes méritent attention. Si c'eft un arbre d'efpalier, 1°. il faut le planter à fix ou fept pouces du mur, & incliner un peu la tige vers le mur. 2°. Eviter de tourner les principales racines du côté du mur ; &

s'il y en a deux groffes oppofées l'une à l'autre, les placer pa-
rallélement au mur. 3°. Placer dans la même direction les branches latérales qu'on doit conferver pour fervir comme de bafe
à la forme de l'arbre. 4°. Si la greffe à fa naiffance fait la trom-
pette, tourner cette courbure en face du mur, ou en fens contraire,
& non fur un des côtés & parallele au mur. 5°. Tourner la
greffe en dehors, & la coupe du fujet qu'elle n'a pas encore
recouverte, du côté du mur. Lorfque toutes ces conditions ne fe
peuvent concilier, on facrifie les moins importantes aux plus
effentielles, qui font la direction des branches & des racines.
Aux autres arbres, il faut tourner les fortes racines vers la meilleure terre; placer les tiges bien droites; plomber davantage la
terre, pour préferver les arbres d'être ébranlés, ou renverfés
par les vents; & s'ils font plantés dans un terrein ouvert, les
armer d'épines & de trois ou quatre forts échalas bien enfoncés
en terre, longs de quatre ou cinq pieds hors de terre, le tout
affujetti autour de la tige avec de bons ofiers, ou des ronces.

Article V. *Des Arbres élevés en place.*

Jusqu'ici j'ai fuppofé des arbres élevés dans une pépiniere
particuliere, nés, formés fous les yeux du propriétaire témoin
de leurs progrès, fûr des fujets & des efpeces dont on a tiré les
greffes, & de l'analogie des uns avec les autres; de la qualité du
terrein de fa pépiniere, & de celui où il tranfplante fes jeunes
arbres; veillant lui-même à les faire arracher avec attention, &
replanter de même; & affurant à fes plantations le fuccès le plus
entier & le plus fatisfaifant. Mais mon hypothefe n'aura lieu que
rarement, & pour un petit nombre d'Amateurs vraiment curieux
des efpeces de fruits les plus franches, les plus belles, & les
plus excellentes.

La méthode propofée par M. de Combes dans fon excellent

Traité de la Culture du Pêcher, & qu'on peut pratiquer pour toutes fortes d'arbres fruitiers, trouvera encore moins de partifants. Préparer le terrein; régler la diſtance des arbres; planter en Novembre à chaque place réglée, trois noyaux des eſpeces de ſujets qui ne s'élevent que de ſemences, à neuf ou dix pouces l'un de l'autre : (on peut les faire germer dans le ſable, & ne les mettre en terre qu'au printemps ſans retrancher le pivot). Et pour les ſujets qui s'élevent de boutures, planter dans la même ſaiſon, & aux mêmes diſtances, trois boutures dans chaque place réglée. (On met trois noyaux, ou trois boutures à chaque place, pour s'aſſurer d'avoir un bon ſujet). Traiter ces ſujets comme nous l'avons expliqué à l'article des Pépinieres: les greffer lorſqu'ils ont acquis la force néceſſaire: pincer le jet de la greffe: paliſſer & eſpacer dans les regles les branches latérales qu'il produit: ne laiſſer à chaque place que le meilleur des jeunes éleves, & arracher ou détruire les autres, ſans ébranler celui qui reſte, &c. Je ne fais point le détail des avantages de cette méthode qui ſont expoſés dans le même ouvrage. Ils feront aiſés à appercevoir d'après ce que nous avons dit, & ce qui nous reſte à dire. J'ajouterai ſeulement que je connois des Pépiniériſtes même qui ne prennent pas dans leurs propres pépinieres du plant pour garnir leurs eſpaliers, mais y élevent les arbres en place. On ne doit pas s'attendre qu'ils exhortent à l'uſage de cette méthode, qui toutefois n'eſt pas ſans inconvénient.

En effet, la terre eſt beaucoup plus ſeche dans les eſpaliers que dans une pépiniere où l'ombre du plant entretient de la fraîcheur; & les ſujets n'y ont preſque point de ſeconde ſeve, ſi l'on n'a ſoin de leur donner des arroſements pour ſuppléer au défaut de pluies dans cette ſaiſon. D'ailleurs étant toujours frappés du ſoleil, le mouvement de la ſeve, tant qu'il ſubſiſte, eſt très-grand; mais il s'arrête tout-à-coup, & ne décline point par degrés: de ſorte qu'il n'y a, pour ainſi dire, qu'un inſtant pour greffer les fujets, & un Jardinier occupé à d'autres travaux le manque. Quelquefois encore les pluies de Septembre occafionnent un retour de feve confidérable qui noye les écuſſons. Je ne fais cette obfervation que d'après l'expérience , ayant vu les greffes manquer trois années confécutives fur des fujets en efpalier, par quelqu'une de ces caufes , excès , défaut , retour de feve. L'attention & l'œil du Maître font néceſſaires pour procurer à cette pratique tout le fuccès qu'on en peut defirer. Je ne l'ai décrite que fommairement , & je ne la propofe qu'avec réferve ; parce qu'un peu de foin qu'elle exige , & la crainte d'un retardement , dont on eſt bientôt dédommagé par le progrès rapide, la vigueur, la forme réguliere, &c. d'un arbre élevé en place , la feront regarder par le grand nombre comme une voie nouvelle qui ne conduit qu'après bien du temps, des foins & des peines au même terme où l'on peut arriver facilement & tout d'un coup, en s'adreſſant aux Marchands Pépiniériftes.

Ceux donc qui préferent , & ceux qui font obligés de recourir aux pépinieres Marchandes doivent, 1°. éviter les pépinieres dont le terrein eft gras, ou humide, ou fumé & engraiſſé. 2°. Faire de bonne heure le choix des arbres dont ils ont befoin, afin de ne pas être réduits à ne le faire que fur des arbres de rebut. 3°. Rejetter les arbres foibles, tortus, rabougris, récepés, couverts de mouſſe, endommagés par la dent des bêtes; les greffes rebottées; celles qui font courbes à leur naiſſance, ou dont les pouſſes vigoureufes , & les yeux plats & éloignés les uns des autres, indiquent qu'elles ont été prifes fur des branches gourmandes ; celles qui ont formé un gros bourrelet à leur infertion, & dont le jet eſt beaucoup plus gros que le fujet; celles qui paroiſſent mal collées , attaquées de gomme ou de chancre ; celles qui ne font pas garnies entre leur infertion & leurs premieres branches, de bons yeux propres à donner de belles branches nouvelles. Rejetter encore tous les arbres mal arrachés, dont les

groffes racines n'ont pas au moins dix pouces de longueur fans
plaies, chancres, ruptures; dont les moyennes ne font pas bien
confervées; & dont les tiges ne font pas droites & bien faines.

4°. Choifir au contraire des arbres d'une belle venue, fans
être trop forts; d'une écorce vive, claire, faine, liffe, marques
de jeuneffe & de vigueur; ayant toutes les qualités oppofées aux
défauts indiqués ci-devant.

5°. Faire enforte de ne pas être trompé fur les efpeces & fur
les variétés. Mais le moyen de s'en affûrer? Lorfqu'on tire les
arbres des pépinieres, ils n'ont ni fleurs, ni feuilles, ni fruits.
Le port, les bourgeons & les boutons fuffifent pour faire diftinguer l'efpece de l'efpece, un Poirier d'un Cerifier; mais il y a
des efpeces dont ils ne caractérifent aucune variété; d'autres dont
ils peuvent faire foupçonner, plutôt que reconnoître fûrement
une partie des variétés: & il faut beaucoup d'attention & une
grande habitude avec les arbres, pour tirer quelques fecours de
ces caracteres. Le regiftre ou état que quelques Pépiniériftes peuvent repréfenter eft une preuve qu'ils font capables de mettre
de l'ordre dans leurs pépinieres; mais n'eft qu'une préfomption
qu'ils y en ont mis, & qu'elles font conformes & relatives à ce
regiftre.

6°. La Reinette eft une variété de Pommier, la Dauphine une
variété de Prunier, la Griotte une variété de Cerifier, la groffe
Mignonne une variété de Pêcher. Je fuppofe qu'on diftingue
bien ces variétés aux bourgeons & aux boutons; mais elles ont
des fous-variétés dont les unes font vraies, franches, & très-
eftimables; les autres font dégénérées & bien inférieures. Les
diftinguera-t-on également bien? Ajoutons que la fertilité des
arbres dépend fouvent des branches fur lefquelles les greffes ont
été prifes; que quelques-uns ne réuffiffent bien que fur certains
fujets. Qui peut s'affûrer de l'attention du Pépiniérifte dans le
choix & le difcernement de toutes ces chofes? Je ne fais d'autre
parti

parti & d'autre précaution à prendre que de s'en rapporter à la capacité & à la bonne foi du Pépiniérifte qui paffe pour en avoir le plus, & à qui il importe autant de ne pas tromper qu'à l'Acheteur de ne pas être trompé.

7°. A mefure qu'on arrache les arbres, les étiqueter, les lier par paquets de huit, douze, dix-huit, fuivant leur grandeur; arranger & entrelacer les racines les unes dans les autres; couvrir le tout de grande paille retenue avec des ofiers, pour préferver les racines du défféchement, & les tiges d'être endommagées dans le tranfport.

8°. Si le tranfport eft fort long, garnir toutes les racines de mouffe mouillée; ajouter par-deffus de la longue paille; couvrir le tout d'une toile à emballage, natte de jonc, &c. le bien lier & affujettir avec de la ficelle; pareillement garnir & couvrir les tiges de grande paille: & pour diminuer le volume, on peut rabattre la greffe deux ou trois pouces moins qu'elle ne le fera lorfque les arbres feront en place, & décharger la tête de la plupart des branches qu'il faudra retrancher; les préferver de la gelée dans le tranfport; & tous les cinq ou fix jours, plonger dans l'eau l'extrémité des paquets où font les racines, ou en faire jetter deffus pour y entretenir l'humidité. Les baffes tiges peuvent fe tranfporter plus fûrement dans des caiffes ou paniers bien garnis de paille, ou mieux de mouffe mouillée qui ne moifit point, & conferve long-temps l'humidité.

9°. Les arbres étant arrivés, fi le tranfport n'a pas excédé trois ou quatre jours, il faut en faire tremper les racines quelques heures dans l'eau; les habiller, retrancher tout le chevelu; planter comme nous avons dit ci-devant; rabattre la greffe de cinq à fept pouces au-deffus de fon infertion, & efpérer qu'il en repercera des branches de la qualité & dans la direction qu'on defire. Si le tranfport a été long, on laiffe tremper les racines deux ou trois fois vingt-quatre heures. Si enfin on ne plante ces

Tome I.   G

arbres que long-temps après leur arrivée, il faut faire une tranchée de dix-huit à vingt-quatre pouces de largeur sur environ un pied de profondeur; y planter les arbres séparément l'un à côté de l'autre; garnir & couvrir les racines de terre, comme si l'on plantoit à demeure. Dans cet état ils seront en sûreté, & on pourra différer de les planter jusqu'au mois de Mars.

Nota. Si les arbres doivent être plantés peu de jours après leur arrivée, il vaut mieux les laisser à l'air, & les couvrir de litiere, pour les préserver du hâle & de la gelée, que de les mettre dans des bâtiments. Il ne faut mettre les racines des arbres dans l'eau, que quand on pourra les planter aussi-tôt qu'elles y auront trempé le temps nécessaire. Si les fortes gelées empêchent d'obiner en terre les arbres qu'on ne peut planter que long-temps après leur arrivée, on peut le faire dans du terreau de vieilles couches.

Quelqu'attention qu'on ait apportée dans le choix, l'examen & la plantation des arbres, il en périt souvent dans les premieres années, les uns par des accidents ou des causes inconnues; les autres par des vices qui ont échappé à l'œil; le plus grand nombre par la sécheresse. Aux maux inconnus, je ne connois point de remede: mais on peut prendre des précautions contre la sécheresse. 1°. Il est très-utile d'attacher sur les tiges & demi-tiges des arbres, tant de plein vent que d'espalier, pour les préserver de l'action du soleil, une voliche ou latte à ardoise, ou de les envelopper de longue paille depuis le bas jusqu'à la naissance des branches. 2°. Dans les terres chaudes, sablonneuses, seches, & dans les terres fortes, glaiseuses qui sont sujettes à se gercer & se fendre, il est nécessaire pendant les sécheresses qui arrivent assez communément le printemps & l'été, de jetter tous les huit ou dix jours deux ou trois voies d'eau au pied de chaque arbre; quelques heures après, donner un binage au terrein qui a été mouillé, & le couvrir de litiere ou de fougere. Il seroit

mieux d'enlever une épaisseur de quelques pouces de terre dans
une étendue de deux ou deux pieds & demi de chaque côté du
pied de l'arbre ; y étendre une couche de litiere ou de fougere
épaisse de trois ou quatre pouces ; l'arroser de deux ou trois voies
d'eau ; rejetter la terre par-dessus. A chaque nouvelle mouillure,
si la durée de la sécheresse oblige de les renouveller, il faut
ôter la terre avant que d'arroser, & la remettre après ; afin qu'é-
tant seche & meuble, elle ne puisse se gercer & laisser pénétrer
le soleil. En plantant les arbres, on peut leur disposer ce secours,
dont ils ont quelquefois besoin dans ces sortes de terreins au-
delà des premieres années après leur plantation : il seroit superflu,
& peut-être nuisible dans les terres fraîches ou humides.

Il n'est pas rare que les arbres nouvellement plantés, sur-tout
ceux dont la reprise est lente & languissante, soient attaqués de
la lisette & autres insectes qui en rongent les yeux & l'écorce
autour des plaies ; ce qui les fatigue beaucoup, & souvent les
fait périr. Il faut les chercher derriere les treillages, ou au pied
des arbres sous les petites mottes de terre, ou les prendre sur le
fait vers le lever & le coucher du soleil, & les détruire. On
peut en préserver les greffes, en les couvrant de cornets de
papier bien fermés.

CHAPITRE III.

DES ESPALIERS.

ARTICLE I. *Des Expofitions.*

L'EXPOSITION à laquelle on doit planter un arbre, fe décide par le plus ou moins de facilité avec laquelle fon fruit acquiert le degré de maturité & le ton de couleur qui lui font néceffaires pour être bien conditionné. Quelques arbres ne réuffiffent qu'à l'expofition du midi ; celle du levant ou du couchant fuffit au plus grand nombre ; il y en a qui fe contentent du nord. Je ne mets point en parallele l'expofition du couchant & celle du levant ; celle-ci eft beaucoup meilleure : & dans les terreins chauds & légers, elle eft fouvent préférable à celle du midi même. Dans la culture particuliere de chaque arbre, nous marquerons l'expofition qui lui convient. Nous obferverons feulement ici qu'on ne doit pas prendre rigoureufement les termes d'expofition du midi, du nord, &c ; qu'un efpalier déclinant du midi au levant ou au couchant, eft à peu près auffi avantageux que s'il regardoit directement le midi, parce que le foleil le frappe auffi long-temps ; qu'un efpalier déclinant du levant ou du couchant au midi, vaut mieux que s'il répondoit exactement au point de l'eft ou de l'oueft, parce qu'il jouit plus long-temps du foleil. Il en eft de même d'un efpalier déclinant du nord à l'eft ou à l'oueft.

ARTICLE II. *Des Murs.*

I. IL N'Y A point d'efpalier fans un mur, ou autre rempart propre à foutenir les arbres, les défendre des mauvais vents, &

réfléchir la chaleur du soleil sur les fruits, pour en avancer &
en perfectionner la maturité. Je dis la maturité, & non pas la
qualité; car les fruits des arbres en buisson sont préférables pour
le goût à ceux des arbres en espalier; & ceux des arbres en plein-
vent sont supérieurs à tous les autres. De sorte que l'avantage
des espaliers consiste à procurer des fruits plus sûrement, plus
gros, plus hâtifs, & mieux colorés. Chaque pays a ses matériaux
pour la construction des murs. 1°. Ici on les fait de cailloux &
de plâtras liés & recouverts de plâtre. Mais les vieux plâtres se
chargeant beaucoup d'humidité, repoussent, font boursoufler
& fendre l'enduit de plâtre neuf qui fournit des retraites aux insectes. Si ces murs coûtent peu, ils ne rendent ni de bons ni de
longs services. 2°. Là on emploie le moilon tendre, mais le
crépi de plâtre y produit le même effet: de sorte que ces murs
n'ont d'avantage sur les autres qu'un peu plus de durée. 3°. Le
moilon dur, la pierre de meuliere, le grès même, quoiqu'il
retienne mal le crépi & l'enduit, à moins qu'ils ne soient de
mortier de chaux & ciment; & toute espece de pierre dure, avec
du plâtre, ou du mortier de chaux & de sable, ou même de la
terre franche, forment de très-bons murs. On les crépit d'abord
à pierres apparentes avec du plâtre, ou mieux avec du mortier
de chaux & de gros sable, & de huit à quinze jours après, lorsque ce crépi est bien sec, on le recouvre d'une légere couche
de même matiere. 4°. Les murs de brique bien cuite & bien
corroyée, sont les meilleurs & les plus durables. On commence
à en voir quelques-uns en France; & ceux qui en ont fait la
dépense ne la regrettent pas.

Dans les lieux entiérement dépourvus de matériaux, on ne
laisse pas de se procurer des espaliers. 5°. Les uns construisent
des murs de cailloux liés avec de la bauge; c'est une espece
de mortier fait de terre grasse, & de paille & de foin hachés.
Lorsqu'ils sont bien chaperonnés & enduits de mortier de chaux

& de gros fable, ils peuvent réfifter long-temps. 6°. Les autres
en conftruifent de colombage garni de bauge; mais ils durent
peu, & la bauge s'écartant du bois, forme des retraites aux
infectes. 7°. Une clôture toute de planches vaudroit mieux; mais
elle feroit difpendieufe, & de peu de durée, quoique peinte à
l'huile. 8°. Les murs de pierres feches; c'eft-à-dire, fans mortier
& fans enduit, font les pires de tous; ils abritent & défendent
moins les arbres, qu'ils n'offrent à leurs ennemis un afyle où ils
fe retirent & fe multiplient en fûreté.

On donne aux murs de fept pieds au moins à quinze pieds
au plus de hauteur. Lorfqu'ils font élevés de quatre à fix pouces
au-deffus de la fuperficie du terrein, il eft bon d'y faire une
retraite d'un pouce & demi ou deux pouces, fur laquelle on
pofera l'extrémité des brins verticaux du treillage.

II. Un chaperon eft néceffaire pour la confervation des murs,
des enduits & des treillages, qui feroient bientôt dégradés &
ruinés par la pluie. Ce chaperon doit avoir au moins quatre
pouces de faillie, & fe peut faire de matieres & de façons
différentes.

1°. Arranger des pierres fans mortier, quoiqu'à recouvrement,
c'eft faire un ouvrage peu utile & peu folide.

2°. Dans les provinces où l'on peut trouver des pierres plates
ardoifines ou fchifteufes affez grandes pour couvrir toute l'épaiffeur du mur, & faire les faillies néceffaires, deux rangs de ces
pierres pofées à recouvrement font un chaperon propre &
durable.

3°. Les chaperons les plus communs, qui peuvent fubfifter
en bon état neuf ou dix ans, & quelquefois davantage, fe font
de moilons plats & durs, recouverts d'autres moilons de même
qualité; le tout pofé avec du plâtre, ou de bon mortier de chaux,
fable & ciment.

4°. On fait de très-bons chaperons avec deux rangs de tuiles posées en égout. Si l'on ajoutoit un rang d'ardoises, l'ouvrage seroit encore plus dispendieux, mais plus propre & de plus longue durée. On les recouvre avec des faîtieres, & on pose le tout avec du plâtre, ou du mortier de chaux, sable & ciment. Comme les faîtieres coûtent beaucoup, on ne recouvre ordinairement les égouts de tuiles, qu'avec des moilons durs, bien liés & crépis.

5°. Le chaperon seroit aussi bon & plus propre; étant fait comme une petite couverture de tuiles ou d'ardoises, dont le faîte ou les derniers rangs seroient recouverts, non avec des faîtieres, mais avec un filet de plâtre, ou de mortier de chaux & de gros sable.

6°. Avec du chaume recouvert de terre, on fait à peu de frais un chaperon qui subsiste long-temps sans réparations. Il n'est pas agréable à la vue, & les grandes pluies entraînent quelquefois un peu de terre sur les arbres; mais cet accident n'est pas fort fréquent, & n'intéresse ni les arbres ni les fruits. Ainsi ce chaperon peut servir utilement au défaut d'un plus propre.

7°. Des pierres de taille ayant une face égale à l'épaisseur du mur & aux saillies, & dans le reste taillées en tablettes, en prisme, ou en dos de bahu, font les plus beaux & les meilleurs chaperons; mais il faut des murs solides pour les supporter, & des propriétaires assez riches pour en faire la dépense.

ARTICLE III. *Des Treillages.*

LA NÉCESSITÉ d'assujettir les branches d'un arbre d'espalier dans une position & une direction propres à lui procurer la forme & les avantages qu'on lui desire, exige des treillages solides auxquels on puisse les attacher, ou d'autres moyens capables d'en tenir lieu.

I. De plusieurs expédients connus des Jardiniers, les uns

font défagréables à la vue ; le fréquent renouvellement des autres endommage beaucoup de boutons & de branches ; d'autres ne peuvent fervir que pour paliffer des arbres groffiérement, fans régularité, fans folidité. Tels font les os, les chevilles, les clous enfoncés ou fcellés dans le mur, les baguettes, &c. dont aucun ne peut bien fuppléer le treillage.

II. J'eftime beaucoup plus les loquettes, (ce font de petites bandes de drap qui embraffent la branche, & qu'on attache au mur avec de petits clous) ; mais elles ne peuvent être d'ufage fur les murs de brique ou de pierre dure, à moins qu'ils ne foient couverts d'un enduit de plâtre d'un pouce d'épaiffeur. Et fi la dépenfe du drap & des clous n'eft pas un objet confidérable, il n'eft pas ainfi du temps, dont il faut pour paliffer un arbre avec des loquettes, au moins le double de ce qu'il en faudroit pour le paliffer fur un treillage. J'ajoute qu'une groffe branche dont on veut changer la direction, ne peut pas être retenue avec une loquette : ainfi ce moyen n'eft pas équivalent à un treillage.

III. Quelques-uns font une efpece de treillage avec de gros fil de fer. D'abord ils attachent au mur avec des clous ou cro-chets de fer trois cours de forts échalas de cœur de chêne peints à l'huile, paralleles au chaperon ; l'un fous le chaperon, l'autre au bas du mur, & le troifieme au milieu de la hauteur du mur. Sur ces trois rangs d'échalas horizontaux, ils en attachent de fix pieds en fix pieds d'autres pareils avec du fil de fer, qui les coupent à angles droits, ou qui tombent verticalement. Enfuite ils tendent horizontalement d'une extrémité du mur à l'autre des fils de fer qu'ils attachent avec des clous fur les échalas verticaux. Ils tendent verticalement de pareils fils de fer qu'ils attachent auffi avec des clous fur les trois cours d'échalas horizontaux. Entre les cours de fils de fer, tant horizontaux que verticaux, on met une diftance de neuf à douze pouces. Enfin ils lient avec un fil de laiton ou de fer délié & recuit ces cours de gros

fil

fil de fer dans tous les points où ils fe croifent. Ce treillage dure long-temps, ne donne point de retraites aux infectes, & ne permet point aux Loirs de fe promener commodément fur les efpaliers. Mais il n'eft pas fans quelques reproches. Les ofiers gliffant fur les fils de fer, on ne peut fixer les branches, furtout les groffes, dans les points convenables. Les fils de fer ne pouvant recevoir le degré de tenfion néceffaire pour la folidité de l'ouvrage, le vent agite facilement les arbres, & beaucoup de branches font endommagées par leur frottement contre le fil de fer. Et quoique j'aie vu de fort beaux efpaliers garnis de fil de fer, ce treillage ne peut foutenir la comparaifon avec celui que nous allons décrire, ni pour l'ufage, ni même pour l'économie.

IV. Le treillage proprement dit, & le feul dont on puiffe efpérer une fatisfaction complette, fe fait avec des échalas ou lattes de cœur de chêne, ou de perches de châtaignier refendus & dreffés à la plane. On en trouve communément dans les ventes de bois des environs de Paris. Dans les provinces on peut en faire faire par les ouvriers qui travaillent la latte & le cerceau, & qui favent fendre le bois & manier la plane. Auffi-tôt que le bois eft fendu & plané, on en forme des bottes qu'on lie fortement par les extrémités & le milieu, pour empêcher les échalas de fe déjetter. La botte marchande de treillage eft de deux cents vingt-cinq pieds de long; ainfi elle contient plus ou moins de brins, fuivant leur longueur. Une botte de vingt-cinq brins, longs de neuf pieds, eft une botte marchande. Trois bottes de vingt-cinq brins, longs de trois pieds; ou deux bottes de vingt-huit brins, longs de quatre pieds, &c. équivalent à une botte marchande. Il n'eft pas néceffaire de faire obferver que les bois gras, noueux, tortus, endommagés par la dent des bêtes, ne peuvent fervir à cet ufage. On donne aux lattes le plus de longueur qu'il eft poffible, afin de diminuer le nombre

Tome I. H

des affemblages. On les fait ordinairement de quatorze à quinze lignes de largeur fur neuf ou dix d'épaiffeur. Dans les jardins de quelques Communautés, dont on peut prendre des leçons d'économie, j'ai vu des treillages dont les échalas avoient dix-huit lignes de largeur fur quinze lignes d'épaiffeur.

Lorfqu'on veut mettre les échalas en œuvre, s'ils font façonnés depuis long-temps, & très-fecs, on les fait tremper quelques jours dans l'eau, & on les habille; c'eft-à-dire, qu'on plane les endroits qui ne font pas affez unis, on redreffe ceux qui font courbes, on aiguife en chamfrein ou bifeau les extrémités des brins qui doivent être entés ou affemblés. Pour redreffer une partie courbe d'un échalas, on pofe fur le chevalet ou fur un billot le côté concave; on donne fur le côté convexe un coup de ferpe obliquement, qui pénetre environ le tiers de la largeur de l'echalas; on le tourne fur le côté convexe entamé, & on le paffe fous un crampon ou gond de fer enfoncé au bord du billot ou du chevalet; on le place de façon que l'entaille foit entre le crampon & la main qui va agir; on appuie avec ménagement fur l'échalas jufqu'à ce qu'on entende un petit cri que font les fibres en fe rompant, & l'endroit courbe eft redreffé; mais c'eft aux dépens de l'échalas qui eft rompu en grande partie, & très-affoibli par cette opération qu'il faut faire à tous les endroits courbes. C'eft pourquoi lorfque les lattes font bien trempées, il vaut beaucoup mieux faire chauffer les endroits courbes fur un feu de copeaux, & les gêner fous un valet de fer, ce qui les redreffe facilement, & prefque fans aucune rupture.

Le mur qu'on fe propofe de couvrir de treillage doit être garni de crochets de fer. On emploie deux fortes de crochets; les uns font longs d'environ fix pouces, larges de quatre à cinq lignes, épais d'une ligne & demie, fendus en fcellement par le bout qui doit entrer dans le mur, courbés à angle droit par l'autre bout, & y formant un crochet long d'un pouce ou un

pouce & demi. On fait des trous dans le mur avec un cifeau à
froid, ou la pointe d'un marteau, & on y fcelle ces crochets
avec du plâtre & de petits tuileaux, ou avec du mortier de
chaux & de fable, pourvu qu'on lui donne le temps de bien
fécher. Les autres crochets font longs de quatre à cinq pouces
au plus, ronds ou quarrés, de la forme d'un gros clou à crochet,
pointus par le bout qui doit être caché dans le mur. On fait
entrer à force entre les joints des pierres, de groffes chevilles
de chêne ou autre bois folide, & on y enfonce ces crochets.
En fcellant ou en enfonçant les crochets, on met entre leur
partie courbée & le mur, un morceau de bois qui ait un peu
plus d'épaiffeur que les lattes de treillage, afin de s'affurer que
les lattes qui doivent repofer fur les crochets, s'y placeront
facilement.

Pour retenir un treillage il faut plufieurs rangs de crochets
qui doivent être paralleles au chaperon. Sur un mur de fix à neuf
pieds fous chaperon, trois rangs fuffifent : fur un mur de dix à
douze pieds, il en faut quatre rangs. Les crochets d'un même
rang fe pofent à trois pieds de diftance l'un de l'autre. L'intervalle entre les rangs varie fuivant la hauteur du mur. Le premier
rang fe pofe fous l'avant-derniere maille du haut ; le dernier,
fous la derniere ou avant-derniere maille du bas ; l'autre ou les
autres doivent partager en intervalles égaux, l'efpace compris
entre le premier & le dernier rang.

Suppofons qu'on veuille faire les mailles du treillage de neuf
pouces fur huit, la largeur des lattes comprife ; c'eft-à-dire, que
les lattes horizontales foient placées de neuf en neuf pouces, &
les lattes verticales de huit en huit pouces ; proportion convenable pour la folidité du treillage, & pour bien paliffer les arbres.
Avec un fil-à-plomb ou autrement, on tire du haut en bas du
mur une ligne verticale. A onze pouces au-deffous du chaperon,
on marque fur cette ligne un point par lequel paffera le premier

rang de crochets, & l'avant-derniere maille du treillage. On divifera le refte de la ligne jufqu'au pied du mur en parties égales, chacune de neuf pouces, & on fera paffer les autres rangs de crochets par les points de divifion convenables. On tirera de diftance en diftance fur le mur de femblables lignes verticales qu'on divifera de la même façon.

Les mailles étant de la grandeur fuppofée ci-devant, le premier rang de crochets fur les murs, de quelque hauteur qu'ils foient, fera à onze pouces du chaperon.

Quant aux autres rangs : fur un mur de fix pieds, le fecond rang fera à trois pieds deux pouces du chaperon ; & le troifieme à cinq pieds cinq pouces.

Sur un mur de fept à huit pieds de haut, le fecond rang fera à trois pieds onze pouces, & le troifieme à fix pieds onze pouces.

Sur un mur de neuf pieds, le fecond rang fera à quatre pieds huit pouces, & le troifieme à huit pieds cinq pouces.

Sur un mur de dix à onze pieds, le fecond rang fera à trois pieds onze pouces; le troifieme à fix pieds onze pouces; le quatrieme à neuf pieds onze pouces.

Sur un mur de douze pieds, le fecond rang fera à quatre pieds huit pouces; le troifieme à huit pieds cinq pouces, & le quatrieme à onze pieds cinq pouces.

On peut par divers moyens placer exaĉtement dans la même direĉtion tous les crochets d'un même rang. Les uns, ayant trempé un cordeau dans une teinture noire de paille brûlée & d'eau, le tendent d'un point donné à un autre, & marquent des lignes fur le mur, comme les Scieurs-de-long fur leurs pieces de bois. Les autres enfoncent des clous ou des chevilles aux points donnés, placent deffus un cordeau ou ligne de Maçon bien tendue par un poids attaché à chaque extrémité. D'autres taillent des lattes d'une longueur égale à la diftance du chaperon aux rangs de crochets; appliquant une extrémité sous le chaperon, & appuyant le crochet contre l'autre extrémité, ils reglent en même temps la saillie du crochet hors du mur, & sa distance du chaperon. Mais lorsqu'il y a quelques crochets d'un rang bien placés, l'œil suffit ordinairement pour aligner les autres.

Nota 1°. Les crochets doivent être disposés en tiers-point; c'est-à-dire, que chaque crochet d'un même rang doit répondre au milieu des deux crochets d'un autre rang.

Nota 2°. Sur les murs de six à huit pieds de haut, où les rangs de crochets sont peu éloignés, on peut placer les crochets d'un même rang à quatre pieds l'un de l'autre, au lieu de trois pieds.

Sur chaque rang de crochets on pose un cours de lattes horizontales, qu'on y assujettit par des liens de fil de fer recuit; & appliquant l'un sur l'autre les chamfreins des lattes, on les ente, & on les lie de deux ou trois maillons.

Sur le cours de lattes le plus proche, & sur le plus éloigné du chaperon, on marque avec de la craie ou de la pierre noire, des divisions de huit pouces chacune (c'est la distance d'une latte verticale à l'autre) : & d'abord on place de six en six divisions correspondantes, un latte verticale ou montant qu'on attache sur les cours horizontaux. Ensuite on passe entre le mur & ces montants, les autres lattes horizontales qui doivent garnir les intervalles compris entre les rangs de crochets; on les lie sur les montants à neuf pouces l'une de l'autre, suivant les divisions marquées sur le mur; on fait les entures ou assemblages: enfin on acheve de placer les montants, & on lie les lattes verticales & les horizontales dans tous les points où elles se coupent ou croisent.

Le treillage se peut faire par une méthode plus méchanique, sans marquer aucunes divisions sur le mur ni sur les lattes. On prend une petite planche longue d'environ dix pouces, large de

trois ou quatre, épaiſſe de quatre à cinq lignes ; & ſuppoſant
que les mailles de treillage feront de neuf pouces fur huit, &
que la largeur des lattes eſt de quatorze lignes. 1°. On prend
fur un des bords de la planche une longueur de neuf pouces,
& on y fait une marque très-ſenſible ; enſuite fouſtrayant de
cette longueur de neuf pouces une longueur de quatorze lignes,
ou prenant de l'extrémité de la planche en remontant vers la
marque, une longueur de ſept pouces dix lignes, on y fait une
autre marque très-ſenſible, ou même une retraite : ces deux marques régleront le grand côté des mailles ou parallélogrammes du
treillage ; l'une, la largeur des lattes compriſe ; l'autre, cette
largeur non compriſe. 2°. Sur l'autre bord de la planche on fait
deux fortes marques, à huit pouces & à ſix pouces dix lignes, qui
régleront le petit côté des mailles, ou la diſtance d'une latte
verticale à une autre.

    Les crochets étant garnis des cours de lattes qu'ils doivent
porter, on place deſſus, & on y attache une première latte verticale : enſuite appliquant l'extrémité de la planche contre le
bord intérieur de cette latte, on en place une autre de façon
que ſes bords correſpondent aux deux marques faites fur le petit
côté de la planche à ſix pouces dix lignes, & à huit pouces ; ou
au moins ſon bord extérieur, à la marque de huit pouces. On
place de la même façon les autres lattes verticales, & de diſtance
en diſtance on laiſſe tomber un fil-à-plomb pour rétablir la per-
pendicularité en cas qu'on s'en ſoit écarté. A meſure qu'on avance,
on paſſe entre les montants & le mur, les lattes horizontales ;
on les aſſemble ; on les place aux diſtances convenables, en appliquant le grand côté de la planche, & on lie les mailles avec
du fil de fer, comme il a été dit ci-devant.

    On peut auſſi faire un treillage hors de place, contre un mur
de bâtiment, ou ailleurs, par parties de deux ou trois toiſes de
long. On comprend aiſément que les crochets fur leſquels on

monte ces feuilles de treillage, doivent être placés aux mêmes
distances & dans la même disposition que ceux du mur d'espalier;
que les liens de fil de fer doivent croiser, les uns de droite à
gauche, les autres de gauche à droite, afin que dans le transport
les mailles ne s'alongent pas en losanges : enfin qu'il faut avoir
attention en assemblant en place ces parties de treillages, de faire
les mailles entées égales aux autres.

Pour lier & arrêter les mailles, on embrasse diagonalement
les lattes, au point de leur intersection, avec du fil de fer recuit
qu'on tient de la main gauche. On le croise, ou on lui fait faire
un demi-tour : ensuite le saisissant avec une tenaille non coupante qu'on tient de la main droite, & tirant à soi pour qu'il
serre exactement les lattes, on fait deux ou trois tours pour tordre l'un sur l'autre les deux bouts du lien. Enfin, on fait vivement & légérement quatre ou cinq quarts de tours & détours,
ou mouvements circulaires à droite & à gauche, serrant en même
temps, & le fil de fer se rompt dans la tenaille. Quelques heures
d'exercice forment la main d'un Treillageur à cette petite ma-
nœuvre. Une tenaille coupante peut suppléer au défaut de l'a-
dresse.

Pour recuire le fil de fer, on le frotte de suif, & on l'enfouit
dans de la braise sortant du four; ou, sans le frotter de suif,
on le jette dans le feu, & on l'y laisse plus ou moins de temps
suivant qu'il est plus ou moins gros. Du fil de fer d'une demi-
ligne de diametre doit y rester dix-huit minutes. Ordinairement
on emploie à cet usage du fil de fer de cette grosseur, ou un peu
moindre.

Le treillage étant fini, on le peint à deux ou trois couches
de couleur bien broyée à l'huile de noix de la seconde presse,
ou mieux à l'huile de lin, qui a plus de corps. Pour la premiere
couche on mêle de la litarge ou de l'huile d'aspic avec la couleur,
pour la faire sécher plus promptement. On ne doit donner une

nouvelle couche, que lorſque la précédente eſt bien ſeche. Le grand ſoleil & la pluie ne ſont pas propres pour cet ouvrage. Lorſque les lattes ſont habillées, il vaudroit mieux les peindre à deux couches avant de les employer, & donner la troiſieme couche quand le treillage eſt fait. Etant peintes ſur les quatre faces, elles réſiſteront plus long-temps aux injures de l'air.

CHAPITRE IV.

DE LA TAILLE DES ARBRES FRUITIERS.

ARTICLE I. Saiſon de la Taille.

LA TAILLE des Arbres fruitiers ayant deux objets, leur beauté & leur fécondité, dont celle-ci dépend des boutons à fleurs, & celle-là des boutons à bois; on court riſque de ne remplir l'un qu'au préjudice de l'autre, ſi l'on ne diſtingue pas ſûrement ces deux ſortes de boutons ſur l'arbre qu'on taille. Le temps de ce diſcernement eſt donc le vrai temps de la taille. De ſorte que depuis la mi-Novembre juſqu'en Mars, on peut faire cette opération, ſans crainte que la gelée endommage le bois, ſur tous les arbres dont les boutons ont des caractéres propres dès la chûte des feuilles; ſur les jeunes arbres qui n'ont point de boutons à fleurs; ſur les arbres foibles ou languiſſants dont on exige peu de fruit : & on la differe ſur les autres arbres juſqu'à ce que le premier mouvement de la ſeve alongeant les boutons à bois, & enflant les boutons à fleurs, faſſe diſtinguer non-ſeulement les uns des autres, mais même entre les boutons à fleurs, ceux qui ſont féconds, de ceux qui ne produiſent point de fruit, comme il s'en trouve ſur quelques arbres. Ordinairement ce premier mouvement de la ſeve arrive de la mi-Février

au

au commencement de Mars, plutôt ou plus tard selon l'espece d'arbre, & selon que les années sont plus ou moins avancées.

Ne tailler les arbres que quand les fleurs sont épanouies ou passées, ou même quand le fruit est noué, c'est une pratique dont les difficultés & les inconvénients ne sont pas équivoques. Quelle main est assez légere & assez adroite pour ne pas endommager, ébranler, détacher un grand nombre de fleurs ou de fruits ; pour approcher la coupe sans nuire aux productions du bouton auquel on taille ; pour palisser proprement les branches ? Quel œil dans la confusion des branches, des fleurs, des fruits, des feuilles déja développées, peut voir & démêler son ouvrage ? Quelle secousse & quelle révolution dans l'arbre entier dont on interrompt tout-à-coup le travail commencé dans toutes ses parties ! Quelle dissipation de seve qui auroit nourri les fruits, fortifié les branches taillées plutôt, & cicatrisé leurs plaies ! Que de vuides, sur-tout dans le bas de l'arbre, suite nécessaire d'une taille qu'on est obligé d'alonger considérablement, parce que la seve s'étant portée sur l'extrémité des branches, le fruit n'a arrêté que dans ces parties ! &c. Je ne fais qu'indiquer les principaux défauts de cette pratique, qu'on trouve détaillés dans plusieurs bons Ouvrages sur ce sujet. Quiconque en aura fait une fois l'épreuve, ne sera pas tenté d'un second essai.

Article II. *De la Taille des Arbres de plein-vent.*

Un arbre de plein-vent élevé en place, ou dans une Pépiniere particuliere, conduit & planté comme nous l'avons expliqué ci-devant, est garni dès-lors des branches nécessaires pour assurer sa forme, & servir comme de base à toutes celles qu'il doit produire dans la suite. De chacune de ces branches taillées à trois ou quatre yeux, il en sort une ou plusieurs. Au mois de Février suivant, entre les plus fortes, on en choisit de quatre à huit au plus, les mieux placées, d'égale force, à peu-près à égale diftance les unes des autres, & formant comme des rayons de cercle dont la tige feroit le centre. On les taille plus ou moins longues, fuivant leur plus ou moins de force. On peut aufli con-ferver quelques-unes des petites branches, les tailler & les dif-pofer à donner du fruit. (Si cet arbre a été pris dans les pépi-nieres marchandes, on n'a pu lui conferver de branches en le plantant. De celles qui repercent, on taille & on dreffe les meilleures pendant les deux premieres années, comme celles de l'arbre élevé en place). Cet arbre, à moins qu'on ne veuille lui donner une forme réguliere, n'aura plus befoin que du re-tranchement du bois mort, & de quelques élagages, s'il devient trop touffu, fi quelque branche pend trop bas, ou acquiert une force exceffive. Abandonné aux foins & à la conduite de la nature, il étend de tous côtés fes branches & fes racines. Sa feve fe portant avec force & abondance aux extrémités, y fortifie, y multiplie les branches néceffaires à l'agrandiffement & à la foli-dité de l'arbre. Ailleurs moindre dans fa quantité, ou plus modérée dans fon action, ou plus lente dans fon cours, elle commence &, pour ainfi dire, ébauche des branches & des boutons à fruit; elle en acheve & en perfectionne d'autres. Dès fes premieres années il donnera des preuves de fa fécondité, & les multipliera à mefure qu'il avancera en âge & en forces.

Article III. *Définition, & notions générales de la Taille des Arbres d'Efpalier.*

Un Arbre d'Efpalier eft privé par le mur contre lequel il eft planté, de la moitié de l'efpace & de la fubftance qu'il auroit en plein-vent pour étendre & nourrir fes racines & fes branches. De fes branches, on ne conferve que celles qui font paralleles au mur. De celles-ci même, on fupprime les unes, on raccourcit les autres, & on les affujettit dans une direction horizontale, ou approchant de l'horizontale : & comme l'arbre pouffe tous les ans de nouvelles branches, on renouvelle tous les ans cet arrangement, ce retranchement, & ce raccourciffement. De forte que pour former fur le mur un tapis agréable, d'une belle étendue égale & uniforme des deux côtés de la tige ; pour être bien garni par-tout, fans confufion ; pour produire des fruits fupérieurs en groffeur, & égaux en bonnes qualités à ceux de pleinvent, cet arbre eft condamné à paffer fa vie dans une pofition contraire à fon penchant ; expofé au fer depuis que fes boutons commencent à s'enfler, jufqu'à la récolte de fes fruits ; toujours obfervé par un Jardinier qui joint à l'adreffe de la main, la jufteffe du coup d'œil, pour mettre l'accord & les proportions dans fon ouvrage ; le bon fens, pour fe conduire & fe déterminer fuivant les cas ; la prévoyance, pour ménager des reffources dans les befoins à venir, & régler fes opérations fur les fuites qu'elles peuvent avoir, & les effets qu'elles peuvent produire ; la connoiffance de l'ordre commun de la nature, & le difcernement des occafions où il doit être fuivi, de celles où il doit être changé ; l'étude de fon fujet, de toutes fes parties, de leur deftination, & de leur ufage ; en un mot, qui fait l'art de procurer à un arbre, par l'arrangement & le retranchement raifonné de fes branches, la beauté de la forme, & les avantages de la fécondité.

Telles font en abrégé l'idée d'un arbre taillé, la définition de la taille, & les qualités de celui qui veut la pratiquer avec fuccès. Quelques propofitions & quelques définitions que nous allons établir, peuvent être regardées comme les éléments de la taille, dans laquelle tout doit fe faire par principes & par raifon, rien par routine & au hazard.

§. I. PROPOSITIONS.

LES propositions suivantes & leur explication supposent des arbres
dans l'ordre commun de la végétation, & font abstraction des accidents & des cas particuliers qui peuvent l'altérer & le déranger.

Proposition 1. Les branches & les racines d'un arbre font réci-
proquement en proportion. Elles contribuent mutuellement à la
force & à l'accroissement les unes des autres ; & par conséquent
elles souffrent mutuellement du retranchement les unes des autres.
Si vous taillez trop longues les fortes branches d'un arbre
vigoureux, ses racines continuant à se fortifier, multiplieront
ces fortes branches, l'arbre s'emportera en bois, & ne se mettra
point à fruit.
Si vous les taillez trop courtes, & que vous déchargiez
encore l'arbre des petites branches, les racines cessant d'agir,
l'arbre tombera dans la langueur.
Il faut donc charger à la taille l'arbre vigoureux, & laisser
aux fortes branches une longueur raisonnable, afin d'entretenir
cette proportion & cette espece d'équilibre entre ses branches
& ses racines.
Si au contraire un arbre pousse foiblement, c'est une marque
que ses racines ont peu de vigueur. Il faut le décharger à la
taille, & donner peu de longueur aux meilleures branches, afin
que se fortifiant, elles fortifient aussi les racines.

Proposition 2. Une branche vigoureuse ne se développe sur
un côté de quelqu'arbre, que parce qu'il y existe une cause qui
détermine la feve à se porter plutôt de ce côté que de tout autre.
Mais cette même cause fera, ou a déja fait développer du même côté un plus grand nombre de racines ; & ces racines se-
condant & augmentant de plus en plus les forces de cette

branche, elle prendra une vigueur exceſſive & préjudiciable à ſes voiſines, & quelquefois au reſte de l'arbre.

Auſſi-tôt donc qu'il ſe montre des branches conſidérablement plus fortes que les autres, il faut les ſupprimer ou les modérer, afin de prévenir ou d'arrêter les mauvais effets qu'elles produiroient ſur les autres branches & ſur les racines.

Propoſition 3. Dans l'ordre naturel, la ſeve pompée par une racine, ſe porte principalement dans les branches du même côté que cette racine.

Si un côté d'un arbre s'emporte avec excès, & prend une grande ſupériorité ſur l'autre côté, ſans que la taille ait pu modérer ſa fougue; la ſource de ſa vigueur eſt ſans doute dans les racines correſpondantes. Il faut donc les découvrir & retrancher dès leur naiſſance quelques-unes des plus fortes, afin de rétablir l'égalité entre les deux côtés de l'arbre. Mais ce remede violent ne doit être employé qu'à l'extrémité, & avec grande attention; car il arrive quelquefois que les racines ne répondent pas aux branches du même côté, mais à celles du côté oppoſé; & alors la perte des branches foibles ſeroit une ſuite néceſſaire de l'opération.

Propoſition 4. La ſeve ſe porte avec plus ou moins de force & d'abondance dans une branche, à proportion qu'elle approche plus ou moins de la direction verticale.

Un arbre tend à s'élever à la hauteur qui eſt propre à ſon eſpece : or les branches verticales étant ſeules favorables à ſon élévation, il travaille à les alonger & à les fortifier plus que les branches horizontales. Auſſi le haut d'un arbre d'eſpalier ſe garnit toujours aſſez par le penchant de la ſeve à s'y porter.

Si donc vous laiſſez de fortes branches s'élever dans la direction verticale, la ſeve y portant ſon abondance & ſa principale action, les branches horizontales s'affoibliront, & le bas de l'arbre se dégarnira.

Proposition 5. Plus la seve s'éloigne du centre de l'arbre, plus elle est active.

La seve trouvant beaucoup moins de résistance à l'extrémité des branches qui est tendre, que vers leur naissance, où les couches ligneuses sont endurcies, elle y porte sa principale action, & y développe un nombre de nouvelles branches proportionné à sa quantité; de sorte que si vous taillez une branche à huit yeux, & que la seve ne puisse suffire à en ouvrir que trois, elle ouvrira les trois de l'extrémité, & les cinq autres dormiront.

Il faut donc 1°. éviter une taille trop longue, qui, laissant aux extrémités de l'arbre trop d'issues & de facilité à la seve, lui fait abandonner le milieu de l'arbre, qui se dégarnit bientôt.

2°. Eviter une taille trop courte, qui oblige la seve d'agir avec trop de force & d'abondance sur le petit nombre de boutons qu'elle trouve sur la nouvelle taille, qui ne donnent que des branches fortes, & même cette taille trop courte force la seve de refluer sur les anciennes tailles, de s'y ouvrir des issues extraordinaires, & d'y produire des branches de faux bois.

3°. Si un côté de l'arbre s'emporte, il faut en tailler court les fortes branches, afin que la seve y trouvant plus de résistance, & des issues moins nombreuses, moins larges, & par conséquent moins favorables à son action, n'y fasse que des productions modérées. Mais il faut y conserver & tailler long toutes les branches moyennes & foibles qui pourront y subsister sans confusion, afin que la seve s'y consomme, & ne soit pas obligée de s'ouvrir des passages extraordinaires. Le côté foible doit au contraire être déchargé de toutes les branches foibles; taillé court sur les branches moyennes, dont on ne conserve que le nombre nécessaire pour entretenir le plein; & taillé long sur les fortes branches, afin d'y attirer la principale action de la seve.

Propofition 6. L'action de la feve fur les boutons d'une branche eft proportionnelle à leur diftance ou à leur éloignement
de la naiffance de cette branche.

Les nouvelles branches qui naîtront du développement des
boutons d'une branche taillée, feront plus fortes à proportion
qu'elles feront plus près de l'extrémité de cette branche (pourvu
qu'elle ne foit pas inclinée à l'horizon) ; & elles feront d'autant
plus foibles, qu'elles s'approcheront davantage de fa naiffance.
Souvent les jeunes branches forties d'un bourgeon vertical dans
lequel la feve s'éleve avec abondance & fans obftacle, ont une
différence de force & de longueur fi uniforme depuis la plus
élevée jufqu'à la plus baffe, qu'on pourroit prefque regarder
l'action de la feve fur le dernier œil & fur les yeux inférieurs
d'une branche, comme la preffion d'un fluide fur le fond & fur
les côtés d'un vafe.

J'ai ajouté, pourvu que l'extrémité de cette branche ne foit pas
inclinée à l'horizon ; car fi l'on arque une branche, la plus grande
action de la feve fera fur le bouton le plus élevé, ou placé à la
fommité de l'arc, dont le développement produira la plus forte
branche. Les autres branches diminueront de force à proportion
qu'elles s'éloigneront de celle-ci, & qu'elles approcheront des
extrémités de la branche arquée.

Ces degrés de force ne font pas dans une proportion fi exacte
fur les branches horizontales, dont les yeux qui font fur le
côté fupérieur produifent ordinairement de plus fortes branches,
que ceux qui regardent la terre. De forte que fi le dernier œil
eft fur le côté inférieur, & que le pénultieme étant fur le côté
fupérieur fe trouve plus élevé, celui-ci donnera une plus forte
branche que celui qui eft à l'extrémité.

Toute branche donc qui devient forte dans une place où elle
devroit être foible, ou foible quand elle devroit être forte,
n'eft pas dans l'ordre naturel, & doit ordinairement être retranchée.

Propofition 7. Les feuilles influent tellement fur la quantité & le mouvement de la feve, qu'elle augmente ou diminue à pro-portion de leur nombre & de leur état.

Si l'on retranche une partie confidérable des feuilles, fi les infectes les ont dévorées, fi la cloque ou quelqu'autre maladie les endommage, l'action de la feve languit ou s'arrête; le fruit tombe, & l'arbre fouffre.

On peut donc modérer le progrès exceffif d'une branche vigoureufe, en la dépouillant d'une partie de fes feuilles, qui étant comme autant de fuçoirs, fournifsent beaucoup de nourriture.

Propofition 8. L'extenfion des bourgeons eft en raifon in-verfe de l'endurciffement de leurs couches ligneufes.

Moins les couches ligneufes font dures, plus le bourgeon s'étend, & au contraire. Mais l'endurciffement de ces couches ligneufes eft d'autant plus retardé, qu'il tire plus de feve; & fa feve eft d'autant plus abondante & active, que fa direction s'éloigne plus de l'horizontale vers la verticale (4), qu'il eft plus garni de feuilles (7), qu'il eft plus à couvert du foleil qui le feroit tranfpirer & l'endurciroit.

En favorifant ces trois caufes, on augmente l'extenfion d'une branche; en les détruifant ou les diminuant, on arrête, ou l'on modere fon progrès.

§. II. DÉFINITIONS.

ON DISTINGUE fur les Arbres Fruitiers fept fortes de branches; branches à bois, branches à fruit, branches chifonnes, branches brindilles, branches gourmandes, branches de faux bois, petites branches à fruit.

Définition 1. La branche à bois eft celle qui naît du dernier œil,

œil, ou de l'œil le plus élevé de la branche taillée ou raccourcie. Elle est ordinairement la plus longue & la plus forte de toutes celles que cette branche a produites. Elle doit avoir un air de vigueur, l'écorce vive, les yeux bien formés & peu éloignés les uns des autres.

Etant destinée à donner d'autres branches à bois & des branches à fruit, & par conséquent essentielle à la forme & à la fécondité de l'arbre, elle doit être conservée & traitée avec plus d'attention qu'aucune autre. On lui donne de quatre à vingt-quatre pouces de taille, suivant l'espece, l'âge & la force de l'arbre. Un Poirier se taille plus long qu'un Abricotier; un Poirier de Virgouleuse plus long qu'un Poirier de Saint Germain; un arbre vieux ou languissant, beaucoup plus court qu'un arbre jeune ou vigoureux.

Définition 2. Les branches à fruit sont celles qui naissent entre le dernier œil de la branche taillée & la taille précédente. Elles sont moindres que la branche à bois, & diminuent de force à proportion qu'elles naissent plus près de la taille précédente (*Prop. 6.*) Elles doivent avoir, comme la branche à bois, l'écorce vive, les yeux gros, & peu éloignés les uns des autres.

Leur nom marque leur usage & leur destination. Il faut donc les conserver, & les tailler pour leur faire remplir leur objet. La longueur de leur taille dépend de la position de leurs boutons à fruit. S'ils sont placés près de la naissance de la branche, on la taille court: s'ils en sont éloignés, on la taille plus long: observant de la tailler sur un bouton à bois, & non sur un œil à fruit; car il est nécessaire (*Prop. 7.*) qu'au-delà des fruits il y ait des feuilles sur la branche qui les porte.

Définition 3. La branche chiffonne est une branche à fruit,

menue, longue, effilée, dont les yeux font plats, & éloignés
les uns des autres. Elle naît auffi de la derniere taille. Sa foibleffe
la rend incapable de bien nourrir fon fruit, ou de devenir une
bonne branche à bois; ainfi on la retranche. S'il y a un vuide
à remplir ou à prévenir, on la taille à un œil, d'où il pourra
fortir une branche mieux conditionnée. On la traite de même
fur les arbres vigoureux qu'il faut charger à la taille, pourvu
qu'elle n'y faffe pas de confufion.

Définition 4. La brindille eft une petite branche chiffonne.
Ayant les mêmes défauts, elle doit avoir le même fort.

Définition 5. La branche gourmande eft une branche à fruit
dégénérée, ou née à la place d'une branche à fruit fur la derniere taille. Elle eft plus forte, ou au moins auffi forte que la
branche à bois, longue, groffe, droite, affectant la direction
verticale; fon écorce eft verte, fes yeux plats & éloignés les
uns des autres.

Comme elle vient contre l'ordre commun, & qu'elle ne peut
que mettre le défordre dans la forme & la végétation de l'arbre,
on doit la retrancher. Mais dès qu'on a apperçu & reconnu
cette branche, on a dû la pincer, repincer, & dompter par
toutes fortes de moyens (*Prop.* 7. 8.) fans la retrancher, de
peur que l'abondance de feve qui s'y portoit, ne fe rejettât
fur les branches à fruit voifines, & ne les fît dégénérer.

Définition 6. La branche de faux bois eft celle qui, contre
l'ordre naturel, naît ailleurs que fur une branche de la derniere
taille; c'eft-à-dire, qui naît fur une ancienne taille, ou même fur
la tige de l'arbre. Quelquefois elle a les caracteres d'une bonne
branche à bois: le plus fouvent elle a tous ceux de la branche
gourmande, & ne s'en diftingue que par le lieu de fa naiffance,

Sur les jeunes arbres, & fur ceux qui font dans leur force, elle doit être traitée comme la branche gourmande ; à moins qu'elle ne foit néceffaire pour remplir un vuide actuel ou prochain, ou qu'elle ne foit mieux tournée qu'une bonne branche voifine ; car alors on la taille comme la branche à bois. Lorfqu'on la retranche, & qu'on ne craint point de confufion dans l'endroit où elle eft née, on peut la rabattre à une ligne, ou, comme l'on dit, à l'épaiffeur d'un écu : ordinairement il fort à fon, infertion une ou deux petites branches à fruit. Il vaut mieux la retrancher ou la pincer dès qu'elle paroît, que d'attendre à la taille de Février, examinant auparavant fi la branche d'où elle fort n'eft point ufée, ou attaquée de quelque maladie ; car alors il faudroit la former & la difpofer à la remplacer. Quelquefois du tronc d'un vieux arbre il perce fort à propos des branches de faux bois : on rabat la tige fur ces branches, & elles renouvellent l'arbre.

Définition 7. La petite branche à fruit eft, fur les arbres à fruits à noyaux, longue de deux pouces au plus, bien nourrie, garnie de beaux yeux dans toute fa longueur, ou terminée par un grouppe de boutons à fruit, & par un bouton à feuille ; fi cette derniere condition lui manque, on la fupprime comme incapable de nourrir fon fruit. M. de Combes la nomme *bouquet* fur le Pêcher ; & on peut l'appeller ainfi fur tous les arbres à fruits à noyaux. Elle donne du fruit un, deux, ou au plus trois ans, & périt enfuite.

Sur les autres arbres, la petite branche à fruit eft longue de fix à quinze lignes, raboteufe, & comme formée d'anneaux paralleles, terminée par un gros bouton. Au printemps, il en fort un bouquet de fleurs, & à côté de ce bouquet, un ou deux boutons accompagnés de quelques feuilles. Après la maturité du fruit, l'extrémité de la branche qui l'a porté, périt ;

& au printemps fuivant les boutons qui s'étoient formés à la naiſſance de la tige commune des fleurs, ou à côté de leurs pédicules, s'ouvrent, & produiſent de même des fleurs & de nouveaux boutons; & ainſi fucceſſivement pendant ſix ou ſept ans au plus. De ſorte que cette branche ſe ramifie, & parvient à une longueur de ſix à huit pouces, tortue, noueuſe, inégale dans ſa groſſeur.

La petite branche à fruit doit être conſervée entiere & ſans être taillée, ſur quelque branche & en quelque direction qu'elle ſe trouve.

Article IV. *Taille d'un jeune Arbre.*

Connoissant toutes les eſpeces de branches qui ſe peuvent trouver ſur un arbre fruitier, leur uſage, l'ordre commun de la nature dans leur production & leur croiſſance: ſçachant que la principale attention dans la taille d'un arbre doit être d'établir ou d'entretenir toutes ſes parties pleines & bien garnies; de faire travailler également la ſeve ſur les deux côtés, pour leur procurer une égalité de force & d'étendue; de veiller ſur le haut de l'arbre, de peur qu'il ne s'emporte; ſur le bas, de peur qu'il ne ſe dégarniſſe: j'examine à la fin d'Avril, ou au commencement de Mai l'état d'un arbre planté l'automne ou l'hiver précédent.

Première année. Je le ſuppoſe tel que le repréſente la *Fig.* r. Trouvant les branches correſpondantes *A*, *B* d'égale force, je les conſerve. Trouvant encore les deux branches *D*, *E* d'égale force, je les conſerve auſſi. J'ébourgeonne ou ſupprime les branches *C*, *H*, dont *H* eſt mal placée, & *C* rendroit un côté plus fort que l'autre. Je peux conſerver *F*, *G*, comme propres à donner bientôt du fruit.

S'il n'a produit que trois fortes branches telles que E, D, A, ou E, D, B, je ne conferve que E, D.

S'il a produit F, G; & de fortes branches d'un feul côté, comme B, D, ou E, C, A, je retranche celles-ci, & je ne conferve que les deux petites branches F, G, qui fe fortifieront par la fuppreffion des autres.

S'il n'a produit que E, H, ou E, A, & que ce foit un Pêcher ou Prunier, qui repercent difficilement, il faut fe déterminer à faire croifer une branche fur le côté qui n'a point repercé; & ce fera la plus haute, s'il eft poffible, afin que fa pofition gênante l'empêche de profiter de l'avantage de fa fupériorité pour devenir plus forte que l'autre. Si c'eft un arbre qui reperce facilement, il faut fupprimer ces deux branches, & efpérer qu'il en viendra d'autres mieux placées. On peut auffi retrancher une de ces deux branches, & placer une greffe fur le côté de la tige oppofé à celle que l'on conferve.

S'il n'a produit que H, on peut la conferver; mais il faut la pincer à la quatrieme ou cinquieme feuille, afin de lui faire produire des branches latérales; la tige de l'arbre fera élevée de quelques pouces. Il ne faut pincer cette branche que quand elle a acquis quelque dureté; car fi elle étoit trop tendre, la partie confervée s'alongeroit encore, & les jets qui en fortiroient feroient trop écartés les uns des autres. C'eft pourquoi fi l'arbre n'a percé que tard, & qu'on ne puiffe pincer fon jet que vers le temps de la feconde feve, il vaut mieux le laiffer entier jufqu'au mois de Février fuivant, & le tailler alors à deux ou quatre yeux, felon le nombre de branches dont on a befoin.

Toutes ces hypothefes font inutiles pour un arbre élevé en place, ou dans une pépiniere particuliere.

Enfin, le point important eft d'avoir deux ou quatre branches fortes ou foibles, il n'importe, pourvu qu'elles foient d'égale force, & bien placées fur les côtés. Et lorfqu'il n'en perce que deux qui ont ces conditions, quelque fortes qu'elles foient, fuffent-elles bien décidées gourmandes, je les conferve, malgré la pratique contraire de la plupart des Jardiniers. 1°. Parce qu'elles font propres à fervir de bafe & de fondement à un arbre; & c'eft le feul objet préfent. 2°. Parce qu'avec un peu de foin & d'attention elles perdront ou corrigeront leur caractere, & donneront de très-bonnes branches tant à fruit qu'à bois.

Au mois de Juin, je paliffe les branches que j'ai confervées; je les difpofe & je les affujettis dans la direction qui leur convient, afin qu'elles prennent dès leur naiffance le pli qu'elles doivent toujours conferver.

IIᵉ. Année. *Premiere Taille.* (*Fig.* 2.) A la mi-Février fuivant je taille ces branches de trois à huit pouces , felon leur plus ou moins de force. Et fi le mur eft haut de fix à huit pieds, & que je n'aye confervé l'année précédente que deux branches, une fur chaque côté; comme elles feroient infuffifantes pour former un arbre d'une telle étendue, je les taille à trois ou quatre yeux; pour que de l'extrémité de chacune il en forte deux fortes, fur lefquelles j'éleverai tout l'édifice de l'arbre. *Fig. T.*

Plufieurs Jardiniers rabattent jufque fur la tige, ou taillent à un œil ces branches de la premiere année, afin, difent-ils, que le pied & les racines de l'arbre fe fortifient: mais (*Prop.* 1.) il s'enfuit un effet tout oppofé; & très-fouvent l'arbre ne reperçant point à l'infertion de ces branches, en produit ailleurs de mal placées, & de plus foibles que celles de l'année précédente. De forte que le moindre préjudice qu'il reçoit de cette pratique, eft d'être retardé d'une année.

Au mois de Mai, je vifite les nouvelles productions de cet arbre; & fi de la tige il a repercé quelque forte branche, telle

que *I* (*Fig.* 3.) je la fupprime. Des jets venus fur les branches
taillées, j'ébourgeonne ceux qui font nés du côté du mur, ou
fur le côté oppofé, & je ne conferve que ceux qui font bien
placés ; à moins que l'arbre ne montre trop de vigueur ; car alors
il vaut mieux laiffer des branches inutiles pour abforber l'excès
de la feve, que d'expofer les bonnes branches à dégénérer en
gourmandes. Au mois de Juin, je paliffe les jeunes branches confervées ; & trouvant que la branche *K* a pris trop de force &
de croiffance, & devient gourmande, je la pince près de fa
naiffance, pour qu'il en forte de petites branches, plutôt que de
la retrancher entiérement ; de peur que la feve ne trouvant plus
d'iffue par cet endroit, ne fe porte trop abondamment dans les
branches fupérieures, & ne les faffe dégénérer.

    IIIe. Année. *Seconde Taille.* A la mi-Février, l'arbre étant
dans l'état où il eft repréfenté (*Fig.* 3.) vigoureux fans excès &
fans emportement, fuffifamment garni de branches bien difpofées pour le former, & même pour donner bientôt du fruit, je
taille les fortes branches *L, M, N, O* à dix ou douze pouces,
& les branches moyennes à quatre ou fix pouces. Je laiffe entieres,
ou je taille à deux ou trois yeux toutes les petites branches qui
font néceffaires pour amortir la feve, & que je retrancherois pour
la plupart fi l'arbre étoit foible. Enfin, je tiens courte la branche
P, afin qu'elle ne profite pas de fa pofition fur le haut de l'arbre,
& de fa naiffance d'une branche gourmande, pour fe fortifier
& attirer trop de feve fur la branche *L.* La *Fig.* 4. repréfente
la taille de cet arbre, qui a été d'autant plus facile, qu'elle avoit
été préparée par l'ébourgeonnement de toutes les branches inutiles & mal placées.

    Fig. 5. Au mois de Mai, trouvant que les branches taillées en
ont produit beaucoup de nouvelles, ce qui montre une grande
vigueur dans l'arbre, je l'ébourgeonne modérément, retranchant

feulement les branches mal placées, & confervant toutes celles
qui pourront fe placer fans confufion au palidage; de peur que
la fuppreffion d'un grand nombre n'altere les racines du jeune
arbre, ou ne faffe naître des gourmands & du faux bois, ou ne
rende trop vigoureufes les branches confervées en petit nombre; car un de ces trois effets doit réfulter d'un trop grand retranchement. La branche *a* fe faifant connoître dès-lors pour
gourmande, je la pince à cinq ou fix yeux, afin que fa feve fe
partageant fur plufieurs branches latérales, elle fe modere : &
fi elle en produit de même nature, je les pincerai dans la fuite.
Je fais le même traitement à la branche *b* de faux bois, & aux
deux branches *e*, *d*, qui prennent trop de force. Dans un arbre
formé, j'ébourgeonnerois toutes ces branches; mais avec un jeune
arbre il faut moins de rigueur. Les productions de la branche
n o avertiffent de prendre garde qu'elle n'attire la principale
action de la feve au préjudice des autres branches.

IVe. Année. *Troifième Taille.* A la mi-Février fuivant, pour
tailler cet arbre, (*Fig. 5.*) 1°. je retranche la branche gourmande *a*, & celle de faux bois *b*; je démonte & ravale la
branche *c* fur la plus baffe & la plus foible des trois qu'elle a
produites. Par ce retranchement l'arbre devient à peu-près égal
dans fes parties correfpondantes. 2°. Je charge *n o* de toutes les
petites branches qui s'y trouvent, pour amortir, ou, comme
parlent les Jardiniers, amufer la feve, & prévenir le développement de quelques nouveaux bourgeons gourmands ou trop
vigoureux. La branche *f* étant contre l'ordre commun plus
forte que *g* qui eft à l'extrémité de la derniere taille, je conferve
celle-ci, & je la taille comme propre à devenir une bonne branche à fruit; & je taille *f* comme branche à bois, que je rabats
fur la plus baffe de celles qu'elle a produites, toujours dans la
vue de modérer les forces de la branche *n o.* Si l'arbre étoit

moins

moins jeune, j'alongerois, ou même je laifferois entieres les petites branches, & je taillerois court les branches à bois; parce que fi ces branches-ci taillées long ne produifoient de bourgeons qu'à leur extrémité, il arriveroit néceffairement des vuides lorfque les petites branches périroient; c'eft pourquoi j'ai dit (*Prop.* 5.) que fi un côté s'emporte, il faut le tailler court, & le charger de petites branches. (Cette propofition fera encore éclaircie ci-après). Mais notre jeune arbre, par fa difpofition, n'ayant aucun vuide à craindre, je taille les principaux jets de la branche *n o* prefqu'auffi longs que ceux des autres branches. 3°. Je décharge au contraire la branche *u x*, fupprimant même la branche moyenne *z*; je ne taille que fur les fortes branches, & je les paliffe un peu moins horizontalement que celles de la branche *n o*. 4°. Quant aux branches *r s* & *t y*, comme elles font inférieures aux autres, & forment le bas de l'arbre, je n'y conferve que les bonnes branches à bois & à fruit; je fupprime toutes les chiffonnes & les brindilles, & je taille un peu plus long que fur les branches fupérieures. Cet arbre eft repréfenté taillé *Fig. 6.*

Nous fommes arrivés au but que nous nous étions propofés: la forme de l'arbre eft établie & affurée. Déja même nous avons recueilli les prémices de fa fécondité, ou il fe prépare à nous les offrir. A mefure qu'elle s'augmentera, nous diminuerons la longueur de fa taille, & le nombre des branches dont il a pu être néceffaire de le charger, pour dompter les emportements de fa premiere jeuneffe. Du refte nous continuerons à le conduire fuivant les mêmes principes, & à le gouverner par les mêmes loix; nous ne changerons que le méchanifme. Avant que d'en préfenter comme un réfultat abrégé, nous ferons une obfervation.

La taille n'a que des regles générales; elle n'en peut avoir d'autres. 1°. Parce que ni l'efpece, ni la variété, ni l'âge, ni la

Tome I. L

force, ni l'état de fon fujet n'eft fixe & déterminé. 2°. Parce
que fon objet varie fuivant les vues des Propriétaires. Les uns
fe propofent en même temps la beauté, la durée & la fécondité
des arbres qu'ils taillent, & facrifient quelque chofe de celle-
ci à l'avantage d'une longue jouiffance, & à la fatisfaction que
donnent à l'œil dans la faifon même la plus ingrate, le plein,
l'égalité, l'étendue & les proportions régulieres d'un arbre bien
taillé. Les autres trouvent très-beau l'arbre le plus difforme,
pourvu qu'il foit bien chargé de fruit ; & fe bornant à cet objet,
ils préferent peu d'années d'abondance à une longue fuite d'années de médiocrité. 3°. Parce que l'ordre naturel du développement & du progrès des branches eft fouvent troublé par les maladies, l'intempérie des faifons, l'altération des racines, divers
accidents, & beaucoup de caufes inconnues qui produifent des
changements & des défordres que la plus grande fagacité ne
fauroit prévoir, & que toutes les connoiffances & l'expérience
peuvent rarement prévenir ou réparer. Ainfi nous pouvons dire
en général qu'il faut tailler long les arbres vigoureux ; & tailler
court les arbres foibles : que tailler long fur les groffes branches,
& charger de petites, entretient un arbre vigoureux, quelquefois le rend confus ; & ruine un arbre foible : que tailler long fur
les groffes branches, & décharger de petites, ne modere ni ne
met à fruit un arbre vigoureux ; fatigue & dégarnit un arbre
foible : que tailler court fur les groffes branches, & charger
de petites, peut modérer un arbre vigoureux ; & fatigue un
arbre foible : que tailler court fur les groffes branches, & décharger de petites, ruine l'arbre vigoureux, par les racines, ou
par les gourmands & le faux bois ; & entretient en bon état
l'arbre foible, &c. Mais nous entreprendrions en vain un détail
faftidieux de cas particuliers qui varient prefqu'à l'infini, dont
les uns ne fe peuvent réfoudre que relativement à l'état de l'arbre
qu'il faut par conféquent connoître & avoir fous les yeux, parce

qu'ils intéreſſent ſon économie ; les autres exigeroient un grand nombre d'hypothéſes moins propres à inſtruire qu'à ennuyer & embarraſſer.

ARTICLE V. *Taille d'un Arbre formé, & des Arbres en buiſſon.*

RETOURNONS maintenant à notre arbre, & ſuppoſons-le parvenu à l'âge de douze ou quinze ans, entretenu en bon état, bien garni de toute eſpece de branches, n'ayant éprouvé aucune altération conſidérable par les maladies, les accidents, ou les fautes dans ſa conduite.

Pour le tailler, 1°. Je le dépaliſſe entiérement, & je le nettoie de joncs, oſiers, feuilles ſeches, & de tout ce qui peut faire accuſer un Jardinier de négligence, ou ſervir de retraite aux inſectes.

2°. Je retranche tous les chicots, les calloſités provenues de coupes trop peu approchées, les branches mortes, épuiſées, attaquées de gomme ou de chancres.

3°. Les branches à bois étant les parties eſſentielles de l'arbre, & les meres de toutes les autres branches, je lui en aſſure d'abord un nombre ſuffiſant des mieux conditionnés : & commençant par le bas de l'arbre, j'y choiſis pour bois les plus belles & les plus fortes branches venues à l'extrémité de la derniere taille ; & je regle la longueur de leur taille de cinq à douze pouces, ſuivant la vigueur & la force de l'arbre. J'alongerois même davantage un Pêcher & un Poirier qui ne ſeroient pas encore modérés. A meſure que je monte vers le haut de l'arbre, je taille pour bois des branches moins fortes ; c'eſt-à-dire, des branches de la ſeconde force, ou les plus fortes des moyennes, ſur leſquelle je ravale la taille. Lorſque je ſuis parvenu au haut de l'arbre, au lieu de tailler pour bois la plus forte branche ſortie de l'extrémité de la derniere taille, comme dans le bas, ou la

L ij

moindre des deux plus fortes, comme dans le milieu ; je ravale
la derniere taille fur la branche moyenne la mieux placée & la
mieux conditionnée de celles qui fe trouvent au-deffous des plus
fortes. (Je fuppofe que le branches taillées l'année précédente en
ont produit plufieurs, ce qui manque rarement d'arriver à tout
arbre fain & vigoureux). Et je taille pour bois cette branche
moyenne, foit qu'elle ait des boutons à fruit, foit qu'elle n'en
ait point ; elle fe fortifiera affez par la fuppreffion de la plus
haute ou des plus hautes.

4°. Après avoir pourvu mon arbre de branches à bois qui font
de toute néceffité, je m'occupe des branches à fruit qui rempliffent le véritable objet utile de la culture des Arbres fruitiers:
& commençant encore par le bas, je n'en conferve que le nombre fuffifant pour entretenir le plein, choififfant les plus fortes
& les mieux placées, & retranchant toutes celles que leur foibleffe rend incapables de faire de belles productions & de les
bien nourrir. Au contraire j'en conferve dans le haut de l'arbre
autant qu'il en peut fubfifter fans faire de confufion ; à moins
qu'il ne foit fatigué de fa fécondité de l'année précédente. La
longueur de leur taille dépend de la pofition de leurs boutons à
fruit, de trois à huit pouces.

De toutes les branches venues fur la derniere taille, les uns
n'en confervent qu'une, & c'eft une branche moyenne, qui fert
de branche à bois & de branche à fruit ; les autres en confervent
deux, la plus haute pour bois, la plus baffe fur le côté oppofé
pour fruit. Quelques-uns en confervent davantage. On ne peut
établir là-deffus de regle précife. La longueur de la taille précédente, la force de l'arbre, & la place en décident. Deux branches confervées fur une taille de trois ou quatre pouces feront de la confufion, & furchargeront l'arbre qu'une taille fi
courte fuppofe foible. Un feule branche laiffée fur une taille de
douze à quinze pouces ne garnira pas fuffiamment, & occafionnera

des vuides ou des branches de faux bois fur un arbre que cette longue taille fuppofe très-vigoureux.

5°. Je décharge de toute brindille & chiffonne le bas de l'arbre, à moins qu'elles ne fuffent la feule reffource pour remplir ou prévenir un vuide. (*Défin.* 3). La crainte du même défaut, ou la néceffité de confommer partie de la feve trop abondante peut en faire conferver quelques-unes dans le haut.

6°. Je retranche toutes les branches gourmandes, & celles de faux bois, à moins que le befoin de l'arbre n'exige pour celles-ci un autre traitement. (*Défin. 6*).

On peut confidérer le haut de l'arbre, où la feve fe porte avec le plus d'abondance & d'activité, comme un arbre vigou-reux ; & le bas de l'arbre, qui reçoit moins de feve, comme un arbre foible. Or celui-ci doit être taillé fur les fortes branches, & déchargé des petites ; l'arbre vigoureux doit au contraire être taillé fur les moyennes, déchargé des groffes, & chargé de petites. La même comparaifon fe peut appliquer au côté fort & au côté foible d'un arbre. C'eft fur ce principe qu'eft fondée notre méthode, qui partageant la feve dans le haut de l'arbre entre un grand nombre de branches foibles, où elle ne trouve que des paffages étroits, atténue fa force & modere fes effets : & au contraire la réuniffant dans le bas de l'arbre fur un petit nombre de branches fortes dont les iffues faciles ne font point de réfiftance à fon action, entretient, ou même augmente fa force & fes effets.

En fecond lieu l'arbre foible doit être taillé court, & l'arbre fort doit être taillé long. Nous obfervons cette regle, en prenant même à la rigueur & dans leur fignification abfolue les termes *long* & *court* ; & nous ajoutons à la regle, fi nous entendons ces mots dans un fens relatif. En effet, tailler long en général, c'eft tailler à dix ou douze pouces ; tailler court, c'eft tailler à trois ou quatre pouces : mais de deux branches, l'une forte &

l'autre foible, taillées à huit pouces, celle-ci fera taillée long, & celle-là court: de deux arbres, l'un vigoureux & l'autre foible, taillés à fix pouces, celui-ci eft taillé long, & le fort eft eft taillé court; de forte que la force ou la foibleffe des arbres détermine la fignification des termes *tailler long, tailler court*; comme elle détermine celle des termes *branches fortes, branches foibles*. Ainfi en confidérant la taille relativement à la force des branches, nous taillons court le bas de l'arbre, & nous taillons le haut fort long; puifque nous donnons aux branches moyennes fur lefquelles nous taillons le haut autant, & ordinairement plus de longueur qu'aux branches fortes fur lefquelles nous taillons le bas.

En troifieme lieu le bas de l'arbre doit être plus étendu que le haut, évitant de donner à l'arbre la figure d'un demi-cercle, ou comme difent les Jardiniers, de lui faire faire la queue de Paon. Nous fatisfaifons encore à cette condition: car le bas de l'arbre taillé fur les branches venues à l'extrémité de la derniere taille, eft néceffairement plus étendu que le haut, dont la taille eft ravalée.

Nota. 1°. Dans les arbres à fruits à noyaux, & fur-tout les Pêchers, il faut ravaler les branches qui ont porté du fruit fur la plus baffe de celles qui en font forties, pourvu qu'elle foit bien conditionnée. Cette branche neuve & héritiere de toute la feve qu'elle auroit partagée avec la partie fupprimée, nourrira beaucoup mieux fon fruit, qu'une branche fatiguée du rapport.

Nota. 2°. Quelquefois un arbre s'emporte avec tant de fureur qu'il eft très-difficile de le contenir, de le former & de le mettre à fruit. S'il eft jeune, le tailler fort court pour affoiblir fes racines, eft un moyen quelquefois efficace; fouvent il ne fait qu'irriter l'action de la feve, & faire naître des gourmands & du faux bois. Ne le point tailler, ou le tailler fort long, & le charger de petites branches, eft le moyen le plus ufité; mais

quelquefois il augmente encore la force des racines, & par
conféquent celle des branches, & l'arbre prend en peu de temps
une hauteur & une étendue préjudiciables au bas & au centre :
au lieu d'être bas & bien garni, il devient haut & dégarni;
ainfi cette pratique ne peut convenir qu'aux arbres qui reperçant facilement fur le vieux bois, fouffrent le ravalement de
leurs branches trop alongées, lorfqu'ils fe font modérés. S'il perce
une forte branche fur le haut de l'arbre, la tailler long, élever &
former fur elle une tête & comme un fecond étage, qu'on fupprime lorfque l'étage inférieur, qui fait véritablement l'arbre,
s'eft modéré & mis à fruit (on a continué de le tailler & de le
traiter fuivant les regles) c'eft le moyen le plus fûr.

M. de la Quintinye confeille de laiffer hors-œuvre des branches coupées en moignon, ou des courfons de deux pouces,
ou quelques groffes branches, même de faux bois, dans les
endroits où elles ne nuiront point à la forme, & ne feront point
de confufion, & d'où on pourra les ôter quand celles d'où elles
naiffent feront à fruit. Ce moyen eft le même que le précédent;
mais il eft difficile de trouver place à ces branches hors-d'œuvre, fans qu'elles faffent confufion pendant qu'elles fubfiftent,
ou des vuides lorfqu'on les retranche.

Nota. 3°. Ne tailler que fur un œil fain; approcher la coupe,
pour qu'il ne refte point de chicot; faire la coupe nette &
oblique, afin qu'elle fe recouvre plutôt; tailler fur un œil placé
fur le côté, & non fur le devant ou le derriere de la branche,
afin que celle qui en fortira foit dans une direction convenable; tenir la main qui foutient la branche au-deffous de l'endroit où l'on coupe, pour éviter le retour de la ferpette, &c.
Ce font de petits détails dont le bon fens & un peu d'habitude
inftruifent fuffifamment.

Les habitants de Montreuil, célebres par la culture des Arbres
fruitiers, & particuliérement du Pêcher, confervent également

les branches à bois, les branches de faux bois, & même les
branches gourmandes les plus vigoureuses, & favorisent leur extension & leur grosseur en les palissant dans une direction verticale. Ils taillent indistinctement sur toutes ces branches pour
bois ; & pour fruit, ils taillent les plus fortes & les meilleures
de celles qui en font forties la même année. Ils alongent leurs
branches à bois de deux pieds & demi, & quelquefois davantage lorsque l'arbre est vigoureux. A la premiere taille de ces
branches ils ne les inclinent point, si la forme de l'arbre ne
l'exige. Taillées fort long & tenues dans une direction presque
verticale, elles en produisent de même force & de même nature qu'ils traitent de même. Et lorsqu'après quelques années
cette suite de tailles forme des branches d'une étendue considérable, ils profitent de leur longueur pour les faire plier, les
incliner sur les côtés, & donner de l'ouverture à leur arbre;
de sorte que ces branches qui occupoient le milieu & le haut
de l'arbre, se trouvent placées sur les côtés. Ils traitent de même
les nouvelles branches de faux bois, ou gourmandes qui en
proviennent. L'intelligence, les observations, la longue expérience, & un grand maître, l'intérêt des habitants de ce village, qui
toute leur vie sont occupés de la culture de leurs arbres, ont
formé, perfectionné, adapté au terrein cette méthode d'alonger
considérablement la taille de leurs arbres, sur-tout pendant leur
jeunesse, de ne tailler que sur les grosses branches, & de donner la préférence à celles que les autres méthodes réprouvent.
Les Propriétaires dont les espaliers sont établis dans une terre
de pareille nature, terre inépuisable, & dont la fécondité en
mêmes productions semble se renouveller sans cesse, ou même
augmenter, pourront pratiquer cette méthode avec autant de
succès que les habitants de Montreuil. Mais il faut l'apprendre
d'eux, l'étudier sous eux ; & cette étude exige plus d'une année.
Par-tout ailleurs la réussite est au moins très-douteuse. Les essais
faits

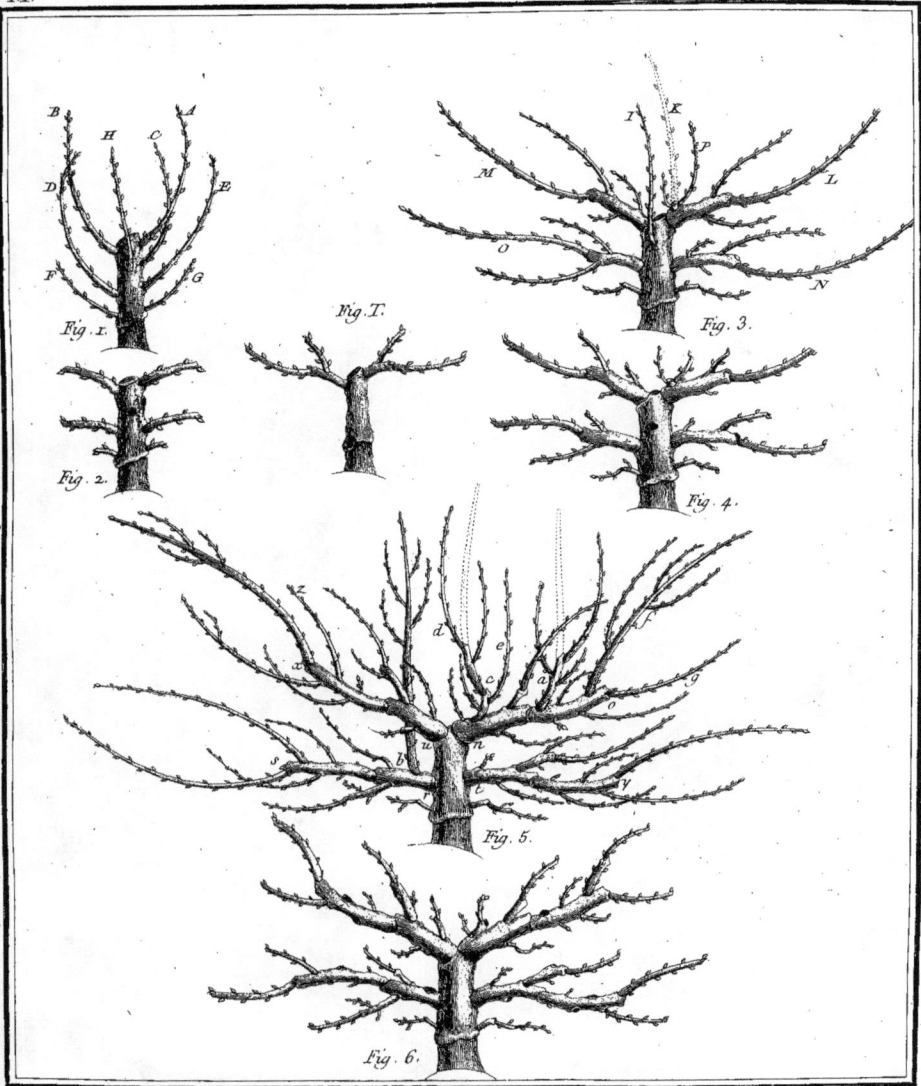

Taille.

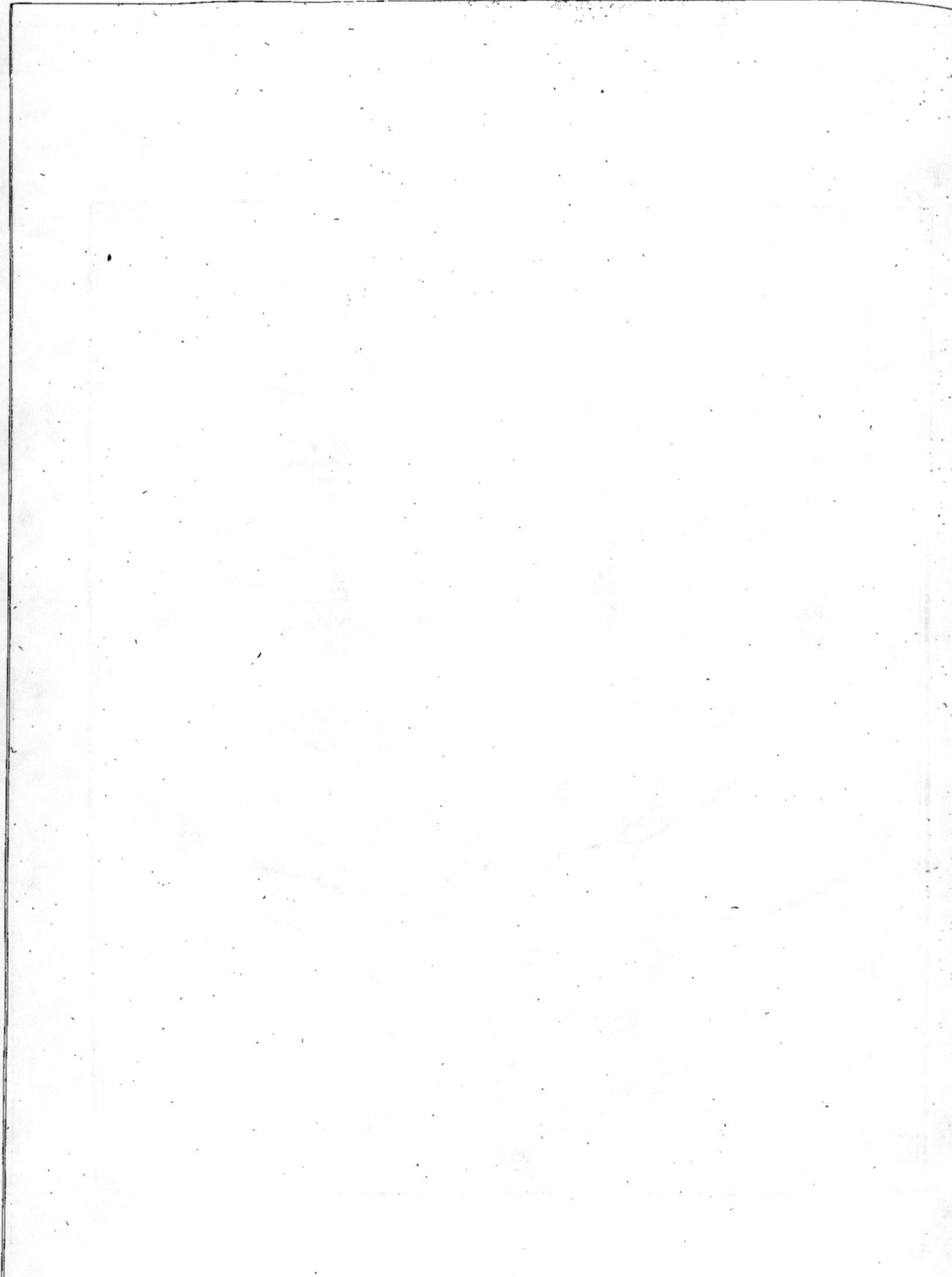

faits dans plufieurs jardins tant de Paris que des environs par des Jardiniers de Montreuil même n'ont pas répondu aux efpérances données par eux, & conçues par les propriétaires ; & prouvent que cette taille ne doit point fortir du lieu de fa naiffance, & que perfonne ne la tranfportera dans un terrein différent, fans préjudice de fes arbres & de fon utilité.

Tout l'édifice d'un arbre en buiffon doit être élevé fur trois ou quatre branches principales rangées autour d'une tige fort courte. Pendant les premieres années, on peut le paliffer fur de petits cerceaux, afin de lui faire prendre la forme bien arrondie qui lui convient. Quoique la difpofition de fes branches foit autre que celle des arbres en efpalier, la taille eft la même ; les attentions particulieres qu'elle exige font, 1°. d'entretenir tout le tour également garni : 2°. de retrancher toutes les branches qui viennent en-dedans & en-dehors du buiffon ; celles-ci, parce qu'elles donneroient trop d'étendue à fa tête ; celles-là, parce qu'elles rempliroient le milieu qui doit être évidé, afin que le foleil y pénetre facilement pour aoûter le bois & mûrir les fruits : 3°. de tailler court, afin que l'arbre ne prenne pas trop de hauteur (de monter, ou ravaler la taille précédente fur la plus baffe des bonnes branches qui en font forties, eft un des meilleurs moyens de tenir l'arbre bas) ; & que fes branches qui ne font ni attachées, ni foutenues, puiffent réfifter à l'effort des vents & au poids des fruits, fous lefquels de longues branches fuccomberoient.

Mais le grand efpace de terrein que l'ombre des buiffons rend incapable d'autres productions, & même difficile à labourer fous leurs branches, les a bien décrédités & fait paffer de mode ; & on n'en éleve plus que dans des terreins confacrés uniquement aux arbres, ou dans de très-grands potagers dont on ne cultive que le milieu des quarrés. Les arbres en éventail, en contre-efpalier, en paliffades, embarraffent moins les jardins, font d'un

Tome I. M

produit à peu-près égal, & font un ornement plus agréable à la vue.

Article VI. *Du premier Paliffage, & des Abris.*

L'Arbre étant taillé on le paliffe, c'eft-à-dire, qu'on attache fes branches dans une direction convenable, avec des loquettes fur le mur, ou fur le treillage avec de petits ofiers verds, ou trempés dans l'eau pour les rendre fouples & pliants.

1°. Les branches doivent être efpacées également, afin que l'arbre foit également garni dans toutes fes parties, & qu'il ne foit pas confus dans un endroit, & vuide dans un autre.

2°. Elles doivent être inclinées fur les côtés, & non pas difpofées comme les bâtons d'un éventail, ou comme les rayons d'un cercle, afin que le bas s'entretienne garni, & que le haut ne prenne pas trop d'avantage.

3°. Elles ne doivent jamais fe croifer ou paffer les unes fur les autres, à moins qu'il ne foit impoffible autrement de remplir ou de prévenir un vuide.

4°. Eft-il néceffaire d'avertir qu'un lien trop ferré occafionne fur la branche des gonflements, bourrelets & autres difformités; quelquefois même la gomme aux arbres qui y font fujets? qu'il faut éviter de faire paffer l'ofier fur un œil? que fi l'extrémité d'une branche ne peut atteindre à la latte du treillage, on y fupplée, foit par une baguette attachée au treillage, foit en faifant au bout d'un ofier une anfe ou un anneau dans lequel on paffe l'extrémité de la branche, & attachant l'autre bout au treillage, de façon que la branche foit affujettie convenablement? de diriger par le deffus du treillage les branches dont l'extrémité tend vers le mur? de corriger les courbures & faux contours des branches qui ont ces défauts, ou de prévenir leur difpofition à les contracter? en un mot, de faire avec toute la propreté &

toutes les attentions néceffaires le paliffage, duquel dépend la belle difpofition des branches d'un arbre, & par conféquent la régularité de fa forme.

Après le paliffage, on laboure les plates-bandes des efpaliers, fi elles ne font point occupées par des laitues d'hiver ou autres légumes qu'on y plante trop ordinairement, & qui obligent de différer le labour. Jufqu'à l'automne, on ne les laboure plus; mais on leur donne de fréquents binages pour détruire les mau-vaifes herbes, entretenir la terre facile à pénétrer par les petites pluies, & l'empêcher de fe fendre.

ABRIS. Les intempéries de la faifon dans laquelle fleuriffent les arbres, détruifent quelquefois en un moment toutes les ef-pérances du Cultivateur. Des divers moyens qui ont été em-ployés pour fe garantir de ces fâcheux accidents, les uns, tels que des rideaux de toile qu'on ferme pendant la nuit, & qu'on ouvre pendant le jour, excepté lorfqu'il tombe de la neige, de la grêle, des pluies foides, &c. étant difpendieux, & exi-geant du temps, des foins fréquents & de grandes attentions, outre qu'en les ouvrant & fermant, & lorfque le vent les agite, ils peuvent faire tomber beaucoup de fleurs & de fruits noués, ils ne conviennent que dans des jardins dont les propriétaires peuvent en faire la dépenfe. Les autres, tels que des paillaffons communs appliqués immédiatement contre les arbres, ou de grands paillaffons de toute la hauteur du mur, montés fur des lattes & placés à très-peu de diftance des arbres, font encore plus préjudiciables aux efpaliers; ceux-là, parce qu'ils détachent beaucoup de fleurs, de fruits, de jeunes bourgeons, toutes les fois qu'on les met & qu'on les retire; les uns & les autres, parce que fi l'on ne les retire pas toutes les fois que le temps le per-met, & qu'on les laiffe trop long-temps en place, les produc-tions des arbres attendries & étiolées fous ces couvertures, périffent dès qu'on les expofe à l'air & au foleil. Ajoutez la dépenfe, le temps, l'affiduité, l'embarras, & le peu de durée. Rien n'a paru jufqu'à préfent mieux inventé que de petits auvents faits de paillaffons, de planches très-minces, de groffe toile peinte à l'huile, &c. placés fous le chaperon fur de petites potences fcellées dans les murs, ou liées au treillage; ou attachés d'un côté au treillage, & de l'autre à des perches enfoncées dans la plate-bande à la diftance convenable des murs, ou rete-nus par tel autre moyen que l'induftrie peut fuggérer. Ces au-vents larges de dix-huit à vingt-quatre pouces, & de longueur à volonté, joints les uns aux autres par les bouts, fe met-tent en place dès que le renflement des boutons annonce une fleurifon prochaine, ce qui arrive vers la mi-Février, plutôt ou plus tard, fuivant l'efpece des arbres, (les uns fleuriffent plutôt que les autres), le terrein & l'expofition, le progrès & la dif-pofition de la faifon, &c. qui peuvent avancer ou retarder la fleurifon; & ils fe retirent lorfqu'il n'y a plus rien à craindre des injures de l'air, ordinairement en Avril ou Mai. S'ils ne défen-dent pas entiérement les arbres, ils en mettent au moins une partie à couvert de la grêle, de la neige, des pluies froides, des gelées humides, fléaux redoutables, fur-tout lorfqu'ils font fuivis du foleil; car ce n'eft pas le froid, mais le froid humide fuivi du foleil que craignent les arbres au printemps. Ces auvents n'ont point les mêmes inconvénients que les autres abris indiqués ci-devant, & ils n'exigent ni autant de foins ni autant de dépenfe. On peut les employer pour les arbres en éventail, paliffade & contre-efpalier, en les faifant plus larges, & les difpofant de façon qu'ils mettent à couvert le devant & le derriere des arbres.

Article VII. *De l'Ebourgeonnement.*

Cette opération prise de la culture de la vigne, & appliquée à tous les arbres dont on retranche les bourgeons superflus, se fait sans le secours du fer : l'action du pouce suffit, & est préférable, tant parce qu'elle est plus prompte, que parce qu'elle extirpe jusqu'aux *rudiments* du bourgeon ; de sorte que le retranchement est complet, & qu'il ne sort point d'autres branches d'un nœud ainsi ébourgeonné : au lieu que si l'on coupe le bourgeon avec l'ongle ou la serpette, il naît presque toujours quelques petites branches des rudiments restés sur la branche mere.

Un arbre taillé s'empresse de venger ses pertes ; & si ses forces secondent son ardeur, vers la fin d'Avril il sera garni d'un plus grand nombre de branches qu'il n'en avoit avant la taille. Pour prévenir la confusion que répandroit cette multitude de bourgeons, il faut dès-lors retrancher ceux qui ne peuvent que nuire à la forme ou à la fécondité de l'arbre : tels sont 1°. ceux qui naissent sur le côté de la branche qui regarde le mur ou le côté opposé, & qui ne pourront jamais subsister dans cette direction : 2°. ceux qui sortent des anciennes tailles, ou de la tige de l'arbre, & qu'on doit regarder comme branches de faux bois, à moins qu'ils ne soient nécessaires pour sauver un vuide, remplacer quelques branches usées, ou même renouveller un vieux arbre, auquel cas on les conserve & on les traite dans cette vue : 3°. ceux qui percent doubles ou triples du même nœud, & qu'il faut réduire à un seul le mieux tourné & le mieux conditionné.

Mais ce premier travail n'est que comme le prélude de l'ébourgeonnement qu'on fait vers la fin de Mai. Alors presque toutes les branches sont développées sur la derniere taille & ailleurs, & elles ont fait assez de progrès pour qu'on puisse distinguer leur caractere, & déterminer le traitement qui convient à chacune. Les fruits noués, arrêtés, échappés aux plus grands dangers, méritent des attentions particulieres.

1°. Si la plupart des yeux d'une branche à bois se font ou-verts, & qu'elle soit garnie d'un grand nombre de bourgeons, on ne conserve que celui qui est venu à l'extrémité, & deux autres vers le bas de la branche taillée, bien conditionnés & placés, l'un sur un côté, l'autre sur le côté opposé; on ébour-geonne le reste.

2°. Une branche à fruit a retenu du fruit, & n'a produit aucun bourgeon; ou elle n'a noué aucun fruit, & a produit des bourgeons; ou elle est garnie de fruits & de bourgeons. Dans les deux premiers cas, on la rabat sur le second œil, ou sur le second bourgeon.

Dans le troisieme cas, le fruit a arrêté dans le haut, ou dans le bas, ou dans le milieu, ou dans toute l'étendue de la branche; ou en petit, ou en grand nombre. D'abord s'il n'a noué que trois ou quatre fruits, on les conserve tous. S'il en a noué beau-coup plus, on les réduit à un nombre convenable à la force de l'arbre, à l'espece ou à la variété du fruit. Quatre Pêches, Poires, Pommes, Abricots des grosses especes suffisent. Une branche à fruit peut nourrir un plus grand nombre d'avant-Pêches, de petit Muscat, de Prunes, d'Apis, d'Abricots de Hollande, &c. Un arbre vigoureux doit porter plus de fruit qu'un arbre foible, vieux, languissant: sur ce point on doit être en garde contre la tentation de l'abondance. Lorsque deux fruits des especes qui ont la queue très-courte, Pêches, Abricots, &c. ont arrêté sur un même bouton, comme ils ne peuvent parvenir tous deux à leur perfection, il faut en sacrifier un à l'autre, le moindre au plus beau, & détacher celui-là sans ébranler celui-ci. On abat les fruits jumeaux. On conserve les fruits noués vers la naissance de la branche préférablement à ceux qui ont noué vers l'extré-mité. Ayant choisi le nombre convenable de fruits les plus beaux, les mieux placés, les mieux espacés pour bien réussir sans se nuire les uns aux autres ; on supprime le surplus , & on rabat la branche sur le bourgeon qui est au-dessus ou à côté du fruit le plus élevé; on pince ou on arrête, c'est-à-dire, qu'on coupe avec l'ongle à l'épaisseur de deux écus les bourgeons qui accompagnent les fruits placés au-dessous ; & si à côté d'un fruit il est né deux bourgeons, on éclate l'un, & on pince l'autre. Quand il a percé des bourgeons au-dessous des fruits vers la naissance de la branche, on conserve un ou deux des plus bas si l'on a besoin de bois en cet endroit ; sinon on ne conserve que celui de l'extrémité de la branche , qui est nécessaire pour attirer la seve dans les fruits qu'elle porte, & on ébourgeonne tous ceux qui ne sont point accompagnés de fruit.

Cependant comme jusque vers la mi-Juin , les arbres se déchargent eux-mêmes des fruits qu'ils ne pourroient nourrir ; & que l'intempérie , les insectes, le soleil, les accidents en font tomber, il est mieux de ne retrancher au temps de l'ébourgeonnement , que ceux qui ne peuvent subsister qu'au détriment des autres, ou qui par eux-mêmes ne peuvent venir à bien ; & remettre au temps du palissage la suppression des autres, sur-tout si l'arbre très-vigoureux en a eu besoin pour absorber l'excès de sa seve. Alors il ne faut conserver que ceux qui peuvent acquérir la beauté qui convient à des fruits d'espalier, sans craindre de perdre sur la masse du produit ; un nombre médiocre de gros fruits bien conditionnés équivalant à un plus grand nombre de petits fruits pour la solidité, & le surpassant ordinairement beaucoup en bonté. Je dis ordinairement; car il y a des especes de fruits dont les moindres sont aussi bons que les plus gros ; & on laisse les arbres en porter à leur discrétion. Au reste ce retranchement n'a guere lieu que sur les Pêches, Poires, Pommes, Abricots; & sur ceux-ci, il doit être fait dès le mois de Mai. Pareillement il vaut mieux ne pincer les bourgeons qui accompagnent les fruits, que quand le noyau est formé dans ceux de ce genre, & quand ils ont acquis presque leur grosseur; ces branches attirant plus de seve, ils sont nourris plus abondamment. Les fruits à pepin n'étant point accompagnés de bourgeons, cette opération ne les regarde point.

4°. Si quelque bourgeon montre une vigueur excessive & s'annonce comme gourmand, on l'abat, à moins qu'il ne soit à craindre que les branches voisines héritant de sa subsistance, n'héritent aussi de sa force & ne dégénerent; car alors il vaut mieux le pincer à la cinquieme ou sixieme feuille, & le dompter par les moyens indiqués ci-devant.

Nota. 1°. Les petites branches à fruit doivent être respectées à l'ébourgeonnement comme à la taille.

Nota. 2°. L'ébourgeonnement doit être plus ou moins rigoureux, suivant l'âge & la vigueur de l'arbre. Sur un arbre vieux ou languissant, on ne conserve qu'un petit nombre de fruits & des meilleurs bourgeons, & on supprime les autres aussi-tôt qu'on peut faire son choix, afin qu'ils ne dissipent pas inutilement la seve. Sur un arbre jeune ou très-vigoureux, on ne retranche que les bourgeons mal placés & ceux qui feroient de la confusion, & on fait ce retranchement plus tard par la raison contraire. L'exposé précédent suppose un arbre qui tient le milieu.

Nota. 3°. Si un côté de l'arbre prend plus de force que l'autre, on l'ébourgeonne plus que le côté foible: 1°. afin que les bourgeons réservés sur le côté fort étant découverts & exposés à l'air & au soleil, la transpiration & l'endurcissement de leurs couches ligneuses moderent leur extension: 2°. afin qu'en retranchant à la seve une grande partie des issues qu'elle s'étoit faites, elle soit obligée de se rejetter sur l'autre côté.

Nota. 4°. Il faut retirer les bourgeons qui se glissent derriere le treillage; mettre en liberté les fruits qui sont serrés ou gênés par le treillage, le mur, les osiers, &c. retailler au-dessous

du

du mal les branches attaquées de gomme, chancre ou autre maladie.

Les bons effets de l'ébourgeonnement font faciles à appercevoir. Les fruits & les bourgeons réfervés jouissent feuls de toute la feve que partageoient avec eux, peut-être même avec avantage, des fruits fuperflus & des branches inutiles ou nuisibles. Préfervés de l'étiolement, l'air & le foleil leur donnent la perfection & les qualités qu'on leur defire. L'arbre tiré de la confufion, voit fes productions croître, fe fortifier, s'embellir ; fes plaies légeres fe cicatrifer facilement & promptement, fans laisser craindre aucune fuite fâcheufe. Toutes les opérations fuivantes, la taille d'hiver même font préparées, facilitées, fimplifiées par celle-ci. Mais l'ébourgeonnement, prefqu'aussi nécessaire que la taille, exige prefqu'autant de bon fens, d'intelligence & de connoissances. Malheur à l'arbre conduit par un Jardinier automate : fon fort en de telles mains fera à peu-près le même qu'entre celles du Philofophe Scythe de la Fable.

Article VIII. *Du fecond Palissage.*

Lorsque les branches confervées à l'ébourgeonnement ont acquis assez de longueur pour faire craindre qu'elles ne foient rompues par le vent, ou qu'elles ne prennent de mauvais contours (elles font telles plutôt ou plus tard en Juin, felon que l'année eft plus ou moins avancée) ; il faut les bien étendre, les efpacer, les diriger, les attacher avec des loquettes, ou avec du petit jonc de marais, & non avec de l'ofier qui pourroit les meurtrir & les endommager.

Mais ce palissage qui, pour la direction & la difpofition des branches, exige les mêmes attentions que nous avons marquées pour celui qui fe fait après la taille, doit être précédé d'un nouvel examen de l'état de l'arbre. Souvent à l'ébourgeonnement

Tome I. N

il a échappé des branches inutiles. Aux arbres vigoureux & jeunes, il a convenu d'en laisser de telles pour consommer l'excès de la feve. Des branches jugées bonnes alors ont dégénéré. Depuis l'ébourgeonnement il s'en est développé de nouvelles, tant sur celles de l'année que sur les anciennes. Il est donc nécessaire de faire une espece de supplément à l'ébourgeonnement.

1°. Les branches inutiles échappées à l'ébourgeonnement, & celles qui sont survenues depuis sur la derniere taille ou sur les anciennes, se traitent comme à l'ébourgeonnement.

2°. Les bourgeons inutiles que la vigueur excessive de l'arbre a obligé de laisser, se traitent suivant l'état actuel de l'arbre. S'il s'est modéré, on les retranche; sinon ils se conservent encore, pourvu qu'ils ne fassent pas trop de confusion.

3°. Les branches qui portent les caracteres de chifonnes se retranchent, ou elles se pincent sur le premier œil, si une branche est nécessaire en cet endroit. On supprime aussi les pousses gourmandes, à moins que leur retranchement ne soit préjudiciable à leurs voisines; car alors on emploie les moyens convenables pour les modérer.

4°. Si quelqu'une des nouvelles branches prend trop de force, on ébourgeonne une partie des petites branches qu'elle a déja produites, conservant les plus belles & les mieux placées des plus basses. Il en résultera deux avantages; d'abord cette branche exposée au soleil, & dépouillée d'une partie des feuilles qui contribuoient à son agrandissement, transpirera, s'endurcira & se modérera. En second lieu, si à la taille d'hiver elle se trouve trop forte, & qu'il soit préférable de tailler sur ses branches, elles feront disposées à cet usage. Lorsque ces branches trop vigoureuses sont dans le haut de l'arbre, il ne faut pas hésiter à les rabattre sur les plus basses de celles qui en sont sorties.

En un mot, cette revue, & toutes celles qu'il est utile de

faire de temps en temps jufqu'au mois de Septembre, n'étant
que comme une continuation ou extenfion de l'ébourgeonnement, elles doivent fe faire avec les mêmes attentions & fuivant
les mêmes regles. Ainfi, pour ne point multiplier les répétitions,
j'ajouterai feulement que vers la fin de Juillet ou le commencement d'Août, il faut faire un nouveau paliffage : que la propreté
autant que l'utilité de l'arbre en exige quelquefois un autre en
Septembre : qu'en général toutes les fois qu'on apperçoit une
branche qui court quelque rifque fi elle n'eft foutenue, on doit
la paliffer : que toute branche qui a acquis quelque folidité doit
être coupée & non ébourgeonnée, de peur qu'elle n'emporte
avec elle un éclat confidérable de la branche d'où elle naît : que
la coupe doit être bien approchée & faite avec légéreté, afin
de ne pas ébranler les fruits attenants : que le paliffage regle
l'ordre, la pofition & la direction des bourgeons, comme l'é-
bourgeonnement en regle le nombre : que ce nombre doit être
tel, qu'il puiffe fe placer & s'étendre à fon aife, & fe nourrir
avec abondance & fans excès : qu'enfin en procurant aux fruits
la jouiffance de l'air, on doit les tenir en partie à l'ombre des
feuilles, où tranfpirant moins, ils acquierent plus de groffeur ;
& ne les expofer aux rayons du foleil que peu de temps avant
leur récolte, comme il fera dit ci-après.

CHAPITRE V.

Des Maladies, & des Ennemis des Arbres Fruitiers.

LES ARBRES, comme les animaux, paſſent par différents âges ; éprouvent des langueurs & des maladies ; & ſont expoſés à divers ennemis. Les principales maladies des Arbres fruitiers ſont les chancres, la gomme, la cloque ou le broui, le blanc, la jauniſſe, &c. Leurs ennemis les plus redoutables, ſont les vers blancs, les pucerons, les fourmis, les hannetons, les tigres, les punaiſes, les liſettes, les limaçons, les loirs, &c.

ARTICLE I. Des Maladies des Arbres.

1°. LA SEVE altérée par des eaux putrides, ou par l'excès de fumier, rompt le tiſſu cellulaire en quelques endroits, ſe répand entre le bois & l'écorce qu'elle détache l'un de l'autre ; & s'y corrompant de plus en plus, elle ſuinte comme une ſanie, dont la qualité âcre & corroſive étend & communique le mal aux parties voiſines ; ce qui a fait donner à cette maladie le nom de *chancre*. Si elle n'attaque que de petites branches, on les coupe ; ſi elle paroît ſur le tronc ou ſur quelque groſſe branche, on enleve toute la partie chancreuſe par une inciſion juſqu'au vif, qu'on recouvre de bouze de vache, ou de terre graſſe. Et ſi les eaux ou les fumiers ſont le principe du mal (il peut être occaſionné par d'autres cauſes) on détruit ce principe en renouvellant la terre autour des racines, & facilitant l'écoulement de l'eau ; mais ſi le mal a fait du progrès & s'eſt conſidérablement étendu ſur la tige, l'arbre eſt perdu.

2°. Le ſuc propre des arbres à fruits à noyau s'extravaſant,

produit la *gomme*, qui fouvent ne leur caufe aucun dommage ;
mais lorfque ce fuc propre extravafé s'introduit dans les vaiffeaux
lymphatiques, il y caufe des obftruétions dangereufes. La perte
ou l'altération de la partie qui eft au-deffus de ce dépôt gommeux
avertit de la néceffité d'un prompt remede. Il eft facile lorfque
le mal n'a affeété que des branches : on les retranche à environ
un pouce au-deffous du dépôt. Mais s'il a attaqué la tige, il eft
incurable.

3°. Au printemps, les feuilles du Pêcher, dont la *cloque* eft
une maladie particuliere, fe froncent, fe contournent, fe recro-
quevillent ; leur tiffu s'épaiffit ; leur furface paroît grenue & comme galeufe ; leur couleur fe mélange de blanchâtre, de jaune, de
rouge. Le mal attaque non-feulement les feuilles, qui fe raffem-
blent en toupillons, mais encore l'extrémité des jets, qui s'en-
flent confidérablement, & prennent les mêmes couleurs. Ce défordre arrive en peu de jours, & bientôt il eft fuivi d'un autre.
Une multitude de pucerons s'établiffent dans les boffes ou cavités
des feuilles, & attirent la fourmi ; de forte que toutes les productions de l'arbre, bourgeons, feuilles & fruits, font défigurées &
fouffrent beaucoup de cette complication de maux.

Les Jardiniers attribuent la cloque aux vents roux ; mais ce
terme a befoin d'interprétation. D'autres prétendent qu'elle eft
produite par les premiers rayons d'un foleil pur & chaud après
une rofée froide. Si les Pêchers en efpalier au couchant étoient
exempts de la cloque, cette caufe paroîtroit vraifemblable ;
mais ils en font quelquefois attaqués, quoique la rofée difparoiffe,
& que l'air foit échauffé long-temps avant que le foleil parvienne
à cette expofition. On accufe auffi le puceron & la fourmi ;
mais il n'en paroît aucun dans les premiers jours : d'ailleurs le
mal eft trop fubit, & fon progrès trop rapide, pour l'attribùer à
ces infeétes feuls. En quinze jours ou trois femaines, les feuilles
brouies tombent d'elles-mêmes, & les fommités des bourgeons

endommagés fe deffechent. Mais il vaut mieux prévenir ce temps ;
couper toute la partie monftrueufe de ces jets, & ôter toutes les
feuilles auffi-tôt qu'on les voit attaquées, ne réfervant que celles
qui font néceffaires pour abriter le fruit jufqu'à ce que l'arbre
en ait produit de nouvelles, & les brûler ou jetter dans l'eau
pour détruire les infectes. Par cette attention, on délivre l'arbre
des parties malades qui le rendent languiffant, & on prévient la
naiffance, ou au moins la multiplication des pucerons.

4°. M. de Combes décrit fort bien une autre maladie, « qui
» eft, dit-il, fans remede, comme elle eft jufqu'à préfent fans nom
» déterminé. Toutes les branches de l'arbre, les feuilles & les
» fruits mêmes deviennent noirs & gluants : c'eft une efpece
» de lepre contagieufe qui fe communique à tout ce qui l'en-
» vironne : & fi l'on n'a pas foin, auffi-tôt qu'un arbre en eft
» attaqué, de le faire arracher, & de faire enduire de chaux le
» mur, qui, pour ainfi dire, contracte le mal, & qui noircit
» auffi bien que l'arbre, tous les plants de votre efpalier périffent
» les uns après les autres. Je ne faurois dire d'où cette conta-
» gion tire fon principe ; l'opinion vulgaire que c'eft la punaife
» ne me paroît pas probable, ou fi elle y a quelque part, il y
» a quelqu'autre caufe mêlée, foit quelque mauvais brouillard
» qui s'attache à un endroit plutôt qu'à un autre, foit un air de
» vent corrompu, foit quelque mauvaife difpofition dans le
» corps de l'arbre, foit enfin un coup de foleil après le brouil-
» lard. Quelle qu'en foit la caufe, le mal eft certain ; & comme
» il eft abfolument fans remede, il faut fe contenter d'en arrêter
» le progrès en facrifiant promptement le malade ». Cette maladie n'eft point particuliere au Pêcher : la Vigne, le Prunier,
l'Abricotier, & même le Pommier n'en font point exempts. Je
l'ai vu naître fur une branche de vigne en efpalier au midi. En
deux mois elle s'étendit beaucoup d'un côté fur la vigne ; &
de l'autre elle parcourut trois mailles de treillage, & atteignit

l'extrémité d'une branche de Pêcher. Alors je l'arrêtai en coupant les branches de Vigne & de Pêcher qui étoient attaquées, & donnant deux couches de couleur à l'huile fur les mailles du treillage infectées, elle n'a point reparu dans cet efpalier.

5°. Les feuilles & les fommités des nouveaux jets du Pêcher fe couvrent quelquefois d'une efpece de poufliere blanche, que je crois produite par une extravafation de feve trop groffiere & mal digérée. Cette maladie, fort différente du blanc ou de la brûlure qui occafionne des taches blanches fur les feuilles, altere beaucoup l'arbre & le fruit. L'amputation de toutes les parties malades eft le remede le plus prompt, fi c'eft un remede : & fi ces branches raccourcies n'en produifent pas de plus faines, on ne peut que défefpérer de la vie de l'arbre, dont les forces fuccombant dès-lors, ne pourront foutenir les nouvelles attaques de cette maladie dont le période eft ordinairement de trois ans. Quelques-uns regardent comme préjudiciable à l'arbre le retranchement des parties malades; ils font autour du pied une petite tranchée circulaire, & y jettent de temps en temps une voie d'eau dans laquelle ils ont délayé ou fait macérer du crotin de cheval, de brebis & autres engrais chauds, & affurent que c'eft un reméde fouverain. L'eau feule, felon d'autres, fuffit pour rétablir les arbres attaqués de cette maladie.

6°. Quelquefois les bourgeons & les feuilles n'acquierent pas leur grandeur naturelle; celles-ci jauniffent & tombent avant la faifon, fi l'arbre dont la langueur & le dépériffement avertiffent du danger, n'eft fecouru. Le mal vient de l'altération des liqueurs, de féchereffe, de trop d'humidité, de l'épuifement de la terre, de quelques groffes racines pourries, du ver blanc, des fourmis rouges, &c. La premiere caufe eft difficile à détruire : la feule connoiffance des autres indique le remede. Quelques voies d'eau jettées de temps en temps au pied de l'arbre; une tranchée pour empêcher l'eau d'abreuver trop abondamment

les racines; de bonnes terres neuves; le retranchement des racines pourries; les vers & les fourmis détruits; les racines ron-
gées ou chancies, nettoyées ou raccourcies & garnies de nouvelles terres; ce font les moyens les plus efficaces de rétablir
l'arbre.

7°. Dans les terres fableufes & légeres, la tige ou quelques
branches des arbres plantés en efpalier au midi, font quelquefois defféchées ou fort endommagées par la grande ardeur du
foleil. Une voliche, ou de la grande paille préferve les tiges
de cet accident. Souvent les coups de foleil font pourrir le côté
des Pêches qui a été frappé, & donnent une amertume défagréable au fruit entier. Ce mal fera rare, fi on ne les découvre que
quand elles tournent à leur maturité.

8°. Je ne parlerai point des morts fubites produites par le
foleil, le tonnerre, les ulceres chancreux cachés fous le bourrelet de la greffe, ou répandus fur les racines, &c. parce qu'il
n'y a point de remede. Enfin les arbres ont leur vieilleffe & leur
décrépitude, & leur vie a fon terme.

ARTICLE II. *Des Ennemis des Arbres.*

1°. Les gros vers blancs qui fe changent en hannetons ou
autres fcarabées, rongent l'écorce des racines des jeunes arbres.
Fouiller au pied, & détruire ces infectes, c'eft le meilleur remede. Mais comme ils ont fait leur dégât vers le commencement du printemps, avant leur métamorphofe, il eft trop tard
de les chercher, lorfque la langueur ou la mort des arbres avertit du dommage. Le fumier attirant ces vers, il faut éviter d'en
mettre près des racines; ou avoir foin de les découvrir & les
vifiter en Janvier ou Février.

2°. Le puceron paffe pour un des plus redoutables ennemis
du Pêcher. Cet infecte vivipare fe multiplie prefqu'en naiffant,

&

& fa fécondité eft prodigieufe. En détruifant les premiers pu-cerons qui paroiffent fur un arbre, on détruit des générations très-promptes & très-nombreufes qu'il eft très-difficile d'exter-miner. Cependant on en fait périr beaucoup fi l'on preffe les feuilles qui en font attaquées entre deux éponges imbibées d'une forte décoction de tabac (du tabac en poudre jetté fur le pu-ceron blanc, le tue dans un inftant), ou d'eau de chaux vive, ou d'une diffolution de favon dans l'eau (toutes les matieres oléagineufes font pernicieufes aux infectes, mais elles nuifent aux arbres, dont apparemment elles bouchent les pores) ; ou d'une décoction de tabac, de fuie de cheminée, de fauge, d'hyffope, d'abfynthe & autres plantes très-fortes & ameres, bouillies dans l'eau commune jufqu'à réduction de moitié : ou bien on ôte les feuilles & les fommités des pouffes, & on les jette dans l'eau ou dans le feu. Quelques Jardiniers blâment ce retranchement qui occafionne la naiffance de beaucoup de branches foibles.

3°. Les fourmis, felon M. de Réaumur, font attirées par les pucerons dont les excréments font fucrés. Malgré l'autorité de ce célebre Naturalifte, je crois qu'on peut encore mettre en queftion lefquels des pucerons ou des fourmis s'attirent. En effet, ayant délivré un arbre de fourmis, elles fe font jettées fur un arbre voifin. Dès le lendemain fes plus tendres feuilles ont com-mencé à fe contourner : la contraction de leurs nervures a formé des enfoncements le long de la groffe arrête : le mal a fait du progrès fans que j'aye pu, pendant cinq ou fix jours, découvrir aucun puceron. Enfin j'en ai apperçu quelques-uns, & en peu de temps leur nombre s'eft accrû confidérablement. J'ai encore obfervé que les pucerons n'ont pas fubfifté long-temps fur les arbres dont les fourmis ont été délogées ; que, quand les fruits font mûrs, les fourmis les attaquent, s'ils ont la peau très-fine, comme les Pêches violettes & les Avant-pêches, ou profitent des ouvertures faites par d'autres animaux ; s'en nourriffent, &

abandonnent ou négligent les pucerons, qui difparoiffent bientôt. Ces faits, dont j'ai été plufieurs fois témoin, me feroient
imaginer que les fourmis préparent aux pucerons des établiffe-
ments dans les enfoncements qu'elles occafionnent fur les feuilles, & peut-être de la nourriture dans une multitude de petites
plaies que leurs morfures font à l'épiderme & au parenchyme
des feuilles ; qu'enfuite les pucerons s'y logent, & felon M. de
Réaumur, régalent les fourmis de leurs excréments. Quoi qu'il
en foit, je regarde les pucerons comme des ennemis moins dangereux que les fourmis, qui fatiguent beaucoup un arbre, &
le font même périr fi elles s'opiniâtrent à l'attaquer plufieurs années confécutives. Il faut les faire tomber en fecouant les branches,
& enfuite envelopper la tige de l'arbre avec de la laine ou du
coton imbibé d'huile d'afpic, ou d'huile d'olive, ou mieux
d'huile de cade ; ou bien remplir d'eau un godet de cire formé
autour de la tige ; & fi c'eft un arbre d'efpalier, le dépaliffer
& le tenir éloigné du treillage : ou retrancher les feuilles tendres
& les extrémités des pouffes ; car les fourmis & le puceron ne
s'attachent point au bois formé ni aux feuilles dures : ou répandre quelques gouttes d'huile de cade fur la tige & fur les endroits de l'arbre les plus fréquentés des fourmis. Quelquefois
j'ai vu cette huile les chaffer prefqu'en un inftant & fans retour ;
fouvent auffi elle a été fans effet.

Ces expédients & tout autre qu'on peut employer pour
écarter cet infecte, procurent au moins à un arbre la délivrance
de fon ennemi, & l'avantage de pouvoir fe remettre de fes
pertes ; mais c'eft au préjudice de fon voifin qui eft auffi-tôt
attaqué. De forte que tous les moyens deftructeurs font préférables, comme de chercher la fourmilliere, en boucher l'entrée
fi elle eft dans un mur, y jetter de l'eau bouillante fi elle eft en
terre ou fous des pierres. Pendant la grande chaleur du jour,
placer au pied de chaque arbre un pied de bœuf à moitié écorché,

une poignée de mousse sur laquelle on répand du miel ou quelque syrop, & jetter ces appâts dans l'eau, lorsque les fourmis y sont rassemblées en grand nombre; un vase rempli d'eau miellée, &c. Cette guerre exigeant moins de force que d'opiniâtreté à la poursuite des ennemis, on peut en confier le soin à un enfant, qui, s'il ne les extermine pas, du moins en diminuera beaucoup le nombre.

4°. Les chenilles communes, les chenilles-livrées, & les hannetons, dévorent quelquefois toutes les feuilles des arbres, & attaquent le fruit même. Les détruire est le seul remede. Le savon dissous dans l'eau fait périr les chenilles; on peut en écraser ou brûler un grand nombre au lever du soleil, lorsqu'elles sont rassemblées par pelotons sur les arbres.

5°. La lisette & la petite chenille verte qui rongent les boutons & les fleurs, méritent le même traitement.

6°. Les tygres sont de petits insectes ailés, mouchetés de gris, de brun, de violet, &c. qui mangent le parenchyme des feuilles du Poirier, sur-tout du Bon-chrétien d'hiver en espalier au midi. Je ne connois aucune drogue dont la force antipathique les fasse fuir ou périr. Lorsque les feuilles sont tombées, il faut les brûler, & ratisser ou frotter rudement l'écorce de l'arbre pour enlever leur frai.

7°. Les limaçons & limaces sont friands de Fraises & de Pêches. Il faut les surprendre le soir & le matin ou après une petite pluie, lorsqu'ils se mettent en campagne & lorsqu'ils se retirent. Une corde de crin tendue le long d'un espalier de façon qu'elle touche par-tout la terre, & qu'elle fasse une révolution autour du pied de chaque arbre, est un rempart qu'ils osent rarement franchir, par la crainte d'offenser leur ventre délicat contre les poils rudes dont elle est hérissée.

8°. La punaise dont il s'agit ici, très-différente de l'insecte connu sous le même nom, est la même que la punaise d'Oranger

Coccus Citri. **Fn. 722.** *Pediculus clypeatus.* Linn. ou en differe très-peu. C'eſt une gale-inſecte dont le corps eſt couvert d'une peau ou écaille mince, & rempli d'une liqueur blanchâtre; vu par le ventre au microſcope, cet inſecte a ſix petits pieds & deux cornes. Pendant ſa jeuneſſe il marche & change de place; mais bientôt il ſe fixe & s'attache fortement à l'écorce des arbres & aux feuilles par des filets très-déliés qui naiſſent des bords intérieurs de ſon écaille. Dans cet état il prend toute ſa croiſſance, jette ſes œufs, & enſuite périt : ſon écaille ſe deſſeche & ſe durcit, couvre ſes œufs & une pouſſiere blanche en laquelle s'eſt convertie la liqueur qui rempliſſoit ſon corps. Ses œufs éclofent à la fin de Mai & en Juin, & la plupart des jeunes punaiſes ſont fixées au mois d'Août & même plutôt. Les fourmis ſuivent la punaiſe, & leurs excréments noirciſſent les feuilles, les branches, & le fruit même, & les rendent fort déſagréables à la vue. Pour les détruire, on ratiſſe avec le dos d'un couteau, ou l'on frotte avec un linge rude ou une broſſe les branches infectées, pendant l'hiver ou au commencement du printemps, avant que les œufs ſoient éclos : peut-être vaudroit-il mieux le faire dès l'automne, avant que les punaiſes ayent jetté leurs œufs; & tremper la broſſe dans de l'eau où l'on auroit délayé du fiel de bœuf. J'ai délivré des Orangers de la punaiſe, en trempant leur tête dans un baquet plein de cette eau.

9°. Les guêpes font beaucoup de dégât ſur les fruits. Pour en diminuer le nombre, il faut, pendant la nuit, détruire avec le feu ou l'eau bouillante, tous les guêpiers qu'on pourra découvrir : ou mettre près des arbres un pot frotté de miel ou rempli d'eau miellée.

10°. Les pieges, quatre-de-chiffre, ſouricieres, ratieres de toute eſpece, appâts empoiſonnés placés avec les attentions que tout le monde connoît, ſont les armes ordinaires contre les loirs, rats, ſouris, &c. mais ſi l'on attend la maturité des fruits, ces animaux les préféreront à tous les appâts, qui feront alors inutiles.

11°. On tue les oifeaux à coups de fufil; on les prend avec la glu; on les écarte avec les épouvantails.

La grêle eft un fléau contre lequel il n'y a point de remede. Il faut rabattre au-deffous du mal les branches qui en ont été frappées, parce que les meurtriffures dégénerent en chancres.

Pendant l'été, arrofer la tête des arbres, même de ceux de plein-vent, avec une petite pompe, c'eft une très-bonne pratique; en lançant l'eau contre le deffous des feuilles, on fait périr beaucoup d'infeétes qui s'y retirent, & leur frai ou leurs petits qu'ils y dépofent.

CHAPITRE VI.

Temps & façon de découvrir, cueillir & conferver les Fruits.

I. **L**A PLUPART des fruits ont befoin de l'aétion immédiate du foleil, foit pour perfeétionner leurs fucs & leur parfum, foit pour acquérir des couleurs qui les rendent agréables à la vûe. Les découvrir dès le temps de l'ébourgeonnement, épargneroit ce nouveau foin. Mais outre qu'en retranchant alors un grand nombre de feuilles, l'arbre pourroit en fouffrir; des fruits expofés aux ardeurs du foleil, les uns feroient brûlés & tomberoient, les autres prendroient beaucoup moins de groffeur qu'à l'ombre des feuilles où la peau tendre & tranfpirant facilement, s'étend & cede au renflement de la chair: il fuffit donc à l'ébourgeonnement de préferver les fruits de l'étiolement, en leur procurant la jouiffance de l'air, fans les priver de l'ombre néceffaire à leur confervation, & favorable à leur accroiffement.

Mais lorfqu'ils ont acquis toute leur groffeur; ou mieux, lorfque la couleur de leur peau s'éclairciffant, montre qu'ils tendent à leur maturité, on retranche d'abord, non en arrachant, mais en coupant la queue, quelques feuilles fur un côté du fruit; quelques jours après on en retranche d'autres fur l'autre côté; enfin après un pareil intervalle, on retranche toutes celles qui lui portent encore ombrage: de forte qu'en fix ou huit jours il fe trouve entiérement découvert: partageant cette opération & la faifant fucceffivement, le fruit s'accoutume peu-à-peu aux rayons du foleil, & court moins rifque d'en recevoir des coups dangereux. En peu de jours il prend couleur, & on peut l'augmenter en paffant fur le côté de fa peau qui eft frappé du foleil, un pinceau trempé d'eau fraîche. Au refte, on ne découvre ordinairement que les Pêches, les Abricots, & quelques efpeces de Poires qui doivent être colorées.

II. Il y a des fruits qui doivent acquérir leur parfaite maturité fur l'arbre; tels font tous les fruits à noyaux, tous les fruits rouges, & les Figues. Les fignes de leur maturité font la couleur des uns, le parfum des autres, la facilité de quelques-uns à fe détacher de la branche ou de la queue, &c: un peu d'habitude inftruit mieux les fens que tous les indices que nous pourrions détailler. Mais le pouce eft un juge dommageable; les meurtriffures qu'il fait occafionnent bientôt la pourriture, & fouvent communiquent à tout le fruit un goût défagréable. Tous ces fruits, fur-tout ceux qui ont du parfum, font beaucoup meilleurs après avoir paffé au moins quelques heures dans un lieu frais, qu'en fortant de l'arbre.

Quelques fruits fe cueillent un peu avant leur maturité; telles font les Poires fujetes à devenir molles ou cotonneufes, qui acquérant plus lentement & plus fucceffivement leur maturité dans la fruiterie que fur l'arbre, paffent moins vîte.

Enfin, les Poires & les Pommes tardives, feule reffource de

l'arriere faifon, ne mûriffent que long-temps après avoir été recueillies. On les laiffe fur les arbres jufqu'à ce que les premieres gelées de la fin de Septembre ou du commencement d'Octobre obligent de les mettre à couvert ; car les fruits atteints de la gelée perdent leur faveur & fe gâtent bientôt ; & ceux qui font cueillis trop tôt fe fanent & n'acquierent ni maturité, ni le goût qui leur eft propre. Les Poires font plus fenfibles à ces premiers froids que les Pommes ; celles d'Apy peuvent ordinairement demeurer fur les arbres jufqu'en Novembre.

La Fruiterie doit être un lieu fec, fi bien orienté, conftruit, fermé de porte & de chaffis, que la gelée ni l'humidité, les deux grands ennemis des fruits, ne puiffent y pénétrer ; & que les rats & les fouris n'y trouvent ni paffage ni retraite. Les poëles qu'on voit dans quelques fruiteries les préfervent de la gelée & de l'humidité ; mais la chaleur qu'ils y répandent avance la maturité des fruits & en abrege la durée. Le pourtour intérieur doit être garni d'un ou de plufieurs rangs de tablettes ou planches bordées d'une tringle de bois pour retenir le fruit. Le milieu peut être occupé par des tables ou de pareilles tablettes. (Des armoires bien fermées feroient préférables aux tablettes). Les uns couvrent les planches de papier ; d'autres de paille, de mouffe bien feche, &c. d'autres les laiffent nues. Quelques-uns étendent de la fleur de fureau fur les tablettes où doivent être placées les Pommes, qui en prennent bien le parfum, comme elles contractent facilement l'odeur de la paille, du bois, & de toutes les chofes odorantes fur lefquelles on les laiffe long-temps.

Les fruits étant cueillis par un beau temps, on les porte dans la fruiterie ; on les difpofe de façon qu'ils ne fe touchent point les uns les autres ; on met chaque efpece féparément ; & on pofe les Poires fur l'œil, parce que les indices de maturité paroiffant d'abord fur l'autre extrémité, elle doit être en évidence. Le papier dont quelques-uns enveloppent chacun des fruits les plus beaux & les plus précieux ne peut que contribuer à leur confervation.

Quand les derniers fruits font placés dans la fruiterie, on ne l'ouvre plus que dans le milieu du jour, & feulement lorfque le temps eft beau & fec : & dès que la faifon devient rude & fàcheu-fe, on la tient exactement fermée. Cependant on la vifite fréquem-ment, tant pour reconnoître l'état des fruits, que pour retirer ceux qui font gâtés, dont la pourriture pourroit fe communiquer à leurs voifins.

En Novembre, on laboure les plates-bandes des efpaliers ; & fi l'on foupçonne que la langueur de quelque arbre vienne de la maigreur ou de l'épuifement du terrein, on fait à un ou deux pieds de diftance du pied de l'arbre, une tranchée large de trois ou quatre pieds, dont la profondeur defcende jufqu'aux racines ; on la remplit de bonne terre neuve, & on tranfporte ailleurs les terres ufées qu'on en a tirées. S'il n'y a pas de bonne terre à portée, il faut faire la tranchée moins profonde, afin de ne pas découvrir les racines ; la remplir de fumier pourri, mais non réduit en terreau ; fumier de cheval, fi le terrein eft fort & froid ; fumier de vache, s'il eft léger. La tranchée demeure ouverte, & le fumier à découvert jufque vers la mi-Février, qu'on le recou-vre avec la terre tirée de la tranchée. Au mois de Novembre fui-vant, on donne un labour profond pour mêler les terres avec le fumier, qui fera alors bien confommé.

Quelques Jardiniers rejettent le fumier comme préjudiciable aux arbres & à la qualité des fruits. Il eft certain qu'on ne doit pas fumer de jeunes arbres, qui ne peuvent pas avoir épuifé le terrein où ils font plantés, à moins qu'il ne foit très-mauvais, auquel cas il ne falloit pas le planter d'arbres, qui, avec le fe-cours même des engrais, n'y réuffiront jamais bien. Pareillement le fumier eft inutile, & pourroit même être nuifible à des arbres

qui

qui pouſſent avec vigueur, & nourriſſent bien leurs fruits. Mais
lorſque des arbres ſont modérés, il eſt bon de les ſoutenir avec
quelques engrais : & lorſque leurs productions montrent qu'ils
s'affoibliſſent, ou qu'ils languiſſent, il eſt néceſſaire de les fumer
pour les ranimer & leur fournir une ſubſiſtance plus abondante,
ſans craindre que la qualité des fruits en ſoit altérée ; car 1°. les
fruits de tout arbre foible, malade, languiſſant, ſont mauvais ou
médiocrement bons : par conſéquent tout ce qui peut contribuer
au rétabliſſement de l'arbre, contribue auſſi à rendre la qualité
à ſes fruits. 2°. La plupart des fruits, & quelques-uns en particulier, comme Pêches, Prunes, Ceriſes, plus ils ſont gros, relativement à leur eſpece ou variété, meilleurs ils ſont, pourvu
que leur groſſeur ne vienne pas d'un excès d'humidité dans le
terrein : & ſi un petit Abricot de plein-vent eſt préféré à un gros
Abricot d'eſpalier, ce n'eſt pas parce qu'il eſt petit, mais pour ſa
qualité à laquelle l'eſpalier & le plein-vent mettent une différence plus ſenſible dans ce fruit que dans tout autre. 3°. Enfin
la pratique des plus habiles Cultivateurs, autoriſée par le ſuccès,
ne laiſſe aucun lieu de douter qu'au défaut de bonnes terres, le
fumier eſt avantageux aux arbres.

Telles ſont les regles d'éducation, de conduite & de culture
communes aux arbres fruitiers. Mais n'ayant pas tous le même
tempérament, & quelques uns exigeant un régime différent ; les
deſcriptions que nous allons donner des eſpeces & variétés de
chaque genre, feront ſuivies des différences de culture qui lui
ſont propres : & ſi quelque variété demande un traitement particulier, il ſera marqué après ſa deſcription.

AMYGDALUS,
AMANDIER.

DESCRIPTION GÉNÉRIQUE.

Il y a peu d'arbres fruitiers qui s'élevent plus hauts & plus droits que l'Amandier, dans nos Provinces septentrionales même, où il paroît étranger. Pendant sa jeunesse, il a une forme agréable; mais il se néglige long-temps avant la vieillesse; il laisse pendre une partie de ses branches, & conserve peu de régularité, si l'on ne l'entretient par quelques élagages.

Ses bourgeons sont droits, assez longs & vigoureux, arrondis, lisses, verts du côté de l'ombre, rouges du côté du soleil.

Ses feuilles attachées sur la branche alternativement par des queues assez déliées, longues d'environ un pouce, sont alongées, étroites, terminées en pointe par les deux extrémités, divisées suivant leur longueur par une arrête fort saillante, des deux côtés de laquelle sortent, dans un ordre alterne, des nervures peu sensibles. Elles sont dentelées par les bords finement & réguliérement; se soutiennent fermes sur leurs queues; ne se froncent, ni ne se plient ou contournent en divers sens; sont d'un vert gai; se conservent jusqu'aux fortes gelées; & lorsque les hivers sont fort doux, quelques-unes subsistent jusqu'à la naissance des nouvelles.

Sous l'aisselle de chaque feuille, il sort d'un à trois, & quelquefois quatre boutons, les uns à fruit, les autres à bois; ceux-ci sont moindres & moins arrondis que ceux à fruit; les uns & les autres sont couverts de plusieurs enveloppes écailleuses : les extérieures font petites & comme cartilagineufes ; les intérieures font grandes, blanches, membraneufes. Les boutons à bois contiennent des feuilles, qui, avant leur développement, font pliées en deux, & appliquées les unes contre les autres par le côté. Les boutons à fruit contiennent chacun une fleur.

La fleur de l'Amandier eft compofée, 1°. d'un calyce concave en godet, dont le bord eft découpé en cinq parties ou échancrures creufées en cuilleron, & terminées en pointe. Le côté du calyce qui eft frappé du foleil, & le dehors des échancrures font teints de rouge. Le dedans du calyce eft d'un jaune vif, & fes échancrures fe renverfent en dehors : 2°. de cinq petales difpofés en rofe, attachés par un petit onglet fur les bords intérieurs du calyce, entre les angles que forment fes découpures. Leur grandeur varie fuivant la variété de l'Amandier, de fix à huit lignes de longueur, & de quatre à fix lignes de largeur ; ils fe terminent en pointe vers le calyce ; l'autre extrémité eft large & fendue en cœur. Lorfqu'ils font fortis du calyce, leur extrémité eft fortement teinte de rouge en dehors ; mais après l'épanouiffement de la fleur, ce rouge fe lave & s'éclaircit beaucoup, de forte qu'il n'en refte ordinairement qu'une légere impreffion ; dans le refte ils font blancs ; une raie ou nervure les parcourt fuivant leur longueur, & les divife dans ce fens en deux parties égales : 3°. de vingt à trente étamines attachées fur les bords intérieurs du tube du calyce entre les membranes qui les forment & la membrane jaune vif qui en tapiffe l'intérieur, & qui eft gaudronnée irréguliérement par les élévations qu'y produifent les racines ou pieds des filets. Elles font difpofées par quatre ou cinq entre chaque découpure du calyce ; de longueur trèsinégale, les unes ayant plus de fix lignes ; les autres à peine deux lignes. Les filets font teints de rouge vif à l'extrémité qui tient au calyce, ce qui fait paroître de cette couleur tout le fond de la fleur ; l'autre extrémité eft blanche, terminée par des

fommets d'un jaune-citron, formés de deux capfules de forme
d'olive, qui contiennent une pouffiere très-fine dont les molé-
cules font ovoïdes : lorfqu'ils font ouverts, ils reffemblent au
pavillon de certains champignons. 4°. Le centre de la fleur eft
occupé par un piftil formé d'un embryon conique & velu, &
d'un ftyle cylindrique, long de fix à huit lignes, furmonté
d'un ftigmate jaune, hémifphérique. Quand l'embryon groffit
& que le fruit eft noué, le calyce fe détache de la queue & tombe ; on voit alors qu'il eft percé par le fond. La fleur de l'A-
mandier contenant toutes les parties effentielles de la fruétifi-
cation eft hermaphrodite. Elle paroît avant celles de tous les
autres arbres fruitiers, du commencement de Février au commencement de Mars, fuivant que l'hiver étend plus ou moins fes
rigueurs.

L'Embryon devient un fruit ovoïde, plus gros du côté de la
queue que vers l'autre extrémité ; applati fur fon diametre ; attaché à la branche par une queue courte & très-adhérente. La
peau couverte d'un poil ou duvet très-fin & très-épais enveloppe
une chair ou plutôt un brou épais d'environ une ligne, dur, fec,
amer, ou infipide. Sous ce brou, on trouve un noyau ligneux, de
la même forme que le fruit, applati fur les côtés, arrondi par un
des bords, garni fur l'autre bord d'une arrête faillante qui s'étend
d'une extrémité à l'autre, terminé en pointe, un peu creufé au
bout où la queue étoit implantée. Dans toute fon étendue il eft
compofé de deux tables paralleles féparées par un diploé ; la
table extérieure eft percée de trous irréguliers. Il s'ouvre en deux
fuivant fa longueur par l'arrête qui regne fur un de fes bords,
& une petite raînure qui s'étend fur le bord oppofé. On trouve
dans le noyau une amande dont la peau brune & garnie de quelques groffes fibres qui la parcourent fuivant fa longueur, renferme deux lobes blancs & un germe. Cette amande eft la feule
partie comeftible du fruit.

En comparant cette defcription avec celle du Pêcher, on y trouve tant de rapports, fur-tout entre les parties de la fructification, que plufieurs Botaniftes ont compris ces deux arbres fous la même dénomination *Amygdalus*. Mais comme dans cet Ouvrage nous ne nous propofons point d'affigner à chaque arbre fa claffe propre, ou fa famille naturelle, mais de faire remarquer les principaux traits qui diftinguent l'arbre, de l'arbre; l'efpece, de fa variété; nous avons confervé au Pêcher & à l'Amandier leur nom pàrticulier, ayant des différences fenfibles à l'œil qui ne lui permettent pas de les confondre. En effet l'Amandier eft plus grand & plus vivace que le Pêcher; il foutient & nourrit mieux fes branches. Ses feuilles font différentes par la grandeur, les proportions, la couleur, le pédicule, la faillie des nervures & l'enfoncement des fillons correfpondants. Ses fleurs s'épanouiffent long-temps avant celles du Pêcher; elles ont les pétales plus grands, d'autres forme & couleur. Enfin, le fruit de l'Amandier differe beaucoup de celui du Pêcher, par la peau qui ne fe colore jamais; par fa forme; par la chair qui eft auffi mince & défagréable au goût, que celle de la Pêche eft abondante & excellente; par le noyau qui n'eft percé que de quelques trous & creufé de quelques fillons légers, au lieu que celui de la Pêche eft ruftiqué groffiérement & profondément; par l'Amande qui eft propre aux ufages de la table, lors même qu'elle eft amere, pendant que celle de la Pêche eft entiérement inutile, &c.

ESPECES ET VARIÉTÉS.

I. *AMYGDALUS fativa, fructu minori.* C. B. P. 441.
AMANDIER à petit fruit. AMANDIER commun.

LE port de tous les Amandiers proprement dits étant le même, ou n'ayant point de différence notable, je n'en répete point la defcription.

La fleur de celui-ci a quatorze lignes de diametre. Les pétales font longs de fix lignes & demie, & un peu moins larges; leur extrémité eft figurée en cœur, mais fendue peu profondément: nulle autre efpece d'Amandier cultivé n'a les pétales de fa fleur auffi larges à proportion de leur longueur. Cette fleur eft prefque toute blanche; fouvent elle a fix pétales, & le calyce fix échancrures.

Les feuilles des bourgeons font longues de cinq à cinq pouces & demi, fur un pouce dans leur plus grande largeur qui eft plus près de la queue que de l'autre extrémité qui fe termine réguliérement en pointe; le côté de la queue fe termine auffi en pointe, mais moins aiguë. Les queues font longues de huit à douze lignes. Les feuilles des branches à fruit n'ont que deux ou trois pouces de longueur, & neuf ou dix lignes de largeur; elles font moins pointues que celles des bourgeons.

Le fruit eft long de treize à quinze lignes, large de dix à douze fur fon grand diametre, & de huit à neuf fur fon petit diametre. Il diminue confidérablement & prefque réguliérement de groffeur vers la tête qui eft terminée par un petit mamelon formé des reftes du piftil defféché. Le côté le plus arrondi, ou plutôt qui décrit une plus grande partie d'ellipfe, eft relevé d'une côte affez faillante qui s'étend de la tête à la queue, & qui couvre l'arrête du noyau. La queue qui le foutient eft groffe, ronde, liffe, verte, longue de deux lignes au plus, très-évafée par l'extrémité qui s'infere dans le fruit. La peau eft d'un vert blanchâtre, couverte d'un duvet fort touffu.

Le noyau eft de la même forme que le fruit, ayant environ une ligne & demie de moins fur chaque dimenfion. Il eft terminé par une pointe aiguë, & contient une Amande douce, & d'un goût agréable.

Cet Amandier qui eft le plus commun dans nos jardins, eft affez fertile. Si on le multiplie par les femences, les Amandiers qui en proviennent donnent ordinairement des fruits plus alongés, dégénérés de grosseur, rarement de goût. Communément on ne seme ses Amandes que pour se procurer des sujets sur lesquels on greffe les especes d'Amandiers estimables, des Pêchers & quelques Abricotiers.

II. *AMYGDALUS dulcis, putamine molliore.* C. B. P.
Amandier à coque tendre. Amandier à noyau tendre. Amandier des Dames. (*Planche I.*)

Les fleurs de cet Amandier ont quinze lignes de diametre. Les pétales n'ont que cinq lignes de largeur sur près de sept lignes de longueur; leur plus grande largeur est à peu près à la moitié de leur longueur; l'extrémité est fendue en cœur plus profondément que dans l'espece précédente, les onglets sont d'un rouge vif; le dedans des pétales est blanc, excepté l'extrémité qui est légérement teinte de rouge de chair; le dehors de quelques-uns est entiérement teint de cette couleur. Cet Amandier fleurit plus tard que les autres; & ses premieres feuilles se développent en même temps que les fleurs, au lieu que dans les autres, l'épanouissement des fleurs prévient la naissance des feuilles.

Les feuilles ne sont longues que de deux à deux pouces & demi, & larges de neuf ou dix lignes, soutenues droites par des queues assez grosses, longues de sept à huit lignes. Sur les bourgeons, on en trouve qui sont un peu plus grandes, & celles des branches à fruit sont beaucoup moindres.

Le fruit a de quatorze à seize lignes de longueur; de onze à treize lignes de largeur sur son grand diametre; & de dix à onze lignes sur son petit diametre. Sa forme approche plus de l'ovale que celle des autres Amandes, diminuant peu de grosseur vers la tête. Quoique le côté le plus elliptique soit creusé d'un petit sillon, fillon, plutôt que relevé d'une côte, ce même côté du noyau est garni d'une arrête très-faillante & tranchante. La queue est reçue dans une cavité peu profonde, bordée de quelques petits plis.

Le noyau est formé, comme celui des autres Amandes, de deux tables paralleles, dont l'intérieure est mince & affez folide; la table extérieure est plus épaiffe, mais fi fragile que dans un tranfport un peu long, le frottement des Amandes les unes contre les autres la réduit en poufiere. Elle fe forme long-temps après la table intérieure; de forte que fi vers la mi-Août on enleve le brou de ces fruits, elle s'en diftingue à peine, & s'enleve en même temps. C'eft ce retardement de fa production qui empêche fon endurciffement. Ce noyau renferme une Amande douce.

Cet Amandier eft un de ceux qui méritent le plus d'être cultivés, quoique fa fleur foit un peu fujette à couler. Souvent les vieux arbres produifent des fruits dont le noyau eft affez dur, mais beaucoup moins que celui des Amandes communes.

III. *AMYGDALUS amara, putamine molliore.*

Amandier à noyau tendre, & Amande amere.

Cet Amandier eft une variété du précédent, dont il ne differe que par le goût de l'Amande, & par la fleur qui a de quatorze à quinze lignes de diametre. Elle reffemble plus à celle de l'Amandier commun, qu'à celle de l'Amandier des Dames; mais elle s'ouvre en même temps que la fleur de ce dernier.

IV. *AMYGDALUS dulcis, fructu minori, putamine molliore.*

Amandier à petit fruit, & noyau tendre. Amande Sultane.

La principale différence entre cet Amandier & celui des Dames confifte dans la groffeur du fruit, qui eft moindre. Il eft commun en Provence. On y eftime beaucoup une autre efpece

Tome I. Q

d'Amandier dont on nomme le fruit *Amande-Piſtache*. Il eſt à
peu près de la groſſeur & de la forme d'une piſtache, & par
conſéquent moindre que l'Amande Sultane même. Le noyau ſe
termine en pointe ; ſon bois eſt fort tendre ; l'Amande eſt ferme &
de bon goût. L'arbre ne diffère des autres Amandiers que par
la petiteſſe de ſon fruit & de ſes feuilles.

V.   *AMYGDALUS dulcis, fructu majori.*
AMANDIER à gros fruit, dont l'Amande eſt douce. (*Pl. II.*)

CET Amandier, qui devroit être le plus commun dans nos
jardins, paroît un peu plus vigoureux que les autres. Ses bourgeons
ſont gros & forts, verts du côté de l'ombre, rougeâtres du côté
du ſoleil.

Ses fleurs ſont belles & très-grandes, ayant dix-huit lignes
de diametre. Les pétales ſont longs d'environ huit lignes &
demi, larges de ſix lignes, fendus profondément par l'extrémité,
légérement froncés par les bords, quelques-uns repliés ou roulés
en deſſous, entiérement blancs, quoique leur extrémité ſoit teinte
de rouge-carmin très-vif avant leur épanouiſſement. Beaucoup de
fleurs ont ſix pétales, & leur calyce ſix échancrures.

Ses feuilles ont de deux à deux pouces & demi de longueur
ſur huit ou neuf lignes de largeur. Elles ſont dentelées très-finement ; terminées en pointe par les deux extrémités ; en pointe
très aiguë par l'extrémité oppoſée à la queue. Sur les petites
branches à fruit, on trouve des feuilles très-longues à proportion de leur largeur, n'ayant que cinq ou ſix lignes de large
ſur deux pouces neuf lignes de long. Le côté de la queue diminue peu de largeur ; l'autre côté ſe termine réguliérement en
pointe. Le pédicule des feuilles eſt délié & long de ſix ou ſept
lignes.

Ses fruits ſont gros ; quelques-uns ont plus de deux pouces

de longueur; quatorze ou quinze lignes de largeur fur leur grand diametre; & douze ou treize lignes fur leur petit diametre. La queue eft groffe & courte, implantée dans un enfoncement fouvent bordé de plis; cette extrémité du fruit eft beaucoup plus groffe que l'autre qui fe termine par une pointe ou un gros mamelon conique. Le côté qui comprend la plus grande partie de l'ellipfe eft divifé, fuivant fa longueur, par une rainure affez profonde. La queue eft rarement plantée au milieu de l'extrémité du fruit, mais très-obliquement, & prefque fur le côté. Le brou eft épais d'une ligne; ainfi le noyau qui eft de même forme, n'a qu'environ deux lignes de moins fur chaque dimenfion. Son bois eft dur; fon arrête eft à peine fenfible. Il renferme une groffe Amande, ferme & très-bonne.

VI. *AMYGDALUS amara, fructu majori*
AMANDIER à gros fruit, dont l'Amande eft amere.

C'EST une variété du précédent, dont l'Amande eft amere. Il a deux autres variétés, l'une douce, l'autre amere, dont le fruit eft très-gros, mais d'une forme beaucoup moins alongée, & prefque ronde.

VII. *AMYGDALUS amara*. C. B. Pin.
AMANDIER à fruit amer.

JE ne fais fi cet Amandier eft une variété de l'Amandier commun à fruit doux n°. 1. Le port & le feuillage font affez femblables; mais la fleur & le fruit different:

1°. La fleur de celui-ci eft plus grande (quinze ou feize lignes de diametre). Les pétales font moins larges à proportion de leur longueur; fendus plus profondément en cœur, ils confervent, après leur développement, une teinte de rouge très-légere, qui eft plus marquée à leur onglet.

2°. Le fruit eft beaucoup plus alongé, & terminé en pointe plus longue & plus aiguë. Il a quinze ou feize lignes de largeur, huit ou neuf lignes d'épaiffeur fur fon grand diametre, & fix ou fept lignes fur fon petit diametre.

Il a une variété qui differe par le fruit qui eft beaucoup plus petit dans toutes fes proportions, n'ayant qu'un pouce de longueur, fept lignes d'épaiffeur fur fon grand diametre, & fix lignes fur fon petit diametre. Elle differe beaucoup plus par la fleur qui a de dix-fept à dix-huit lignes d'étendue, & dont les pétales font fort étroits (cinq lignes & demie) à proportion de leur longueur (huit lignes & demie), fendus profondément en cœur, & légérement teints de rouge à leur onglet.

VIII. *AMYGDALUS Indica, nana.* H. R. Par.
AMANDIER nain des Indes. (*Pl. III.*)

LA hauteur de cet arbriffeau excede rarement deux pieds & demi; & fes plus fortes tiges font au plus de la groffeur du petit doigt. Elles périffent fouvent avant d'y être parvenues; & l'arbriffeau fe renouvelle par les rejets & les drageons qu'il produit en grand nombre.

Ses bourgeons font droits & garnis de feuilles difpofées dans un ordre alterne. Sous l'aiffelle de chaque feuille il fe forme d'un à cinq yeux, dont un feul eft œil à bois. Les fupports font gros & très-faillants.

Ses feuilles font d'un vert pré, longues, terminées en pointe par les deux bouts; mais leur plus grande largeur eft beaucoup plus près de l'extrémité que de la queue, aü contraire des feuilles de tous les autres Amandiers. Leur dentelure eft fine, réguliere, très-aiguë & affez profonde. Les grandes feuilles des bourgeons vigoureux font longues de trois pouces ou trois pouces & demi, & larges de dix à douze lignes. Les autres font beaucoup moindres

& plus étroites à proportion de leur longueur. Leur queue affez
groffe & courte, fe prolongeant jufqu'à leur extrémité, forme
fur toute leur longueur une arrête très-faillante, d'un vert-blanc.
Les nervures latérales font à peine fenfibles, fur-tout fur les petites feuilles.

Ses fleurs font compofées 1°. d'un calyce en godet, divifé en
cinq échancrures terminées en pointe obtufe. Le tube eft long
de deux à trois lignes ; fon diametre aux angles de fes échancrures eft d'une ligne & demie, & d'environ une ligne par le
bas qui eft recouvert de quelques écailles. Il eft formé d'une ou de
plufieurs membranes minces fur lefquelles on diftingue des raies
ou de petites côtes fauves qui font formées par les filets des étamines
qui y prennent naiffance. Les échancrures font longues d'environ une ligne & demie : 2°. de cinq pétales de couleur de rofe
plus foncé vers l'extrémité que vers le calyce ; longs de fix lignes,
larges de deux ou deux lignes & demie, diminuant réguliérement de largeur depuis l'extrémité qui eft arrondie, jufqu'au calyce
où ils font attachés entre les échancrures : 3°. d'une vingtaine d'étamines dont les filets font d'un rouge-pâle, & les fommets jaunes,
divifés par une raie rouge. Elles ne tombent point éparfes fur les
pétales ; mais elles fe tiennent raffemblées droites fur le difque de
la fleur : 4°. d'un embryon conique, furmonté d'un ftyle terminé
par un ftygmate ; le piftil entier a trois ou quatre lignes de longueur. D'un même nœud il fort d'une à quatre fleurs & un bourgeon
dont les premieres feuilles fe développent en même temps que
les fleurs, en Avril. Ce mélange de feuilles & de fleurs dont
toutes les branches font garnies, rend cet arbriffeau très-agréable à la vue dans cette faifon.

Ses fruits font petits & rarement abondants. Ils font longs
d'un pouce, larges de huit lignes, épais de cinq lignes. Ils fe
terminent en pointe, & diminuent auffi de groffeur vers la queue
qui eft fort courte. Leur brou eft couvert d'un duvet roux,

long, rude & épais. Le noyau dépouillé du brou, est long d'onze
lignes, large de sept lignes & demie, épais de quatre lignes,
renflé sur le milieu, applati par les bords. L'extrémité où la
la queue étoit attachée, se termine en pointe obtuse, d'où partent
quelques sillons peu larges & peu profonds qui ne s'étendent
que sur cette extrémité du fruit, & trois plus considérables qui
regnent sur un côté entier à la place de l'arrête qu'on trouve
sur les Amandes ordinaires; l'extrémité opposée se termine en
pointe fort aiguë. La surface de ce noyau n'est ni rustiquée ni
percée de trous, mais unie. Il renferme une Amande amere longue de sept lignes, large de quatre lignes & demie, épaisse de
deux lignes & demie.

Les fruits de ce joli arbrisseau étant inutiles, ou peu estimables à cause de leur petitesse, & de leur amertume, il doit être
rangé parmi les arbrisseaux d'ornement, plutôt qu'entre les arbres
fruitiers. Mais si, le plaçant dans l'Orangerie, ou la Serre chaude
pour hâter sa fleurison, on pouvoit faire féconder ses fleurs
par celles d'une bonne espece d'Amandier, ses semences produiroient peut-être des Amandiers nains, dont les fruits feroient
utiles.

Il se multiplie facilement par les semences, les drageons enracinés, & la greffe sur l'Amandier commun.

Je ne décrirai point l'Amandier nain à fleurs doubles, parce
qu'il ne porte jamais de fruit, & que d'ailleurs il n'est pas décidé
s'il doit être placé avec l'Amandier, ou le Pêcher, ou le Prunier.

J'omets aussi l'Amandier du Levant à feuilles argentées ou
satinées, parce que ne donnant que de petits fruits dont l'Amande
est amere, il ne mérite pas d'être cultivé comme arbre fruitier.

IX. *AMYGDALO-PERSICA*.

Amandier-Pêcher. Amande-Pêche. (*Pl. IV.*)

Cet arbre tient du Pêcher, & davantage de l'Amandier. Il est vigoureux, s'éleve & fructifie en plein-vent. Par sa taille & son port il ressemble aux Amandiers.

Ses bourgeons sont verts.

Ses feuilles de grandeur & de forme mitoyennes entre celles du Pêcher & celles de l'Amandier, sont unies, étroites, d'un vert blanchâtre, dentelées très-finement par les bords.

Ses fleurs sont fort grandes, presque blanches, teintes très-légérement de rouge, plus ressemblantes à celles de l'Amandier qu'à celles du Pêcher.

On trouve sur le même arbre, & souvent sur la même branche, deux sortes de fruits. Les uns sont gros, ronds, divisés suivant leur longueur par une gouttiere, très-charnus, & succulents comme la Pêche; leur peau & leur chair sont vertes; leur eau est amere; ils ne sont comestibles qu'en compotes. Les autres sont gros, alongés, n'ont qu'un brou sec & dur, qui se fend comme celui des Amandes, lorsque le fruit est mur, vers la fin d'Octobre. Les uns & les autres ont un gros noyau qui n'est point rustiqué comme celui du Pêcher; il contient une Amande douce.

La plupart des caracteres de cet arbre sont donc les mêmes que ceux de l'Amandier. Il est vraisemblable qu'il a été produit par une Amande dont la fleur a été fécondée par la poussiere des étamines d'une fleur de Pêcher.

CULTURE.

Les Amandiers se multiplient par les semences qu'on fait germer dans le sable, qu'on plante, qu'on cultive & conduit

comme il a été expliqué ci-devant dans la Culture générale des
Arbres Fruitiers. Mais les semences varient ; & des Amandes
recueillies sur le même arbre, il peut naître des arbres de différentes
especes, à gros fruit, à petit fruit, à noyau dur, à noyau tendre, à Amandes douces, à Amandes ameres. De sorte que les
especes estimables se multiplient plus sûrement par la greffe en
écusson sur les Amandiers élevés de semences.

L'Amandier se plaît dans un terrein léger, & qui ait de la
profondeur. Dans les terres fortes, compactes & glaiseuses qui
lui conviennent le moins, & dans lesquelles il reprend plus difficilement que dans toute autre, il vaut mieux le semer & le
greffer en place, que de l'y transplanter d'une pépiniere.

Je n'ai point vu d'Amandiers en espalier. Sans doute ils y
réussiroient fort bien, & leur fruit y acquerroit un degré de
maturité auquel il parvient rarement en plein-vent dans notre
climat. J'ai vu des berceaux couverts d'Amandiers à gros fruit
n°. 5, qui donnoient beaucoup de fruits, & qui faisoient un bel
effet au printemps par leurs grandes fleurs. On en forme de grands
plein-vents qui, dans les terreins chauds & bien exposés, donnent des fruits abondants & assez mûrs pour servir aux mêmes
usages que les Amandes qui nous viennent du Languedoc, de
la Provence, de la Touraine, de Barbarie, d'Avignon, &c.

USAGES.

Les Amandes s'emploient & pour les aliments & en Médecine: dans l'un & l'autre usage on consomme beaucoup plus
d'Amandes douces, que d'Amandes ameres.

1°. Dans le mois de Mai, on fait des compotes de jeunes
Amandes, avant que leur noyau ait acquis aucune solidité. Si
ces compotes sont médiocrement bonnes, elles plaisent au moins
par l'espérance qu'elles donnent de voir bientôt paroître les
premiers fruits rouges.   2°.

2°. Dans le mois de Juillet on mange avec plaifir des Amandes vertes. Comme le bois du noyau eft encore tendre, on ouvre facilement le fruit fuivant fa longueur ; & on en tire l'Amande qui eft alors d'une fraîcheur & d'une faveur très-agréables.

3°. Pendant l'hiver, on mange des Amandes feches ; on préfere les Amandes des Dames, les Amandes Sultanes & les Amandes Piftaches, parce que le bois tendre de leur noyau fe rompt aifément, étant comprimé entre le pouce & l'index. Quoique les Amandes douces paffent pour nourriffantes, on les mange feules & fans préparation en petite quantité. Quelques-uns trouvent deux ou trois Amandes ameres agréables ; mais elles fatiguent ceux qui ont le genre nerveux foible & très-fenfible.

4°. Avec des Amandes douces pilées & mêlées dans une quantité d'eau fuffifante, on fait une liqueur blanche que l'on nomme *lait d'Amandes*, & qui s'emploie comme le lait de vache pour la foupe, le riz, la bouillie, le caffé, &c. on y ajoute un peu de fucre, &, fi l'on veut, de fleur d'Orange. Les Amandes doivent être mondées. Il en faut environ quatre onces pour chaque pinte d'eau.

5°. On torréfie au four des Amandes feches dans leur noyau. Alors la peau, qui eft un peu âcre, fe détache aifément, & les Amandes prenant un peu le goût de pralines, font plus agréables. En Provence on les appelle *Amandes torrades*.

6°. Avec les Amandes douces on prépare dans les Offices différents mets qu'on rend plus agréables par le mêlange de quelques Amandes ameres ; gâteaux, bifcuits, maffepains, macarons, conferves, &c. On en fait encore des dragées, pralines, nogat, &c.

7°. Les Amandes douces fervent à faire l'orgeat ; elles font la bafe des émulfions, & l'on y joint quelques Amandes ameres pour en relever le goût.

8°. On monde les Amandes de leur peau, qui fe détache facilement lorfqu'elles ont trempé dans l'eau bouillante ; on les

Tome I.   R

pile enfuite dans des mortiers, ou bien on les broie avec de grands moulins à bras ; enfin on les pofe fous la preffe pour en exprimer l'huile. Celle d'Amandes douces eft employée pour calmer la toux & les grandes douleurs de colique. L'huile d'Amandes ameres fert extérieurement pour la réfolution des tumeurs, & la furdité. Le marc des Amandes qui refte après l'expreffion de l'huile, fournit une pâte propre à décraffer & adoucir la peau.

Les Amandes ameres font un violent poifon pour la plupart des oifeaux ; l'huile d'Amandes douces eft un antidote efficace & très-prompt.

La plus grande partie des Amandes feches qui fe confomment dans notre climat, fe tirent de Genes, d'Efpagne & de nos Provinces méridionales. A quelque ufage qu'on les emploie, il faut rejetter celles qui font rances.

L.B. del.

Amandier des Dames.

L. B. del.

Amandier à gros fruit.

L.B. del.

Amandier Nain.

Mag. Bassporte del   *Pêche-Amande.*   Herisset fils Sculp.

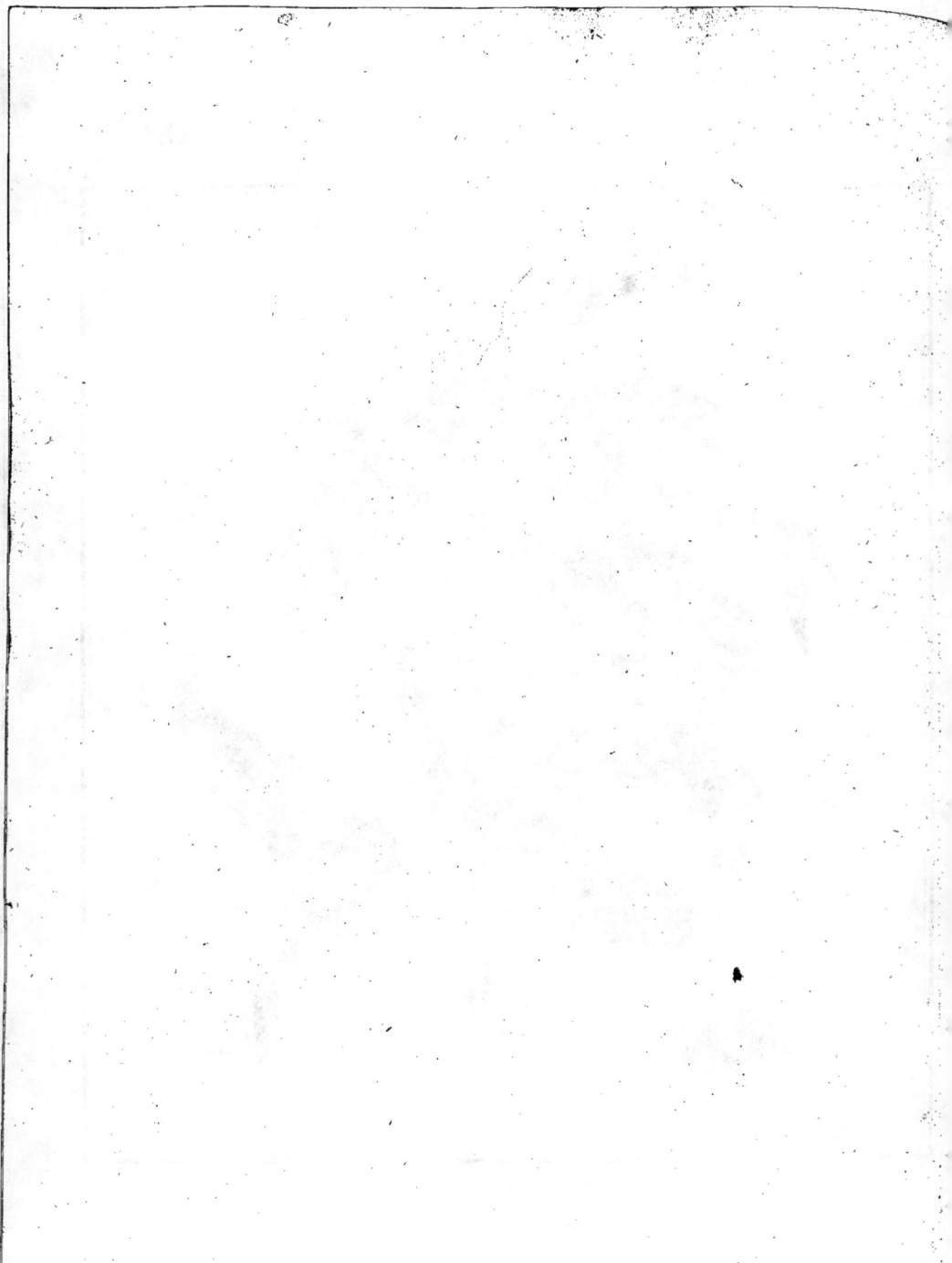

ARMENIACA,
ABRICOTIER.

___

DESCRIPTION GÉNÉRIQUE.

L'ABRICOTIER est un arbre de moyenne grandeur, qui s'éleve peu, mais qui étend beaucoup ses branches.

Ses bourgeons forts & vigoureux, ont l'écorce lisse, & ordinairement teinte de rouge du côté du soleil. Ils portent des yeux simples, doubles, triples, & dans quelques especes, groupés en plus grand nombre sur un même support.

Ses feuilles sont attachées sur le bourgeon dans un ordre alterne, par des queues longues & foibles qui les laissent pendre. Elles sont larges du côté de leur épanouissement, & se terminent en pointe : leur forme approche beaucoup de celle des feuilles de Peuplier ; leur grandeur, leurs proportions, leur dentelure, &c. varient suivant les especes. Dans le bouton, elles sont pliées en deux. En naissant, elles sont accompagnées de stipules frangées, souvent colorées, qui se dessechent & tombent avant que les feuilles ayent acquis leur grandeur.

Ses fleurs sont composées 1°. d'un calyce, dont le godet haut d'environ deux lignes, s'arrondit par le fond, qui est garni des écailles du bouton, & est attaché à la branche par un petit pédicule long d'une demi-ligne au plus. Le bord du godet large d'environ trois lignes, se divise en cinq échancrures longues de trois lignes, larges d'autant, terminées en pointe obtuse, creusées en cuilleron, & ordinairement renversées sur le godet.

R ij

Le dehors du calyce & de ſes échancrures, excepté le fond du godet, eſt d'un rouge foncé. Le dedans du calyce eſt d'un verd-clair, & le dedans de ſes échancrures eſt partie verd, partie rouge: 2°. de cinq pétales blancs, diſpoſés en roſe, larges de ſix lignes, hauts de cinq lignes; très-creuſés ou concaves; arrondis, ſouvent froncés par les bords; attachés par un très-petit onglet aux bords intérieurs du calyce entre les échancrures: 3°. de vingt à trente étamines attachées aux parois intérieures du godet: leurs ſommets ſont jaunes, & leurs filets longs de trois à quatre lignes ſont blancs. Elles ſe ſoutiennent droites, raſſemblées au centre de la fleur autour du piſtil, juſqu'à ce que les ſommets ayent répandu leur pouſſiere: 4°. d'un piſtil dont le ſtyle blanc, long de cinq à ſix lignes, ſurmonté d'un ſtigmate, repoſe ſur un embryon arrondi, verd-clair, placé au fond du calyce. La fleur de l'Abricotier s'ouvre de la mi-Mars au commencement d'Avril. Elle eſt la même dans toutes les eſpeces, ou elle ne diffcausere que par un peu plus ou moins de grandeur.

L'embryon devient un fruit charnu, rond, ou approchant de cette forme; diviſé ſuivant ſa hauteur par une gouttiere; couvert d'une peau mince, un peu velue, très-adhérente à la chair; attaché à la branche par une queue fort courte; enfermant un noyau applati ſur ſes bords, très-ligneux, comme chagriné, relevé ſur un de ſes côtés de trois arrêtes, dont celle du milieu eſt plus vive & plus ſaillante, contenant une amande compoſée de deux lobes & portant ſon germe à la pointe. La groſſeur & les proportions du fruit, la couleur de ſa peau, le goût & la conſiſtance de ſa chair, le goût de ſon amande, le temps de ſa maturité, &c. varient ſuivant les eſpeces d'Abricotiers.

ESPECES ET VARIÉTÉS.

I. *ARMENIACA fructu parvo, rotundo, partim rubro, partim flavo præcoci.*
Abricot précoce. Abricot hâtif musqué. (*Pl. I.*)

Les bourgeons de l'Abricotier précoce sont gros, rouges du côté du soleil, verds du côté de l'ombre. Vers leur naissance ils sont verdâtres, tiquetés de petits points gris.

Les boutons sont gros, alongés, pointus, triples dans presque toute l'étendue du bourgeon, peu distants les uns des autres.

Les feuilles sont larges, d'un beau verd, concaves, ou creusées en cuilleron, dentelées & surdentelées peu profondément. Elles ont environ trois pouces & demi de large sur une pareille longueur. Leur queue est longue de douze à dix-huit lignes, rouge foncé du côté qui est exposé au soleil. La grosse nervure & quelquefois les nervures latérales se teignent légérement de rouge. Celles-ci naissent les unes dans un ordre alterne, les autres dans un ordre opposé, au nombre de cinq ou six principales des deux côtés de la grosse, & s'étendent aux bords de la feuille, sur laquelle elles décrivent des lignes courbes ; elles sont fort saillantes sur le dehors de la feuille ; sur le dedans, elles ne sont marquées que par des lignes d'un verd-clair, sans profondeur. L'ordre, le nombre, la direction, &c. de ces nervures étant les mêmes dans toutes les especes d'Abricotiers, nous n'en ferons plus mention.

Le fruit est petit, arrondi dans son diametre qui est de quinze lignes sur treize lignes de hauteur. Un bon terrein & l'espalier changent quelquefois ses proportions & son volume ; il s'en trouve qui ont dix-sept lignes sur leur grand diametre, quinze lignes sur leur petit diametre, & treize lignes de hauteur. Une rainure très-marquée, quoique serrée & peu profonde, divise un de ses côtés suivant sa hauteur. Sa queue longue d'environ une ligne & demie, est plantée dans une cavité étroite & profonde.

La peau est un peu amere lorsque le fruit a mûri sous les feuilles ou hors de l'arbre. Le côté de l'ombre est d'un beau jaune ; le côté opposé est d'un rouge assez chargé.

La chair est d'un jaune peu foncé, & quitte le noyau.

L'eau est assez abondante. Quelques-uns croient y trouver un petit goût musqué.

Le noyau a six lignes de hauteur, sept lignes de largeur, & six lignes d'épaisseur. Celui des gros fruits a une ligne de plus sur chaque dimension. Il est beaucoup plus renflé du côté de l'arrête que du côté opposé, où il a à peine deux lignes d'épaisseur. Son amande est amere.

Cet Abricot mûrit au commencement de Juillet.

II. *ARMENIACA fructu parvo, rotundo, albido, præcoci.*

ABRICOT blanc. ABRICOT-Pêche.

CET Abricotier est évidemment une variété du précédent, auquel il est presqu'entiérement semblable. Ses boutons sont moindres & plus courts, ayant presqu'autant de base que de hauteur. Ses feuilles sont un peu moins grandes, & leur dente-lure est moins profonde ; elles ne se creusent point en dedans ; elles se ferment plutôt en gouttiere.

Son fruit ressemble, pour la forme, à l'Abricot hâtif ; etant petit ; applati par l'extrémité où la queue est plantée, & même un peu par l'autre extrémité ; bien arrondi sur son diametre qui est de quinze à seize lignes, sur treize ou quatorze lignes de hauteur. Les plus gros ont dix-huit lignes de diametre & quinze lignes de hauteur.

La peau est couverte d'un duvet fin, plus sensible que sur les autres Abricots, moins que sur les Pêches. Le côté de l'ombre eſt d'un blanc de cire, qui jaunit foiblement en approchant du côté oppoſé. Celui-ci, lorſqu'il eſt expoſé au ſoleil, ſe colore légérement de rouge-brun. Le fruit qui mûrit ſous les feuilles demeure tout blanc.

La chair eſt fine & délicate. Le côté de l'ombre eſt blanc; l'autre côté devient d'un jaune un peu moins clair que la peau.

L'eau eſt abondante, douce, peu relevée, imitant un peu le goût d'une Pêche de médiocre bonté.

Le noyau eſt adhérent à la chair; large de huit lignes, haut de ſept lignes, épais de ſix lignes; court, preſqu'également obtus par les deux extrémités, de ſorte que ſur ſon diametre il eſt elliptique. Le côté le plus renflé eſt bordé d'une arrête fort vive, accompagnée de deux autres (quelquefois de quatre autres) moins ſaillantes. Son amande eſt amere.

Sa maturité accompagne, & ſouvent précede celle de l'Abri-cot muſqué.

On cultive cet Abricotier plutôt pour l'abondance & la pré-cocité, que pour la bonté de ſon fruit, qui dans les années froides & humides, pourrit ſur l'arbre au lieu de mûrir.

III. *ARMENIACA vulgaris, fruƐlu majori.*
ARMENIACA fruƐlu majori, nucleo amaro. Inſt.
Abricot commun. (*Pl. II.*)

L'Abricotier commun rapporte beaucoup, & devient le plus grand des Abricotiers.

Ses bourgeons forts & vigoureux ſont rouges du côté du ſoleil, verds du côté oppoſé.

Ses boutons ſont longs, pointus, triples, & ſouvent en plus grand nombre à chaque nœud.

Ses feuilles ſont grandes, d'un beau verd, dentelées aſſez pro-fondément. Leur largeur eſt d'environ quatre pouces ſur une pareille longueur.

L'Efpalier & le Plein-vent femblent faire varier fes fruits plus que ceux des autres Abricotiers, pour la groffeur, la forme & le goût. 1°. En plein-vent ils acquierent moins de groffeur, & les plus beaux excedent rarement vingt lignes fur leur grand diametre; dix-huit lignes fur leur petit diametre; & dix-neuf lignes de hauteur. Leur forme y conferve plus de régularité; leur peau y prend plus de couleur, & fe charge de taches brunes & faillantes qui les font paroître comme galeux; leur chair y devient d'un jaune foncé, qui les fait rejetter pour les confitures; mais leur goût excellent les fait préférer pour la table. 2°. En efpalier ils deviennent plus gros; mais fouvent ils s'alongent: on en trouve dont le grand diametre eft de vingt-cinq lignes, le petit diametre de vingt-trois lignes, & la hauteur de vingt-fix lignes. Ils font beaux & bien faits, lorfque leur grand diametre eft de vingt-cinq lignes, leur petit diametre de vingt-trois lignes, & leur hauteur de vingt-quatre lignes. A moins qu'on ne les dé-couvre vers le temps de leur maturité, ils fe colorent peu, leur chair eft un peu pâteufe, & leur eau peu relevée. Par les pro-portions ci-deffus, on voit que cet Abricot, foit d'efpalier, foit de plein-vent, eft applati fuivant fa hauteur. Les levres qui bor-dent fa rainure font prefque toujours inégales. Le côté qui a été vivement frappé du foleil, prend un rouge foncé, comme fi cette partie avoit été couverte d'un vernis de fang-dragon; l'autre côté fe teint d'un beau jaune foncé; & alors la chair eft d'un jaune plus ambré que la peau.

Le noyau d'un gros Abricot long d'efpalier eft haut de douze lignes, épais de fix lignes, large de onze lignes; le côté qui répond à la rainure du fruit eft relevé de trois arrêtes vives & très-faillantes. Il quitte bien la chair, excepté le long de l'arrête du milieu où il en refte un feuillet très-mince. Son amande eft amere.

La maturité de fes premiers fruits en efpalier concourt avec les derniers Abricots précoces.   IV.

IV. *ARMENIACA fructu parvo, oblongo, nucleo dulci.*

Abricot Angoumois. (*Pl. III.*)

CET Abricotier est moins grand que les précédents.

Ses bourgeons sont menus, très-longs, bruns, lisses & brillants, l'écorce du vieux bois se couvre d'un épiderme blanchâtre ou cendré.

Ses boutons sont gros, ovales, triples dans toute l'étendue du bourgeon.

Ses feuilles qui le distinguent bien de tous les autres Abricotiers, sont petites, dentelées finement & profondément, pendantes à des queues longues de quinze à vingt lignes. Les deux extrémités se terminent en pointe; elles portent plus ordinairement que les feuilles des autres Abricotiers, deux petites oreilles à leur épanouissement. Leur longueur est de trois pouces un quart, & leur largeur de deux pouces deux lignes. Celles de l'extrémité des bourgeons sont souvent elliptiques sur leur largeur, comme celles de l'Abricotier commun; mais elles s'alongent toujours du côté de la queue.

Son fruit est petit, divisé suivant sa hauteur par une gouttiere peu marquée, plus sensible par l'inégalité des levres qui la bordent, que par sa profondeur; elle se termine à la tête du fruit par un petit applatissement, & à l'autre extrémité par une cavité étroite & profonde, dans laquelle s'implante la queue longue d'environ deux lignes. Son grand diametre est de quatorze à quinze lignes; son petit diametre de treize à quatorze lignes; & sa hauteur quelquefois moindre, quelquefois plus grande, le plus souvent égale à son grand diametre: quelles que soient ses dimensions, sa forme est ordinairement alongée.

Sa peau, du côté du soleil, est d'un beau rouge foncé tiqueté de pourpre; le côté de l'ombre est d'un jaune-rougeâtre.

Tome I. S

Sa chair eſt fondante, d'un jaune preſque rouge.

Son eau eſt abondante, vineuſe, d'un goût très-relevé & agréable, quelquefois aiguiſé d'un peu d'acide.

Son noyau n'eſt point du tout adhérent à la chair; ſa hauteur eſt de ſept lignes & demie, ſa largeur de ſept lignes, & ſon épaiſſeur de quatre lignes & demie. Etant vu à plat, il paroît preſque rond. L'amande eſt douce & agréable à manger, ayant le goût d'une aveline nouvelle; ſa peau même a très - peu d'amertume.

Cet Abricot mûrit vers la mi-Juillet, avant l'Abricot commun.

V. *ARMENIACA fruĉtu parvo , rotundo , nucleo dulci amygdalinum ſimul & avellaneum ſaporem referente.*

A b r i c o t de Hollande. Amande-Aveline. (*Pl. IV.*)

L'Abricotier de Hollande eſt inférieur en grandeur à l'Abricotier Angoumois. Il eſt très-fécond, & manque rarement à rapporter, ſur-tout lorſqu'il eſt en eſpalier, & greffé ſur le Prunier de Ceriſette : greffé ſur le Prunier de Saint-Julien, il donne moins de fruit, mais il le donne plus gros.

Le bourgeon eſt aſſez gros, rouge-clair du côté du ſoleil, vert du côté de l'ombre, tiqueté de très-petits points gris.

Le bouton eſt alongé, pointu, triple dans toute l'étendue du bourgeon.

Les feuilles ſont, les unes de longueur égale à leur largeur, deux pouces dix lignes; la plupart beaucoup plus longues que larges, trois pouces ſur deux pouces quatre lignes; la groſſe nervure les partage preſque toutes inégalement. Leur dentelure eſt fine, aiguë, imitant les dents d'une ſcie. Elles pendent à des queues longues de douze à dix-huit lignes, dont quelques-unes ſont lavées d'un rouge vif, les autres ſont vertes.

Le fruit eſt petit, d'une forme preſque exactement ronde, ayant quinze lignes de hauteur ſur quatorze lignes & demie de diametre. Quelquefois il a un côté un peu moins gros que l'autre, ou un petit & un grand diametre ; mais la différence n'eſt jamais fort ſenſible. La cavité où la queue s'implante, eſt profonde. La gouttiere eſt bien marquée, mais peu enfoncée ; & rarement les levres qui la bordent ſont inégales.

La peau eſt d'un beau jaune du côté de l'ombre ; l'autre côté ſe teint fortement de rouge, & ſe charge, même en eſpalier, de petites taches brunes ſaillantes.

La chair eſt d'un jaune foncé.

L'eau eſt d'un goût relevé & excellent.

Le noyau eſt long de ſept lignes, large d'autant, & épais de quatre lignes & demie. Son amande eſt douce & d'un goût très-agréable d'Aveline, ſuivi d'un arriere-goût d'Amande douce.

Cet Abricot, l'un des plus excellents, mûrit peu après la mi-Juillet en eſpalier.

VI. *ARMENIACA fructu parvo, compreſſo, nucleo dulci.*

Abricot de Provence. (*Pl. IV. Fig. P.*)

Cet Abricotier eſt à peu-près de la même grandeur que le précédent. Sa fécondité eſt un peu moindre.

Ses bourgeons ſont longs, de moyenne groſſeur, très-liſſes, d'un rouge-clair, mais vif du côté du ſoleil, verts du côté de l'ombre, très-peu tiquetés.

Ses boutons ſont gros, pointus, triples ; quelques nœuds en portent des groupes de quatre à huit raſſemblés ſur un même ſupport.

Ses feuilles ſont petites, rondes, terminées par une pointe aſſez large, toujours repliée en dehors. Leur largeur eſt de deux pouces un tiers, & leur longueur de deux pouces & demi. La dentelure & furdentelure eſt obtuſe & très-peu profonde. Les queues longues de huit à douze lignes ſont d'un rouge foncé.

Son fruit eſt petit, applati; les plus gros ont quinze lignes de hauteur, ſeize lignes de largeur, & quatorze lignes d'épaiſſeur. Une rainure profonde diviſe un de ſes côtés; & une des levres qui la bordent eſt beaucoup plus avancée que l'autre.

Sa peau eſt jaune du côté de l'ombre; le côté du ſoleil eſt d'un beau rouge vif, qui ſe charge en eſpalier.

Sa chair eſt d'un jaune très-foncé.

Son eau eſt peu abondante, mais d'un goût fin, vineux & relevé.

Son noyau eſt brun, raboteux ou ſablé. Il eſt haut de ſept lignes & demie, large de ſix lignes, épais de quatre lignes & demie. Il contient une amande douce.

Sa maturité eſt à la mi-Juillet en eſpalier.

VII. *ARMENIACA fructu parvo, rotundo, hinc flavo, inde rubeſcente.*

A B R I C O T de Portugal. (*Pl. V.*)

L'ARBRE eſt aſſez fécond; ſa grandeur n'égale jamais celle de l'Abricotier commun.

Les bourgeons ſont aſſez gros, rougeâtres, très-tiquetés de fort petits points gris.

Les boutons ſont petits, pointus, triples; ſouvent on en trouve de quatre à huit groupés ſur un même nœud.

Les fleurs ſe teignent légérement de rouge; beaucoup ſont à ſix pétales.

Les feuilles ſont petites, alongées, dentelées très - finement & peu profondément. Elles s'élargiſſent beaucoup moins à leur épanouiſſement que celles des autres Abricotiers, excepté celles de l'Abricotier Angoumois. L'autre extrémité ſe termine preſque réguliérement en pointe. Leur longueur eſt de trois pouces, & leur largeur de deux pouces trois lignes; la queue longue de six à douze lignes, & une partie des nervures sont d'un rouge foncé.

Le fruit est petit, de forme ronde, ayant quinze lignes de diametre, & une hauteur très-peu moindre. Souvent il n'a que treize lignes de diametre sur une hauteur égale. La gouttiere qui le divise de la tête à la queue, est bien marquée, quoique rarement profonde; & les deux levres qui la bordent sont égales.

La peau est cassante, quelquefois un peu amere; d'un jaune clair; le côté du soleil prend très-peu de couleur, & se charge de quelques petites taches saillantes, les unes rouges, les autres brunes.

La chair est d'un jaune peu foncé, fine, délicate, un peu adhérente au noyau.

L'eau est abondante, d'un goût relevé, qui fait regarder cet Abricot comme un des meilleurs.

Le noyau est presque lisse, long de huit lignes & demie, large de sept lignes, épais de cinq lignes. Son amande est amere.

Ce petit Abricot mûrit vers la mi-Août.

VIII. *ARMENIACA fructu parvo, compresso, hinc violaceo, indè è flavo rubescente, nucleo dulci.*

Abricot violet.

La couleur des bourgeons de cet Abricotier, & la forme de ses feuilles, le font regarder comme une variété de l'Abricotier Angoumois, ou de celui de Portugal.

Son fruit est petit, ayant au plus dix-huit lignes de hauteur, dix-huit lignes sur son grand diametre, & seize lignes sur son petit diametre.

Sa peau est d'un rouge tirant sur le violet du côté du soleil,

& d'un jaune-rougeâtre, quelquefois couleur de bois du côté de l'ombre.

Sa chair est d'un jaune approchant du rouge, assez semblable à celle des melons qu'on nomme à *chair rouge*.

Son eau est sucrée, peu abondante & peu relevée.

Son noyau un peu adhérent à la chair est long de neuf lignes, large de huit lignes, épais de cinq lignes. Son bois est tendre, & son amande est douce.

Cet Abricotier se cultive plus par curiosité que pour la bonté de son fruit, qui mûrit dans le commencement d'Août.

On cultive à Trianon un petit Abricotier dont les bourgeons font menus, longuets, verts du côté de l'ombre, violets de l'autre côté. Ses feuilles petites, larges du côté de la queue, se terminent presque comme une feuille de Prunier à l'autre extrémité; elles font d'un vert plus foncé que celles d'aucun autre Abricotier. Son fruit est, par la peau, d'un brun foncé approchant du noir; la chair est d'un rouge-brun très-foncé. Le goût de ce petit fruit est agréable : on le nomme *Abricot noir*.

IX. *ARMENIACA fructu parvo, compresso, è flavo hinc nonnihil rufescente, inde virescente.*

ALBERGE. ABRICOT-Alberge.

CET Abricotier devient aussi grand que le commun; il est plus garni de bois, & réussit mieux en plein-vent qu'en espalier.

Ses bourgeons font menus, lisses, presqu'entiérement rouges, n'ayant que très-peu de vert du côté de l'ombre.

Ses boutons font gros, pointus, la plupart simples, montés sur des supports très-saillants.

Ses feuilles font petites, larges du côté de la queue, & ordinairement accompagnées de deux petites oreilles à leur épanouissement; elles se terminent presque réguliérement en pointe

fort longue qui fe replie en dehors. Les bords font dentelés
profondément & furdentelés. Leur longueur eft de trois pouces
un quart, & leur largeur de deux pouces huit lignes. Quelques-
unes font beaucoup plus larges à proportion de leur longueur.
Le pédicule long de dix à quinze lignes, une partie de la groffe
arrête, & même des petites nervures, font teints d'un rouge
foncé.

Son fruit eft petit, applati fuivant fa hauteur, diminuant un
peu de groffeur à la tête. Sa gouttiere eft ordinairement à peine
fenfible. Sa queue eft implantée dans une cavité étroite & profonde. Il a quinze lignes de hauteur, un peu moins fur fon grand
diametre, & treize lignes fur fon petit diametre. Les plus gros
ont environ une ligne de plus fur chaque dimenfion.

Sa peau eft d'un vert-jaunâtre à l'ombre. Le côté du foleil eft
d'un jaune foncé couleur de bois, fe couvre de très-petites taches
rougeâtres femblables à de gros points faillants; & rarement
prend un peu de rouge.

Sa chair eft fort tendre, prefque fondante, d'un jaune très-
foncé & rougeâtre.

Son eau eft abondante, d'un goût vineux, relevé, mêlé d'un
peu d'amertume qui n'eft pas défagréable.

Son noyau eft grand & plat, haut de neuf lignes & demie,
large de neuf lignes, épais de quatre lignes & demie. Dans quelques terreins il eft moins gros. Son amande eft groffe, bien nourrie & amere.

Sa maturité eft à la mi-Août.

Comme l'Albergier fe multiplie ordinairement par les femences, il fe trouve quelques différences dans les feuilles & dans quelques parties des individus; mais elles ne font pas fuffifantes pour
former des variétés. Le plus eftimé de tous eft l'Albergier de
Mongamet. On prétend qu'il ne réuffit bien que dans ce village,
& dans les environs de Tours où les Albergiers font très-communs.

X. *ARMENIACA fructu maximo, compreſſo, hinc fulvo, indè rubeſcente.*

Abricot de Nancy. (*Pl. VI.*)

Cet Abricotier égale, ou même ſurpaſſe en grandeur l'Abricotier commun.

Les bourgeons ſont gros & forts, rouges du côté du ſoleil, verts de l'autre côté, très-tiquetés de points gris. La couleur rouge eſt plus foncée que ſur les bourgeons de l'Abricotier de Hollande & de celui de Provence.

Les boutons ſont gros, cours, très-larges par la baſe, triples, ſouvent raſſemblés par groupes de cinq ou ſix, peu diſtants les uns des autres.

Les feuilles ſont grandes, larges & plus arrondies vers la queue que celles de l'Albergier, terminées preſque réguliérement par une pointe longue & étroite. La dentelure des bords varie; ſur les unes elle eſt aiguë & très-profonde, ſur d'autres elle eſt obtuſe & peu profonde. Leur longueur eſt de trois pouces neuf lignes à quatre pouces ſix lignes, & leur largeur de trois pouces à trois pouces neuf lignes. La queue, teinte d'un beau rouge, eſt groſſe, longue de vingt lignes à deux pouces. Souvent elles ſont garnies de deux petites oreilles à leur épanouiſſement. Elles ſont d'un vert plus clair que celles d'Albergier auxquelles elles reſſemblent beaucoup.

Le fruit eſt beaucoup plus gros que celui de l'Abricotier commun. Il eſt ordinaire d'en trouver en plein-vent qui ont deux pouces huit lignes de hauteur; autant ſur leur grand diametre, & de vingt à vingt-quatre lignes ſur leur petit diametre. Leur forme eſt applatie, rarement décidée & réguliere. Les uns ſont elliptiques ſuivant leur hauteur; les autres ſont beaucoup moins gros par la tête que par l'autre extrémité; ceux-ci ſont ovalaires ſuivant leur diametre, & non de la tête à la queue; ceux-là repréſentent un ovale dont les extrémités ne ſont ni à la tête ni

à

à la tête ni à la queue, ni au milieu de leur hauteur, mais placées obliquement. La queue est plantée dans une cavité ronde, étroite, peu profonde. La gouttiere n'est ordinairement creusée que vers la queue ; à mesure qu'elle s'avance vers la tête, elle se remplit & devient imperceptible.

La peau du côté de l'ombre est d'un jaune fauve, souvent mêlé d'un peu de vert, lorsque l'arbre est planté en espalier. Le côté du soleil est fauve & prend un peu de rouge.

La chair est d'un jaune tirant sur le rouge, très-fondante, ne devenant ni seche ni pâteuse dans l'extrême maturité du fruit.

L'eau est abondante, d'un goût relevé, très-agréable, & particulier à cet Abricot.

Le noyau est grand, plat, plus raboteux que celui de l'Abricot commun, beaucoup plus renflé du côté qui est relevé de trois arrêtes très-saillantes. Le noyau de l'Abricot dont j'ai donné les dimensions ci-dessus est long de quatorze lignes, large de douze lignes, épais de sept lignes. L'amande est amere.

Cet Abricot qui, par sa grosseur & son goût excellent mérite la premiere place, mûrit à la mi-Août. Quelques-uns lui donnent le nom d'*Abricot-Péche*.

Nous pourrions ajouter plusieurs autres Abricotiers, dont les uns ne sont que des variétés peu différentes de ceux que nous avons décrits ; tel est l'Abricotier à feuilles panachées que ce caractere seul distingue de l'Abricotier commun. Les autres réussissent mal dans notre climat ; tel est l'Abricotier d'Alexandrie, dont les fleurs trop empressées d'annoncer le printemps, sont presque toujours ruinées par la gelée ; de sorte qu'il donne rarement du fruit, qui est petit, rond, fort coloré, & de fort bon goût.

C U L T U R E.

1°. Les femences perpétuent l'Albergier fans varier, ou avec peu de différence. Celles de tous les autres Abricotiers produifent rarement leurs efpeces. Les Arbres qui en proviennent ont ordinairement les feuilles petites ; & leurs fruits peu abondants & dégénérés de groffeur, ont un goût un peu amer & fauvage qui les rend plus propres à la confiture qu'à être mangés cruds. Mais ces arbres font d'excellents fujets pour recevoir la greffe des Abricotiers francs, des Pêchers & des Pruniers.

2°. L'Abricotier fe greffe en fente fur le Prunier, & mieux en écuffon à œil dormant fur le fauvageon d'Abricotier & fur le Prunier. L'Abricotier de Nancy réuffit très-bien fur l'Amandier. L'Angoumois & l'Alberge s'y greffent auffi, mais l'écuffon fe détache facilement.

3°. On éleve l'Abricotier en plein-vent, foit en buiffon, foit à haute tige. Si fon fruit y perd de fa groffeur, il y acquiert plus de couleur & un goût plus relevé, qui le fait préférer pour être mangé crud. Mais cet arbre en plein-vent manque fouvent de rapporter, s'il n'eft planté dans un petit jardin clos de murs, dans une cour, ou quelque autre endroit abrité & propre à préferver fa fleur des gelées qui fouvent l'endommagent dans les grands jardins & les terreins découverts. Pour s'affurer du fruit tous les ans, il faut planter l'Abricotier en efpalier. Toutes les expofitions lui conviennent ; à celle du Nord même, fa fleur s'ouvrant plus tard, court moins de rifques, & fon fruit ne prenant point de couleur, eft plus propre pour la confiture qu'on defire d'un jaune-clair ou peu ambrée. Cependant les expofitions du Levant & du Midi lui font les plus favorables.

4°. L'Abricotier fe plaît dans une terre chaude, légere, fablonneufe, profonde, & s'accommode de toutes fortes de terreins, fur-tout s'il eft greffé fur l'Abricotier de noyau.

5°. Cet arbre prenant rarement une forme réguliere en plein-vent, il a befoin de quelque élagage ou taille fimple. En efpalier, il fe taille fuivant les regles générales. Lorfque le bois eft trop vieux, & que le fruit dégénere, il eft bon de rapprocher l'arbre, qui reperce facilement, fe rajeunit & fe renouvelle.

USAGES.

L'Abricot fe mange crud, en compotes, confit entier, en quartiers, en marmelade, en pâtes, à l'eau-de-vie, &c. On en fait fécher au four qui fervent à faire des compotes pendant l'hiver. Lorfque le fruit a noué trop abondamment, on en dé-tache une partie avant que le noyau foit formé, & on en fait des compotes qui font encore moins agréables que celles d'Amandes. On fait de fort bon ratafiat avec l'amande de l'Abricot, & même avec le bois de fon noyau.

Abricot Hâtif.

Abricot Commun.

L. B. del. Mesnil Sculp

Mag. Basseporte del.   C.te Houssard Sculp.

Abricot Angoumois.

Abricot de Hollande.

L.B.del.   *E.th Haussard Sculp*

Abricot de Portugal.

L.B. del.   Ménil Sculp.

Abricot de Nancy.

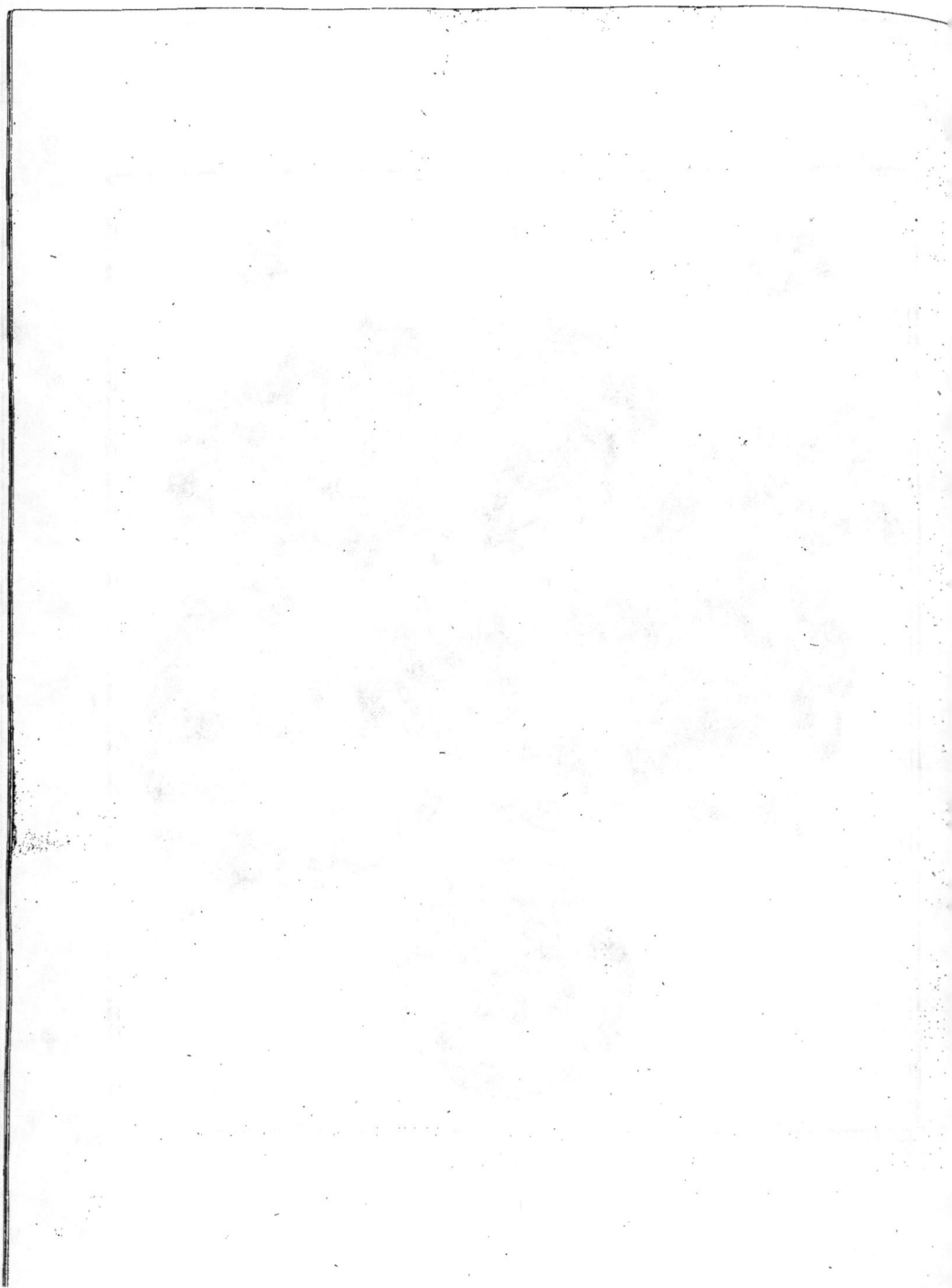

BERBERIS,
ÉPINE-VINETTE.

DESCRIPTION.

BERBERIS dumetorum fructu rubro.
ÉPINE-VINETTE, à fruit rouge.

L'ÉPINE-VINETTE accusée, je crois sans fondement, par les Laboureurs de nuire à la fleur du bled, bannie des haies mêmes qui ferment leurs héritages, reléguée dans les bois & les clôtures des mauvais terreins, l'Epine-vinette doit trouver place dans ce Traité, à cause de l'usage que l'on fait de son fruit, qui se confit en grain, en gelée, en pâte, en conserve, en sirop, &c.

Cet Arbrisseau forme une touffe considérable, & s'éleve à cinq ou six pieds.

Les bourgeons sont droits, longs, gros, cannelés, de couleur fauve. Le liber est jaune.

Les boutons sont couverts d'écailles de couleur de rose, placés alternativement sur les bourgeons. Leur support est gros & large, terminé par trois épines fortes & très-aiguës, dont la plus grande, longue de six à huit lignes, s'éleve perpendiculairement sur la branche; les deux autres qui naissent du pied de la grosse, font avec elle un angle droit de chaque côté, & coupent la branche horizontalement. Quelques supports sont armés de quatre ou cinq épines rangées comme des rayons d'un demi-cercle.

De chaque bouton qui s'ouvre au printemps, il se développe de trois à six feuilles, & il sort d'entre elles une branche, si c'est un œil à bois; ou une grappe de fleurs, si c'est un bouton à fruit. Plus communément il se développe quatre feuilles dont deux sont petites, & presque de la forme d'une raquette. Les deux autres beaucoup plus grandes sont longues d'environ deux pouces, larges d'un pouce; aiguës du côté de la queue qui est fort courte; s'élargissant assez réguliérement jusqu'à la moitié de leur longueur, & se terminant presqu'ovalairement. Les nervures sont en petit nombre & très-peu saillantes. Les bords sont crenelés peu profondément, plutôt que dentelés. Chaque dent ou crenelure est terminée par une petite épine molle, fine comme un petit poil, longue de demi-ligne. Cette petite épine & tout le bord de la feuille sont légérement teints de rouge. Les feuilles sont épaisses, fermes, d'un vert-bleuâtre en-dedans, d'un vert-gai presque blanc en-dehors, d'une odeur forte & désagréable.

Les fleurs, qui sont de même odeur que les feuilles, s'épanouissent au commencement de Mai. Elles sont disposées en grappe de douze à trente fleurs, dont la rafle & les pédicules sont rouges & très-menus. En les étendant, car elles ne s'ouvrent qu'à demi, elles ont environ deux lignes & demie de diametre. Elles sont composées 1°. d'un calyce ou périanthe à six pieces, dont trois sont rouges & très-petites; les trois autres sont longues de deux lignes, larges d'une ligne, très-creusées en cuilleron, d'un jaune fort clair: 2°. de six pétales de deux lignes de longueur sur un peu plus d'une ligne de largeur, creusés en cuilleron, froncés par les bords, d'un jaune-pâle; à chaque côté de l'onglet est une petite glande d'un jaune foncé: 3°. de six étamines qui se couchent sur les pétales & prennent naissance à leur onglet: si l'on touche à cet endroit de l'onglet, les étamines s'approchent du pistil, & les pétales suivant ordinairement le mouvement des étamines, la fleur se ferme: 4°. d'un pistil cylindrique vert-clair,

long d'une ligne, furmonté d'un ftigmate applati. Ce piftil devient une baie ou fruit charnu.

Le fruit vient par grappes; il eft de forme cylindrique, arrondi
par les extrémités, attaché à la rafle par une queue très-menue,
longue de deux à quatre lignes, terminé par un petit ombilic
noir très-faillant; il eft applati fuivant fa longueur, fon diametre
étant fur un fens moindre que fur l'autre d'environ demi-ligne.

La peau eft dure, liffe, luifante, d'un beau rouge, tirant un
peu fur le violet dans l'extrême maturité du fruit.

La chair eft très-fondante, d'un rouge-clair.

L'eau eft abondante, d'un aigrelet vif que le feu & le fucre
moderent & rendent très-agréable.

Les pepins font longs, très-durs, d'un brun-clair, noirs aux
deux extrémités, d'un goût âcre.

Sa maturité eft vers le commencement de Novembre.

Lorfque cet Arbriffeau eft planté dans un potager ou dans un
bon terrein, il devient plus grand, plus touffu, & fon fruit eft
plus gros que dans les haies & les mauvais terreins. On y trouve
des grappes de plus de trente grains, dont la plupart excedent fix
lignes de longueur, & trois lignes fur leur grand diametre.

L'Epine-vinette fans pepin *Berberis fine nucleo C. B. Pin.*
eft celle qui mérite le plus d'être cultivée. Les Botaniftes la
regardent comme une variété de la précédente, quoiqu'elle ne
conferve pas conftamment fon caractere diftinctif. Lorfqu'on en
tranfplante un pied dans un potager, il pouffe des bourgeons
vigoureux, produit de beau fruit, mais chaque grain a deux pepins. Quelques années après, lorfqu'il a formé fa touffe, & qu'il
pouffe moins vigoureufement, on ne trouve plus qu'un pepin
dans la plupart des grains. Enfin lorfqu'il commence à être vieux,
il donne fon fruit fans pepin, comme avant d'être tranfplanté.
Cette variété fe trouve dans la forêt de Lions, dans plufieurs
endroits du Vexin Normand & des environs de Rouen. Les

confitures d'Epine-vinette ſans pepin qui ſe font dans cette Ville ſont fort connues. L'Epine-vinette commune dans les environs de Paris & ailleurs, ne donne point de fruit ſans pepin, même ſur les plus vieux pieds.

Les autres variétés d'Epine-vinette, à fruit violet, à fruit blanc, à larges feuilles, à feuilles de buis, &c, ſe cultivent plus par curioſité que pour l'utilité : mais on peut regretter que M. Tournefort ait laiſſé ſur les bords de l'Euphrate l'Epine-vinette à fruit noir *Berberis Orientalis procerior fructu nigro ſuaviſſimo. Cor. Inſt.* & qu'il n'ait pas enrichi notre climat d'un Arbriſſeau qui paroît mériter d'être connu.

L'Epine-vinette n'exige aucune culture, moins encore d'être taillée. Plus on la taille, moins elle rapporte de fruit. Elle ſe multiplie par les ſemences, les pieds éclatés, les drageons en-racinés,

CERASUS,

L. B. del.   *B.L.Henriquez Sculp*

Epine - Vinette.

CERASUS,
CERISIER.

DESCRIPTION GÉNÉRIQUE.

Cerisier est un nom générique, commun à une famille composée de différentes especes & variétés, qui toutes ont les caracteres suivants.

1°. Le tronc & les branches de tous les Cerisiers sont couverts de quatre écorces; la premiere, qui enveloppe les autres, est coriacée, forte & solide; la seconde est aussi coriacée, mais plus mince & moins dure que la premiere; la troisieme est très-mince, spongieuse, & presque sans consistance. La direction des fibres de ces trois écorces est transversale, circulaire, ou spirale. La quatrieme est une substance blanche, spongieuse, dont la direction des fibres est suivant la longueur des branches.

2°. Tous les Cerisiers ont trois sortes de boutons; boutons à bois, boutons à feuilles, & boutons à fruit. Les boutons à bois sont moins gros & plus pointus que les autres, & ordinairement placés à l'extrémité des branches qui en portent plus ou moins, suivant la vigueur de l'arbre. Comme ils ne servent qu'à multiplier les branches, on ne trouve que cette sorte de boutons sur les jeunes arbres. Les boutons à feuilles sont un peu plus gros & plus obtus que ceux à bois; ils sont placés le long des jeunes branches, & principalement sur de petites branches courtes, grosses, peu unies, ou comme raboteuses. De ces boutons il sort huit ou dix feuilles, dans les aisselles desquelles il se forme pour

Tome I.   V

l'année fuivante d'autres boutons à feuilles & des boutons à fruit, qui font difpofés de forte qu'il y a un bouton à fruit à côté d'un bouton à feuille, ou un bouton à fruit entre deux à feuilles, ou un à feuilles entre deux à fruit. Les boutons à fruit font les plus gros & les plus obtus de tous. Ces trois fortes de boutons font d'autant plus difficiles à diftinguer pendant l'hiver, qu'il y a des efpeces de Cerifiers dont tous les boutons font un peu pointus; d'autres dont tous les boutons font un peu obtus; de forte qu'on ne peut les reconnoître que par comparaifon du plus au moins.

3°. Les feuilles des Cerifiers font pliées en deux dans le bouton. Sur les branches, elles font placées alternativement. Leur forme eft oblongue, ou prefqu'ovale alongée, terminée en pointe par les extrémités. Le deffous d'un vert plus clair que le deffus, eft relevé d'une groffe nervure, des deux côtés de laquelle il en fort fept ou huit moindres, qui fe ramifient en un grand nombre de très-petites. Le deffus eft creufé de fillons correfpondants aux nervures du deffous. La grandeur, l'épaiffeur, la dentelure, la nuance du vert, &c. varient fuivant les efpeces. A l'extrémité du pédicule, près de l'épanouiffement de la feuille, il y a prefque toujours deux petites éminences en forme de glandes teintes de rouge.

4°. Les fleurs des Cerifiers s'épanouiffent à la fin de Mars ou au commencement d'Avril. Elles font hermaphrodites, fupportées par des queues plus ou moins longues, & il en fort ordinairement plufieurs d'un même bouton. Elles font compofées 1°. d'un calyce en godet, qui eft divifé par le haut en cinq fegments ou échancrures creufées en cuilleron, qui, lorfque la fleur eft ouverte, fe rabattent fur le godet, ou fur la portion du calyce qui refte entiere. Ce calyce eft percé par le fond, & quelquefois étant enfilé par la queue, il y refte defféché jufqu'à la maturité du fruit: 2°. de cinq pétales arrondis, minces, plus ou moins grands fuivant l'efpece, attachés par un onglet fort menu aux angles que forment les échancrures du calyce; ils font blancs & fe teignent de rouge lorfqu'ils font prêts à tomber: 3°. de vingt à trente étàmines terminées par des fommets en forme d'olive, & attachées aux parois intérieures du calyce par des filets déliés de différente longueur : 4°. d'un embryon placé au fond du calyce, arrondi, furmonté d'un ftyle qui eft terminé par un ftigmate obtus.

5°. Le fruit du Cerifier eft fucculent, couvert d'une peau mince, unie & liffe. Au milieu on trouve un noyau dur & ligneux qui renferme une amande compofée de deux lobes & d'un germe. La groffeur, la forme, la couleur, le goût, &c. du fruit, varient fuivant l'efpece.

Nous partagerons les Cerifiers en deux claffes. La premiere contiendra les Cerifiers à fruit en cœur; & la feconde, les Cerifiers à fruit rond.

PREMIERE CLASSE.

CERISIERS à fruit en cœur.

Les Cerisiers de cette claffe font de grands arbres qui s'é-levent droits, foutiennent bien leurs branches, laiffent pendre leurs grandes feuilles dentelées profondément, & leurs fleurs qui s'ouvrent peu. Leurs fruits, de la forme defquels ils tirent leur nom & leur principal caractere, font amers, ou doux & fucrés, couverts d'une peau adhérente à la chair. Les principales efpeces contenues dans cette claffe, font les Merifiers, les Guigniers & les Bigarreautiers.

MERISIERS.

I. *CERASUS major fylveftris fructu cordato minimo, fubdulci, aut infulfo,* MERISIER à petit fruit.

CET arbre devient le plus grand de tous ceux de fon genre. Il foutient bien fes branches qui s'étendent fans confufion.

Ses bourgeons font forts & vigoureux; leur écorce eft claire, unie & brillante.

Ses boutons, affez écartés les uns des autres, font longs & pointus.

Ses fleurs font pendantes, peu ouvertes. En les étendant, elles ont quatorze ou quinze lignes de diametre. Le pétale eft très-blanc, long d'environ fept lignes, large de quatre lignes & demie, un peu froncé par les bords, & fendu ou comme taillé en cœur par l'extrémité. Elles fortent deux ou trois d'un même bouton: leur pédicule eft menu, long de quinze lignes.

Ses feuilles font grandes, longues de quatre à cinq pouces, larges de deux ou deux pouces & demi, d'un vert brillant par deffus, d'un vert-blanchâtre par deffous, pliées en gouttiere, dentelées & furdentelées par les bords, pendantes à des pédicules longs d'environ deux pouces & demi, menus & trop foibles pour les foutenir.

Son fruit eft très-petit, ayant environ cinq lignes de hauteur fur un diametre de quatre lignes, prefqu'également large par les deux extrémités; ce qui rend fa forme plus approchante d'un ovale que d'un cœur. Il eft divifé fuivant fa hauteur par une gout-tiere très-peu marquée.

La peau eft blanche, rouge, noire, fuivant la variété de Me-rifier, ou fuivant le degré de maturité du fruit qui prend fuccef-fivement ces trois couleurs, fi c'eft une variété à fruit noir. Les variétés de fruit rouge deviennent d'un brun très-foncé, ou noires dans leur exceffive maturité; mais cette couleur fe borne à la peau, fans fe communiquer à la chair, à l'eau & au noyau.

La chair eft feche, en très-petite quantité.

L'eau eft âcre, & devient fade dans l'extrême maturité du fruit.

Le noyau eft ovale, fort adhérent à la chair, gros par rapport au volume du fruit.

Ce petit fruit qu'on abandonne aux oifeaux, mûrit vers la fin de Juin. Il eft fi léger qu'il pend beaucoup moins que les fruits de la même claffe.

Comme le Merifier s'éleve & fe multiplie de noyaux dans les bois où il fe plaît, on en trouve un grand nombre de variétés, à peu-près également méprifables pour le fruit. On le cultive dans les pépinieres pour former des fujets fur lefquels on peut greffer toutes les efpeces de Cerifiers. La greffe fe décolle facilement de la variété à petit fruit noir.

II. *CERASUS major, fylveftris, flore pleno.*
CERASUS major ac fylveftris multiplici flore. **H. R. P.**
Merisier à fleur double.

Ce Merisier ne differe point du précédent par le port & par le feuillage. Il ne devient pas auffi grand. Ses bourgeons font plus courts & plus garnis de boutons. Le diametre de fes fleurs eft de neuf à dix-huit lignes. Elles font compofées d'une quarantaine de pétales difpofés en rofe, d'environ trente étamines, & d'un piftil monftrueux formé de deux petites feuilles repliées qui s'embraffent l'une l'autre. Cet Arbre, la merveille, ou l'une des principales merveilles du printemps, fleurit à la fin d'Avril, ou au commencement de Mai. Comme il ne produit point de fruit, je ne m'étendrai pas davantage fur fa defcription.

III. *CERASUS major fylveftris fructu cordato, nigro, fubdulci.*
CERASUS major ac fylveftris, fructu fubdulci, nigro colore
inficiente. C. B. P.

MERISIER à gros fruit noir.

CETTE variété ne parvient pas à la grandeur des Merifiers à
petit fruit. Ses bourgeons font moins forts, & d'une couleur plus
brune. Ses feuilles font d'un vert plus foncé; les nervures font
ordinairement teintes ou tachées d'une couleur rouge, qui fouvent eft fenfible dans les fillons correfpondants de l'autre côté.
Ses fleurs fortent trois ou quatre d'un même œil, s'ouvrent davantage, font un peu moins grandes (treize lignes de diametre):
le pétale plus arrondi, long de fix lignes, large de fept lignes,
eft d'un blanc moins pur; une partie du calyce & fes échancrures font d'un rouge vif. Les pédicules font affez gros.

Son fruit furpaffe de beaucoup en groffeur celui des autres Merifiers, & approche des petites Guignes. Il eft alongé, & pend
à de grandes queues.

La peau eft fine, noire lorfque le fruit eft bien mûr.

La chair eft tendre, mollaffe, d'un rouge foncé.

L'eau eft de même couleur que la chair, abondante, douce
& fucrée, mais un peu fade.

Le noyau eft gros & teint de rouge.

On cultive ce Merifier pour le fruit, dont les Liquoriftes fe
fervent pour colorer les ratafiats, & adoucir l'âcreté de l'eau-de-
vie & des autres fruits.

GUIGNIERS.

I. *CERASUS major hortenfis fructu cordato, nigricante, carne tener á & aquofd.*

GUIGNIER à fruit noir. (*Pl. I. Fig. 1.*)

LE GUIGNIER, d'une taille un peu inférieure à celle du

Merifier, eft beaucoup plus touffu. Ses branches font plus menues & très-garnies de feuilles, ce qui fait qu'elles pendent un peu, & fe foutiennent moins bien que celles du Merifier.

Ses bourgeons font affez forts, & leur écorce eft brune.

Ses boutons font longs, médiocrement gros, bien arrondis fur leur diametre.

Ses fleurs s'ouvrent peu. Les pétales font très-minces, longs de fix lignes, larges de cinq lignes, un peu creufés en cuilleron; leur extrémité eft moins fendue en cœur que dans le Merifier.

Ses feuilles font grandes, prefqu'ovales, plus étroites vers la queue qu'à l'autre extrémité, qui eft terminée par une pointe aiguë & affez longue. Les bords font dentelés profondément & furdentelés. Le deffus eft d'un vert-foncé, creufé de fillons peu profonds; le deffous eft d'un vert-clair; la groffe arrête eft très-faillante; les nervures latérales, au nombre de dix à douze, font affez relevées, mais très-déliées. Les grandes feuilles des branches à fruit ont trois pouces fept lignes de longueur, & dix-neuf lignes de largeur; les queues font longues de quinze à vingt lignes. La longueur des grandes feuilles des bourgeons eft d'environ quatre pouces & demi; la largeur de deux pouces & demi; la longueur de la queue eft de vingt-fept lignes. Elles font pendantes & fe plient en gouttiere en dedans.

Son fruit eft bien figuré en cœur, applati, beaucoup plus gros du côté de la queue que du côté de la tête. Sa hauteur eft de neuf lignes; fon grand diametre de huit lignes & demie; & fon petit diametre de fept lignes. Sa queue, longue de treize à dix-huit lignes, eft plantée dans un enfoncement affez large & peu creufé. Il eft divifé fuivant fa hauteur par un applatiffement ou raînure très-peu marquée.

La peau eft fine, femée de petites inégalités; lorfque le fruit eft à fon dernier degré de maturité, elle eft d'un brun très-foncé, prefque noir. La chair eft d'un rouge très-foncé, un peu mollaffe.

L'eau eſt teinte de la même couleur, douce, & un peu inſipide.

Mais ſouvent on cueille cette Guigne lorſque ſa peau n'eſt que d'un rouge foncé; & alors ſa chair eſt ferme & rouge. Son eau eſt pareillement rouge & aſſez agréable, quoiqu'un peu ſure.

Le noyau eſt gros, adhérent à la chair, blanc ou très-légére-ment teint, long de ſix lignes, large de quatre lignes & demie, épais de trois lignes.

Cette Guigne mûrit dans le commencement de Juin; elle ſeroit plus eſtimée, ſi la Ceriſe ronde hâtive ne paroiſſoit pas en même temps.

II. *CERASUS major hortenſis fruⅽtu cordato minore, nigricante, carne aquoſâ & ſubdulci.*

G U I G N I E R à petit fruit noir. (*Pl. I. Fig. 2.*)

CET Arbre eſt une variété du précédent dont il ne differe ſenſiblement que par le fruit, qui eſt moins gros & moins alongé. Sa hauteur eſt de ſept lignes; ſon grand diametre de huit lignes, & ſon petit diametre de ſept lignes; de ſorte que vu ſur ſon grand diametre, il a plus de largeur que de hauteur. Sa gouttiere eſt peu marquée, & comme diviſée en deux, ſuivant ſa longueur, par une petite boſſe ou côte qui s'étend de la tête à la queue. La queue eſt menue, longue de quinze à vingt lignes, plantée dans un enfoncement large & profond relativement au volume du fruit. Sa peau prend les mêmes couleurs que le pré-cédent, ſuivant ſes degrés de maturité. Sa chair & ſon eau de-viennent d'un rouge moins foncé, & d'un goût un peu plus fade dans l'extrême maturité. Son noyau eſt blanc, ou de couleur de chair très-légere, long de cinq lignes & demie, large de quatre lignes, épais de trois lignes. Cette Guigne mûrit au commen-cement de Juin.

III.

III. *CERASUS major hortenfis fructu cordato, partim albo, partim rubro, carne tenerâ & aquosâ*

Guignier à gros fruit blanc. (*Pl. I. Fig. 3.*)

L'Arbre ne differe du Guignier à fruit noir, que par l'écorce de fes bourgeons qui eſt de couleur cendrée, & par le vert de fes feuilles qui eſt plus pâle.

Le fruit a neuf lignes & demie de hauteur; fon grand diametre eſt de huit lignes & demie, & fon petit diametre de huit lignes; ainfi il eſt peu applati fur fon diametre, plus renflé du côté de la queue que du côté de la tête. Rarement il eſt divifé fuivant fa hauteur par une gouttiere fenfible; mais par une ligne rouge, très-fine, fans profondeur.

Sa peau eſt de couleur de chair du côté du foleil, & d'un blanc de cire du côté de l'ombre. Quelques fruits, lorfqu'ils font très-expofés au foleil, fe teignent prefque par-tout d'un rouge clair & tendre.

Sa chair eſt très-blanche, excepté fous les endroits de la peau les plus rouges où elle prend une légere teinte de cette couleur. Elle eſt un peu plus ferme que celle de la Guigne noire.

Son eau eſt blanche, & d'un goût aſſez agréable.

Son noyau eſt tout blanc, très-adhérent à la chair, long de cinq lignes & demie, large de quatre lignes, épais de trois lignes.

Cette Guigne mûrit vers le dix de Juin. Elle a une variété qui eſt plus applatie fur fon diametre, & qui eſt divifée fuivant fa longueur par une raînure bien marquée, & même aſſez profonde fur un côté du fruit. Elle prend beaucoup moins de rouge.

Les trois Guigniers que je viens de décrire, & leurs variétés, font les feuls connus & cultivés dans les environs de Paris.

Les Guignes, aſſez agréables à manger fous l'arbre, perdent leur mérite dans un tranfport tant foit peu long. Leur chair tendre fe meurtrit aifément; & alors elles font fades & infipides.

Tome I.   X

IV. *CERASUS major hortenfis fructu cordato, rubro, ferotino, carne tenerâ & aquosâ.*

Guignier à fruit rouge tardif. Guigne de fer ou de S. Gilles.

Je ne m'étendrai point fur ce Guignier dont la taille approche beaucoup de celle du Merifier. Sa fleur ne commence à s'ouvrir que vers la fin d'Avril; & fon fruit ne mûrit qu'en Septembre & Octobre, mois abondants en excellents fruits, auprès defquels celui-ci ne peut paroître que méprifable.

Le Maine, la Normandie, & quelques autres Provinces ont plufieurs fortes de Guignes de couleurs, groffeurs & qualités différentes, dont je ne fais point mention, & que je crois peu utile de faire connoître; cette efpece de Cerifier ne méritant d'être cultivé, que pour produire l'abondance dans la premiere faifon des fruits. J'excepte cependant le Guignier fuivant, fans contredit le plus eftimable de fon efpece, & dont le fruit peut foutenir la concurrence avec plufieurs bonnes Cerifes rondes qui mûriffent en même temps.

V. *CERASUS major hortenfis fructu cordato, nigro, fplendente, carne tenerâ, aquosâ & fapidiffimâ.*

Guignier à gros fruit noir luifant.

Le port de l'arbre eft le même que celui des autres Guigniers.

Le bourgeon eft de groffeur médiocre; peu arrondi, & comme cannelé à l'extrémité; de couleur jaunâtre; point ou prefque point tiqueté.

Le bouton eft long, peu pointu, très-peu écarté de la branche. Le bouton à fruit eft médiocrement obtus, très-renflé fur le milieu, de forme ovale.

La fleur eft de même forme que celle des autres Guigniers. Elle s'ouvre peu, & eft ordinairement moindre, les pétales ayant à peine cinq lignes de longueur fur quatre lignes de largeur ; leur extrémité eft fendue en cœur, & ils font peu concaves. Le calyce & fes échancrures font teints de rouge-brun foncé du côté du foleil ; le refte eft vert mêlé de rougeâtre.

La feuille eft grande, d'un vert-clair en dedans, d'un vert-gai en dehors ; fes bords font dentelés profondément & furdentelés ; elle fe foutient un peu moins que celle des autres Guigniers. Sa queue longue de dix-huit à vingt-cinq lignes, eft un peu teinte de rougeâtre du côté du foleil. Les grandes feuilles des branches à fruit ont près de cinq pouces de longueur, & deux pouces & demi de largeur.

Le fruit, un peu moins gros par la tête que vers la queue, a neuf lignes de hauteur, autant fur fon grand diametre, & huit lignes & demie fur fon petit diametre. Sa queue eft verte, menue, longue de dix-huit lignes à deux pouces, plantée dans une petite cavité peu profonde.

La peau eft noire, unie, luifante.

La chair eft rouge, plus ferme que celle des autres Guignes.

L'eau eft abondante, d'un goût relevé & agréable.

Le noyau eft un peu teint de rouge, long de quatre lignes & demie, large de quatre lignes, épais de trois lignes.

Sa maturité eft vers la fin de Juin. S'il étoit plus hâtif, ce Guignier mériteroit d'être cultivé à l'exclufion de tous les autres.

BIGARREAUTIERS.

I. *CERASUS major hortenfis fructu cordato majore faturè rubro, carne durâ fapidiffimâ.*

Bigarreautier à gros fruit rouge. (*Pl. II.*)

Le Bigarreautier fe multipliant ordinairement par la greffe, je ne puis déterminer fa grandeur naturelle. Greffé fur le Merifier,

X ij

fa taille approche de celle du Guignier ; il pouffe moins de bois, le nourrit mieux, & le foutient à peu-près de même.

Ses bourgeons font gros, peu alongés ; l'écorce eft d'un brun-clair.

Ses boutons font gros & bien nourris ; ceux même à bois font un peu obtus. Les fupports font larges & faillants.

Ses fleurs s'ouvrent peu. Le pétale eft long de fix lignes, large de cinq lignes, prefque rond par l'extrémité. Le pédicule à peine long d'un pouce lorfque la fleur commence à s'épanouir, eft quelquefois long de trois pouces lorfqu'elle eft paffée. Les étamines font de longueurs très-inégales. Le calyce & le pédicule font d'un vert-clair. Il fort jufqu'à fix fleurs d'un même bouton.

Ses feuilles font grandes, longues d'environ quatre pouces fur vingt-quatre ou vingt-fix lignes. Les grandes font moins larges vers la queue que vers l'autre extrémité. La plus grande largeur des feuilles, petites & moyennes, eft vers la moitié de leur longueur. Elles font dentelées réguliérement, affez finement, & furdentelées ; d'un vert plus clair, & plus garnies de nervures que celles du Guignier. La queue déliée, longue de dix-huit à vingt-quatre lignes, & la plus grande partie de la groffe arrête, font teintes de rouge. Elles font fermées en gouttiere, ou repliées en dedans par les bords, & plus pendantes que celles du Guignier.

Son fruit eft gros, convexe ou renflé d'un côté ; de l'autre il eft applati & divifé par une raînure affez profonde qui regne fur toute la longueur, de la tête à la queue. Lorfqu'on le regarde de ce côté, il paroît comme quarré, parce qu'il eft prefqu'également large par le côté de la tête & par le côté de la queue. Il a dix lignes & demie de hauteur ; dix lignes & demie fur fon grand diametre, & neuf lignes fur fon petit diametre. Sa queue eft menue, longue de quinze lignes à trois pouces, plantée dans un enfoncement affez large & peu creufé.

La peau eft fine, unie, brillante, d'un rouge foncé du côté du foleil, d'un rouge vif du côté de l'ombre. Souvent quelques petits endroits, & fur-tout le fond de la gouttiere font blancs.

La chair eft très-ferme & très-fucculente, blanchâtre, femée de veines ou de fibres plus blanches; autour du noyau, & fous la peau du côté qui a été frappé du foleil, elle eft rouge.

L'eau eft abondante, légérement teinte de rouge, d'un goût très-relevé & excellent.

Le noyau eft ovale, jaunâtre ou couleur de chair, long de fix lignes, large de quatre lignes, épais de trois lignes & demie.

Ce fruit, le meilleur des Bigarreaux & de tous les fruits de fa claffe, mûrit ordinairement après la mi-Juillet.

II. *CERASUS major hortenfis fructu cordato majore, hinc albo, indè dilutè rubro, carne durâ fapidâ.*

Bigarreautier à gros fruit blanc.

Ce Bigarreautier differe très-peu du précédent. L'écorce de fes bourgeons eft grife ou cendrée.

Son fruit a la même forme, la même groffeur & les mêmes proportions; mais la peau eft d'un rouge très-clair, prefque couleur de chair du côté du foleil; d'un blanc de cire du côté de l'ombre.

Sa chair eft blanche, fucculente, un peu moins ferme que celle du Bigarreau rouge.

Son eau eft auffi un peu moins relevée & agréable.

Son noyau eft blanc.

III. *CERASUS major hortenfis fructu cordato minore, hinc albo, indè dilutè rubro, carne durâ dulci.*

Bigarreautier à petit fruit hâtif.

C'est un variété du précédent, dont elle ne differe que par le fruit & le temps de fa maturité.

La hauteur de ce Bigarreau est de huit lignes & demie ; son grand diametre d'un peu plus, & son petit diametre de sept lignes & demie. Il n'est point divisé suivant sa hauteur par une gouttiere sillonnée, mais seulement par une ligne qui n'est sensible que par sa couleur, & qui passe par le milieu d'une petite élévation en forme de côté, laquelle s'étend de la tête à la queue. L'autre côté du fruit n'est divisé suivant sa longueur, que par un petit applatissement. La queue est menue, longue de vingt à vingt-quatre lignes, plantée dans un enfoncement large & très-peu creusé.

La peau est d'un beau rouge tendre & léger du côté du soleil ; l'autre côté est d'un blanc de cire mêlé d'une teinte très-légere de couleur de rose. Jusqu'ici cette description differe peu de celle que nous avons faite de la grosse Guigne blanche : aussi l'extérieur de ces deux fruits est-il si ressemblant que lorsque les Fruitiers les ont mêlés ensemble, l'œil a peine à les distinguer, quoique les couleurs de la Guigne soient moins vives, & son blanc plus ambré. Les caracteres suivants feront reconnoître le Bigarreau.

Sa chair est blanche ; quoique moins dure que celle des autres Bigarreaux, elle est cassante & beaucoup plus ferme que celle de la Guigne.

Son eau, d'abord un peu sure, s'adoucit & prend un goût relevé dans la parfaite maturité du fruit.

Le noyau est blanc, long de cinq lignes, large de quatre lignes, épais de trois lignes.

Sa maturité est vers la mi-Juin.

IV. *C E R A S U S major hortensis fructu cordato minore rubro, carne durâ dulci.*

BIGARREAUTIER à petit fruit rouge hâtif.

CETTE variété admise par beaucoup de Jardiniers & de

Pépiniéristes, ne se distingue de la précédente que par la couleur du fruit, la chair un peu plus ferme & l'eau un peu plus relevée. Mais ayant trouvé sur la variété précédente beaucoup de fruits qui ont toutes ces qualités lorsqu'ils ont demeuré sur l'arbre plus long-temps, mieux exposés, & plus frappés du soleil que les autres, & qu'ils y ont acquis une parfaite maturité: d'ailleurs n'ayant jamais vu de Bigarreautier à petit fruit hâtif qui porte tous, ou la très-grande partie de ses fruits rouges; je crois pouvoir regarder l'existence de cette variété au moins comme douteuse.

V. *CERASUS major hortensis fructu cordato medio, carne durâ sapidâ.*

Bigarreautier commun.

Ce Bigarreautier tient le milieu entre les hâtifs & les tardifs, pour la grosseur du fruit, la fermeté de la chair, le goût, & le temps de la maturité. Quelques Jardiniers assurent qu'il y en a aussi plusieurs variétés; mais ils ne les distinguent que par la couleur, un peu plus ou moins de grosseur & de qualité; différences que le terrein, l'exposition, & le degré de maturité peuvent produire.

Dans quelques jardins on commence à cultiver sous le nom de *Belle de Rocmont*, un Bigarreautier, dont le port & toutes les parties ne different point du Bigarreautier commun.

Son fruit a dix lignes de hauteur, onze lignes sur son grand diametre, près de dix lignes sur son petit diametre. Il est moins applati, & moins alongé que le gros Bigarreau rouge. Le côté applati n'a point de raînure sensible; il n'est divisé que par une ligne blanchâtre très-peu marquée. La queue longue de dix-huit à vingt-quatre lignes, est plantée dans une cavité assez profonde, évasée, ronde dans son pourtour.

Sa peau est très-unie & brillante, d'un beau rouge pur dans

quelques endroits, par-tout ailleurs marbré ou tiqueté finement de jaune doré; le côté de l'ombre eſt d'un rouge lavé.

Sa chair eſt ferme & caſſante, un peu jaune ſous le côté où la peau eſt plus haute en couleur, un peu tiquetée de très-petits points rouges autour du noyau, blanche dans le reſte.

Son eau eſt abondante, vineuſe, relevée & très-agréable.

Son noyau eſt marbré de rouge, long de cinq lignes, large de quatre lignes, épais de trois lignes.

Cet excellent Bigarreau mûrit au commencement de Juillet. Il mérite d'être moins rare.

SECONDE CLASSE.

CERISIERS à fruit rond.

CETTE claſſe comprend 1°. toutes les eſpeces & variétés de Ceriſiers dont les fruits ſont propremént dits à Paris Ceriſes: 2°. quelques eſpeces qui participent de la premiere claſſe, & plus eſſentiellement de la ſeconde. Les arbres de la ſeconde claſſe ne parviennent point à la grandeur de ceux de la premiere, & ne ſoutiennent pas ſi bien leurs branches. Leurs feuilles ſont moins grandes, plus étoffées, d'un vert plus foncé, plus fermes ſur leurs queues. Leurs fleurs ſont moindres, mais plus ouvertes. Enfin leurs fruits ſont ronds, fondants & acides; la peau ſe détache aiſément de la chair, au lieu qu'elle eſt fort adhérente aux Guignes & aux Bigarreaux.

I. *CERASUS pumila fruƈtu rotundo minimo acido præcociori.*

CERISIER nain à fruit rond précoçe. (*Pl. III.*)

LE mérite de ce petit Ceriſier conſiſtant dans la précocité de ſes fruits; pour en avancer encore la maturité, on le plante
ordinairement

ordinairement en efpalier expofé au midi, où fa taille excede rarement quatre pieds. En plein-vent il s'éleve à cinq ou fix pieds. On le greffe fur des drageons de Cerifier à fruit rond, ou fur le Cerifier de Sainte-Lucie.

Les bourgeons font longuets, très-menus, d'un brun clair du côté du foleil, gris du côté oppofé.

Les boutons font petits, alongés, très-pointus.

La fleur a huit lignes de diametre. Le pétale eft long & étroit, très-mince, creufé en cuilleron, froncé par les bords. Il fort deux ou trois fleurs d'un même bouton.

Les feuilles font d'un vert foncé par dedans, plus clair en dehors, petites; les plus grandes ont trois pouces trois lignes de long fur vingt lignes de largeur. Depuis leur plus grande largeur, qui eft plus vers l'extrémité que vers la queue, elles diminuent affez réguliérement vers la queue où elles fe terminent en pointe; elles diminuent auffi vers l'autre extrémité qui eft terminée par une pointe affez longue. Elles font dentelées & fur-dentelées. Le deffous eft relevé de nervures peu faillantes, & le dedans creufé de fillons peu profonds. La queue eft longue de cinq à fix lignes.

Le fruit eft petit, rond, applati par les extrémités. Sa hauteur eft de fix lignes & demie, & fon diametre de huit lignes. Souvent on le cueille avant qu'il ait acquis cette groffeur; mais lorfqu'on le laiffe mûrir parfaitement fur l'arbre, il devient quelquefois plus gros. Sa queue eft longue de douze à treize lignes, plantée dans un enfoncement large & affez profond. La petite marque blanché ou point blanc que laiffe le piftil à la tête du fruit, eft auffi dans un très-petit enfoncement, & donne naiffance à une petite raînure qui n'eft fenfible que jufque vers la moitié de la hauteur du fruit.

La peau eft dure, d'un rouge clair qui devient affez foncé dans la parfaite maturité du fruit.

Tome I.　　　　　　　　　　　　　　　　Y

La chair eft blanche & un peu feche. Elle prend une très-légere teinte de rouge, lorfque le fruit eft très-mûr.

L'eau eft aigre ou fort fure. Ce fruit eft cependant eftimable; parce qu'il mûrit dès la fin de Mai, ou le commencement de Juin, avant tous les autres fruits tant à noyau qu'à pepin. Il orne les defferts, fe mange en compotes, ou glacé de fucre.

Le noyau eft gros, long de trois lignes, de largeur prefque égale, & épais de deux lignes & demie. J'ai fouvent trouvé de ces Cerifes précoces dont le noyau étoit très-petit, & par conféquent le fruit plus charnu. Je ne fais fi c'eft une variété, ou fi cette différence vient du terrein ou du degré de maturité.

Le *May-Duke*, variété du *Chery-Duke* n°. 20, dont les fruits font excellents, plus charnus, & auffi précoces, eft préférable à ce Cerifier.

II. *CERASUS fativa, fructu rotundo medio, rubro, acido, præcoci.*

CERISIER hâtif. (*Pl. IV.*)

CE Cerifier devient beaucoup plus grand que le précédent, mais moindre que la plupart des Cerifiers de fon efpece. On l'éleve ordinairement en demi-plein-vent. En le greffant fur le Merifier, on peut en faire un plein-vent; mais il ne forme qu'une petite tête peu étendue. Il laiffe pendre fes branches, fur-tout lorfqu'elles font chargées de fruits dont il rapporte abondamment.

Ses bourgeons menus, pliants & très-nombreux rendent fa tête touffue.

Ses boutons font ovales, peu pointus, & font avec le bourgeon un angle affez ouvert.

Ses fleurs fortent trois ou quatre d'un même œil: elles ont onze lignes de diametre, font très-ouvertes. Le pétale eft arrondi, ftrié par les bords. Les échancrures du calyce font dentelées finement.

Ses feuilles ont deux pouces neuf lignes de longueur & vingt lignes de largeur. Celles des bourgeons sont plus grandes. Elles se rétrécissent beaucoup plus vers la queue qu'à l'autre extrémité qui est terminée par une pointe courte. Le dedans est d'un vert foncé & luisant, le dehors est d'un vert-jaunâtre. Les bords sont dentelés peu profondément & surdentelés ; la dentelure est obtuse. Elles se soutiennent droites sur des queues longues de douze à quinze lignes.

Son fruit est de moyenne grosseur, un peu applati par la tête, & beaucoup plus du côté de la queue qui est longue de onze à dix-sept lignes, & plantée dans un enfoncement assez creusé. Il est aussi un peu applati sur sa hauteur qui est de huit lignes ; son grand diametre est de neuf lignes & demie, & son petit diametre est un peu moindre que neuf lignes.

Sa peau prend de bonne heure une couleur rouge-claire & vive. Si l'on cueille alors cette Cerise, elle est hâtive ; mais son eau est si aigre, qu'elle n'est comestible qu'en compotes. Si on la laisse acquérir sa parfaite maturité, sa peau devient d'un rouge assez foncé.

Sa chair, presque blanche, se teint de rouge sous la peau.

Son eau est douce & agréable ; mais alors elle a perdu le mérite d'être précoce, sa maturité concourant avec celle de plusieurs autres bonnes Cerises.

Son noyau est blanc, presque rond étant vu sur son plat. Il a au plus quatre lignes & demie de longueur, autant de largeur, & trois lignes d'épaisseur.

Cette Cerise commence à paroître dix ou douze jours après la petite précoce.

III. *C E R A S U S vulgaris fructu rotundo.*

Cerisier commun à fruit rond.

Sous ce nom est compris un grand nombre de variétés de Cerisiers qui s'élevent de noyau dans les vignes, les vergers, les clos, & même les bois. Tous deviennent plus grands que le précédent, rarement quelques-uns plus grands que la plupart des suivants. Ils varient par la grandeur de l'arbre, des feuilles & des fleurs. La grosseur, le goût, le temps de la maturité des fruits varient encore davantage. Il y en a de petits, de moyens, peu de gros. Il s'en trouve d'âcres, d'amers, d'austeres, d'aigres, de surs, d'aigrelets & agréables. Les uns succedent aux Cerises hâtives, ou même accompagnent les dernieres; les autres ne mûrissent qu'en Septembre.

Ces Cerisiers n'exigent ni soin ni culture. Lorsqu'ils commencent à porter du fruit, on en examine la qualité. On conserve ceux qui en produisent de bon; & ils se multiplient par les drageons qui sortent de leur pied & de leurs racines. On arrache ceux dont les fruits ne sont pas comestibles, ou on les greffe de bonnes especes. Ils ont encore l'avantage de bien nouer leurs fruits, & de manquer beaucoup plus rarement que les autres d'en rapporter. C'est pourquoi dans les endroits où l'on s'occupe particuliérement de la culture du Cerisier, on préfere les Cerisiers communs aux belles especes, comme moins fautifs & plus propres à produire l'abondance dans la saison de ce fruit.

Il y en a une belle variété qui commence à se multiplier aux environs de Paris. Elle a près de dix lignes de diametre sur une hauteur presqu'égale; elle est plus arrondie, & un peu moins renflée par la tête que vers la queue; un peu applatie sur un côté, & l'on distingue une ligne qui s'étend de la tête à la queue par le milieu de l'applatissement. La queue, longue de onze à treize lignes, affez nourrie, eft plantée dans une cavité profonde, mais étroite. La peau eft d'un beau rouge-clair. La chair eft blanche; l'eau abondante, mais un peu aigre, même dans fa parfaite maturité. Son noyau a cinq lignes de longueur, & autant de diametre, il eft plat & terminé par une petite pointe très-aiguë & piquante. Elle mûrit vers la fin de Juin après la hâtive. C'eft la plus belle des Cerifes de la premiere faifon. Je crois qu'elle eft une variété du n°. 12 ; mais elle lui eft bien inférieure en bonté.

Je n'entreprendrai point la defcription des autres variétés. Dans un feul Vignoble, ou dans une Cerifaie de médiocre étendue, on en pourroit quelquefois diftinguer plus de vingt ; & dans le Vignoble ou la Cerifaie voifine, on en trouveroit peu qui y fuffent parfaitement femblables. Ainfi ce détail feroit plus long qu'utile, & exigeroit fouvent des fuppléments. Mais je ne dois pas en omettre quelques-unes qui ont des caraĉteres très-diftinĉtifs.

IV. *CERASUS vulgaris duplici flore.* Lob. Icon.
  CERASUS multiflora fructum edens. Ger. Emac.
  Cerisier à fleur femi-double. (*Pl. V.*)

La fleur de cette variété la diftingue bien des autres. Elle eft compofée de quinze à vingt pétales ; porte au centre un ou deux piftils & autant d'embryons de fruits. Lorfque les fleurs à double piftil nouent leur fruit, ce qui n'arrive communément que fur les vieux arbres, il eft jumeau. Les piftils de quelques fleurs fe développent en petites feuilles vertes ; & ces fleurs font ftériles. De forte qu'il n'y a que les fleurs à un feul piftil, & même en petit nombre, qui produifent du fruit. Il eft de groffeur moyenne, d'un rouge-clair & vif, peu charnu, fort acide. Ainfi ce Cerifier ne mérite d'être cultivé que pour fa fleur.

V. *CERASUS vulgaris flore pleno sterili.*

CERISIER à fleur double.

CE Cerisier porte des fleurs composées d'un plus grand nombre de pétales que le précédent, de vingt-cinq à trente; du milieu du calyce sort un pistil monstrueux, ou dégénéré en petites feuilles vertes, qui rend ses fleurs beaucoup moins belles que celles du Merisier. On peut l'élever en buisson, ce qui n'est pas praticable pour le Merisier. Comme il ne produit point de fruit, il appartient aux jardins d'ornement.

VI. *CERASUS vulgaris fructu rotundo, nucleo fragili.*
an? *CERASUS hortensis fructu sine officulis.* H. L. B.

CERISE à noyau tendre.

QUOIQUE plusieurs Livres d'Agriculture fassent mention de Cerises sans noyau, & même proposent avec confiance les moyens d'en avoir de telles, je doute de l'existence de la chose, & du succès des moyens de la produire. Ce Cerisier-ci est une variété du Cerisier commun, dont le fruit a environ huit lignes de diametre & autant de hauteur. Sa queue est très-menue, longue de treize ou quatorze lignes. Son noyau est ligneux, mais fort mince & facile à rompre. Cette Cerise est assez bonne pour une Cerise commune.

Quant aux Cerisiers dont les fruits se nomment *Cerises à la feuille*, je crois que la petite feuille qui ordinairement demeure attachée à la queue du fruit lorsqu'on le cueille n'est pas un caractere suffisant pour en former des variétés, mais seulement un accident plus fréquent à ces Cerises, & plus rare à d'autres à qui il arrive aussi. Les Cerises connues sous ce nom, sont des fruits méprisables, propres tout au plus à faire du vin ou des ratafias. Cependant il y a une fort belle Cerise à la feuille qui conserve conftamment ce caractere. Je n'en ai trouvé aucune dont la queue, à fa naiffance, ne portât une ou plufieurs petites feuilles bien formées & dentelées , fouvent accompagnées de ftipules.

Ce fruit eft gros & beau; fa hauteur eft de dix lignes, fon grand diametre de onze lignes, & fon petit diametre de neuf lignes & demie : ainfi il eft applati fur un côté; divifé d'une extrémité à l'autre par une ligne un peu enfoncée. Il diminue beaucoup de groffeur vers la tête; ce qui, joint à fon applatiffement, lui donne la forme d'une groffe Guigne raccourcie. La queue longue de quinze à vingt lignes, bien nourrie, eft lavée de rouge à l'extrémité qui s'implante dans le fruit au milieu d'une cavité affez profonde, mais étroite.

La peau eft d'un rouge-brun très-foncé.

La chair eft rouge. L'eau eft aigre : dans l'extrême maturité elle perd affez de fon aigreur pour ne pas déplaire à ceux qui aiment que la Cerife ait le goût un peu vif ; mais au moins elle eft très-bonne en compote.

Le noyau eft gros, & très-légérement teint.

Sa maturité eft peu après la mi-Juillet. Je foupçonnerois ce Cerifier d'être une variété de la Cerife-Guigne ou de la Morelle, fi fon port & fes feuilles ne le rapprochoient davantage du Griottier de Portugal.

VII. *CERASUS fativa multifera, fructu rotundo medio, faturè rubro.*
Cerisier très-fertile. Cerisier à trochet.

La taille de ce Cerifier tient le milieu entre celle du Cerifier précoce, & celle du Cerifier hâtif. Ainfi reftant prefque nain, il fe greffe mieux fur le Cerifier de Sainte-Lucie, ou le Cerifier commun, que fur le Merifier.

Ses bourgeons font longs, médiocrement gros, très-nombreux,

ce qui rend l'arbre fort touffu. Au travers d'un fin épiderme d'un gris clair qui recouvre leur écorce, le côté du foleil paroît d'un brun affez foncé, & le côté oppofé, jaunâtre.

Ses boutons font de médiocre groffeur, & les fupports font peu élevés.

Ses fleurs reffemblent à celles du Cerifier hâtif.

Ses feuilles font moyennes entre celles du Cerifier précoce & celles du Cerifier hâtif.

Ses fruits font de médiocre groffeur, fi abondants que les branches, qui font longuettes & menues, fe courbent & quelquefois fuccombent fous le poids; ce qui rendroit le port de cet arbre peu agréable dans la faifon de fon fruit, fi un Cerifier dont les branches reffemblent à autant de guirlandes de Cerifes, pouvoit déplaire à la vue.

La peau eft d'un rouge foncé dans la parfaite maturité du fruit.

La chair eft délicate. L'eau n'eft pas défagréable; mais un peu plus de douceur ajouteroit beaucoup à fon mérite, & rendroit encore plus digne d'être multiplié, ce Cerifier déja fort eftimable par fa grande fécondité.

VIII. *CERASUS fativa fructus rotundos acidos uno pediculo plures ferens.*

CERISIER à bouquet. (*Pl. VI.*)

CE Cerifier paroît être une variété du précédent, avec lequel il a beaucoup de reffemblance. Il eft de la même grandeur, très-fertile, fort touffu, laiffe pendre fort bas fes branches longues & menues.

Les bourgeons font très-menus, longuets, bruns ou rougeâtres du côté du foleil, d'un vert-jaunâtre du côté de l'ombre.

Les boutons font petits, obtus. Les fupports font larges & applatis.

Les

Les feuilles font petites, n'ayant au plus que deux pouces &
demi de longueur fur quinze lignes de largeur. Leur plus grande
largeur eft beaucoup plus près de l'extrémité que de la queue,
vers laquelle elles diminuent confidérablement & affez réguliérement. Elles fe replient un peu en gouttiere en-dedans. Les
bords font dentelés finement, & furdentelés vers la pointe. Elles
fe foutiennent fermes fur des queues longues de huit à dix lignes.

Les fleurs, comme celles du précédent, font un peu moindres
que celles du Cerifier hâtif (dix lignes de diametre) ; il en fort
jufqu'à fix d'un même boutón. Elles font compofées de cinq pétales, quelquefois de fix ou fept : de trente à quarante-cinq étamines : d'un à douze piftils qui ont à leur bafe autant d'embryons,
tous attachés au fond du calyce, fans aucune adhérence des uns
aux autres.

Ces embryons, dont quelquefois une partie avorte, deviennent des fruits ronds, applatis par les extrémités, ordinairement de groffeurs inégales (les plus gros ont huit lignes & demie de diametre fur près de fept lignes de hauteur), formant
un bouquet ou groupe à l'extrémité de la queue qui eft longue
de douze à quinze lignes, affez groffe, très-arrondie & fans can-
nelures ; de forte qu'elle ne paroît pas formée de plufieurs queues
réunies. Chaque Cerife y eft attachée par un nerf ou petit filet
plat qui fort des bords intérieurs de l'extrémité de la queue. Elles
font fort ferrées les unes contre les autres, & comprimées par
le côté où elles fe touchent ; mais elles ne font ni jointes ni
collées enfemble. Chaque Cerife a fon noyau qui eft blanc ; dans
les plus groffes, il eft long de quatre lignes, large de trois
lignes & demie, épais de deux lignes & demie. Sur les jeunes
arbres, une même queue ne porte qu'une, deux, trois, ou au
plus cinq Cerifes ; les bouquets de huit à douze ne fe trouvent
que fur les vieux arbres.

La peau eft un peu dure, d'un rouge clair & vif.

Tome I.   Z

La chair eft blanche; & l'eau un peu trop acide, pour que ce fruit fe mange autrement qu'en compote, ou glacé de fucre. Cette Cerife mûrit à la mi-Juin, ou peu après.

IX. *CERASUS fativa æftate continuâ florens ac frugefcens.*

CERISIER de la Touffaint, de la S. Martin, tardif. (*Pl. VII.*)

LE port, la taille, les branches nombreufes & pendantes de ce Cerifier, l'approchent du précédent plus que de tout autre; mais il a des caracteres très-finguliers.

On n'y trouve que des boutons à bois & des boutons à fruit. Les boutons à bois produifent des bourgeons foibles, menus, de médiocre longueur, garnis de feuilles alternes longues de deux à trois pouces, larges de douze à feize lignes, terminées en pointe aiguë, dentelées & furdentelées, d'un vert affez foncé en-dedans, d'un vert-clair en-dehors, fortes & foutenues fermes fur des queues longues de douze à quinze lignes.

Les boutons à fruit, au lieu de fleurs, donnent au printemps de petites branches, dont les trois ou quatre premieres feuilles portent fous leurs aiffelles des boutons à fruit deftinés à produire au printemps fuivant de petites branches femblables à celles-ci. Après ces trois ou quatre premieres feuilles, la branche continue de s'alonger; & à mefure qu'il fe développe une nouvelle feuille, il fort de fon aiffelle une & quelquefois deux fleurs dont le pédicule s'alonge confidérablement jufqu'à ce qu'elles foient épanouies.

La fleur a onze lignes de diametre; elle s'ouvre un peu plus que celle du Merifier, mais beaucoup moins que celle des autres Cerifiers à fruit rond. Le pétale eft long de cinq lignes, un peu plus large; plat, ne fe fronçant point ou très-peu par les bords, & ne fe creufant point en cuilleron. Les étamines font blanches; leurs fommets, jaunes & très-menus. Les cinq échancrures du calyce font grandes (quelques-unes ont plus de fix lignes de longueur fur trois lignes de largeur), reffemblant à de petites feuilles, dentelées finement & réguliérement par les bords; elles fe renverfent fur le calyce, & deviennent d'un rouge vif, lorf-que les pétales font tombés.

Comme les premieres fleurs ne s'épanouiffent qu'en Juin, le fruit noue ordinairement fort bien. Il eft rond, applati du côté de la queue, & un peu d'un côté fuivant fa longueur; fouvent même une raînure très-fenfible s'étend de la tête à la queue. Son grand diametre eft de huit lignes, fon petit diametre de fept lignes, & fa hauteur de fix lignes & demie. La queue eft affez groffe, longue de quinze à trente lignes, plantée dans un en-foncement peu creufé.

La peau eft dure, d'un rouge plus clair que foncé.

La chair eft blanche, ayant cependant un petit œil rougeâtre. Le long des arrêtes du noyau, elle eft fort rouge.

L'eau eft fort acide.

Le noyau eft blanc, long de quatre lignes, large prefque d'au-tant, & épais de trois lignes au plus.

La branche à fruit ne ceffe de faire de nouvelles productions jufqu'à la fin de l'été: de forte qu'on y voit en même temps des boutons de fleurs, des fleurs épanouies, des fruits qui nouent, d'autres verts, d'autres qui commencent à rougir, & d'autres qui font mûrs. Et lorfque ce Cerifier eft planté dans un efpalier ex-pofé au nord, fes derniers fruits ne mûriffent qu'en Novembre, faifon où l'on voit avec plaifir une compote de Cerifes, quoique celles-ci venues à l'expofition du nord foient un peu trop acides, même en compote.

Comme il naît un grand nombre de ces branches à fruit, ce qui rend l'arbre plus touffu qu'aucun autre Cerifier, il y en a qui, trop couvertes par les autres, font peu de progrès & ne donnent point de fruit; d'autres qui ne produifent que trois ou quatre fruits, & s'arrêtent dès la fin de Juillet. Toute la partie des branches qui a fructifié se dessèche & périt pendant l'hiver.

Les feuilles des branches à fruit sont très-petites & peu alongées. les plus grandes ont dix-huit lignes de longueur sur treize lignes de largeur. Elles sont dentelées profondément & surdentelées. Leur queue est longue de cinq à sept lignes.

Un bon terrein bien cultivé augmente tellement la grandeur des feuilles, & les dimensions du fruit, que j'ai quelquefois douté s'il n'y a pas plusieurs variétés de ce Cerisier, qui est plus curieux qu'utile.

X. *CERASUS sativa fructu rotundo majore acutè & splendidè rubro, brevi pediculo.*

CERISIER de Montmorency à gros fruit. Gros Gobet. Gobet à courte queue. (*Pl. VIII.*)

L'ARBRE devient médiocrement grand; à peu-près de la taille des plus grands Cerisiers communs. Il noue difficilement son fruit, & en rapporte ordinairement peu; ce qui le fait quelquefois nommer *le Coulart.*

Les bourgeons sont très-menus, longuets, d'un brun-rougeâtre, un peu plus clair du côté de l'ombre que du côté du soleil, très-peu tiquetés, & de très-petits points.

Les boutons sont petits, assez arrondis, obtus, couverts d'écailles d'un brun foncé. Les supports sont plats.

Les fleurs ont onze lignes de diametre. Le pétale est rond; ses bords se froncent peu. Il sort trois ou quatre fleurs d'un même bouton; & les boutons à fruit étant fort près les uns des autres, ce Cerisier paroît produire ses fleurs & ses fruits par bouquets.

Les feuilles sont petites, alongées, plus étroites vers la queue qu'à l'autre extrémité: les plus grandes, sur les bourgeons d'un arbre formé, sont longues de quatre pouces, larges de deux pouces. Celles des branches à fruit sont beaucoup moindres.

Leur queue eſt groſſe, ferme, longue de ſix à douze lignes. Les bords ſont dentelés peu profondément & ſurdentelés; la dentelure eſt obtuſe. Les nervures ſont très-ſaillantes, & les ſillons correſpondants ſont très-creuſés.

Le fruit eſt gros, très-applati par la tête & par la queue. Son grand diametre eſt de onze lignes, ſon petit diametre de dix lignes & demie, & ſa hauteur de neuf lignes. Souvent il eſt peu arrondi ſur ſon diametre, ou défiguré par des gouttieres & des enfoncements. La queue longue de quatre à dix lignes, eſt très-groſſe, forte & placée dans une cavité très-évaſée. L'œil eſt dans un petit enfoncement plus marqué que ſur aucune autre Ceriſe.

La peau eſt d'un beau rouge vif & éclatant, mais peu foncé.

La chair eſt fine, d'un blanc un peu jaunâtre.

L'eau eſt abondante, très-agréable, peu acide.

Le noyau eſt blanc, haut de quatre lignes, large de quatre lignes, épais de trois lignes.

Cette belle Ceriſe, groſſe, très-charnue, excellente, tant crue que confite, mûrit vers la mi-Juillet. Elle eſt ſi peu abondante qu'on a négligé la culture de ce Ceriſier, qui ne ſe trouve plus que chez les Curieux, & dans les jardins qui ne ſont pas conſacrés uniquement à l'utile. En Angleterre elle eſt très-commune dans la Province de Kent dont elle porte le nom, *Ceriſe de Kent.*

XI. *CERASUS ſativa fruĉtu rotundo magno, rubro, gratè acidulo.* Cerisier de Montmorency.

Ce Ceriſier reſſemble beaucoup au Ceriſier hâtif n°. 2. par la grandeur, la fertilité, l'attitude des branches, les feuilles, &c. Sa fleur eſt un peu plus grande que celle du Ceriſier hâtif & du gros Gobet. Son fruit eſt moindre que le gros Gobet, & moins comprimé de la tête à la queue. Son grand diametre eſt de dix lignes & demie, fon petit diametre de neuf lignes & demie, & fa hauteur de neuf lignes trois quarts. Sa queue eft affez groffe, longue de quinze ou feize lignes. Dans fa parfaite maturité, fa peau devient d'un rouge foncé. Sa chair eft blanche & fine. Son eau n'a d'acidité que ce qu'il en faut pour la rendre agréable, & en relever le goût. Son noyau eft long de cinq lignes, large de quatre lignes & demie, épais de trois lignes.

Cette Cerife mûrit au commencement de Juillet, avant le gros Gobet. Quoiqu'elle lui foit un peu inférieure en groffeur & en bonté, cependant on en multiplie & on en cultive le Cerifier préférablement à celui de gros Gobet; parce qu'il eft beaucoup moins fujet à couler, & qu'il produit beaucoup plus de fruit.

Les Cerifes de Montmorency font les plus eftimées à Paris. Elles font en effet bien au-deffus de toutes celles que nous avons décrites auparavant.

XII. *C E R A S U S fativa fruētu rotundo majore, dilutiùs rubro, gratif. fimi faporis vix aciduli.*

CERISIER à gros fruit rouge-pâle. (*Pl. IX.*)

CE Cerifier devient plus grand qu'aucun des Cerifiers à fruit rond dont nous avons parlé jufqu'ici, excédant cependant peu la taille des plus grands Cerifiers communs; il s'éleve affez haut, foutient mieux fes branches que la plupart des Cerifiers de fa claffe, & pouffe fes bourgeons verticalement.

Ses bourgeons font affez longs, prefque doubles en groffeur de ceux du gros Gobet, d'un brun plus foncé & tirant moins fur le rouge, tiquetés de très-petits points gris.

Ses boutons font une fois plus gros & plus longs que ceux du Gobet; pointus, même ceux à fruit. Les fupports font gros & faillants.

Ses fleurs s'ouvrent un peu moins que celles des Cerifiers de

Montmorency. En les étendant, elles ont onze lignes de diametre. Les pétales ont près de cinq lignes de long fur une égale largeur. Ils font très-concaves, froncés & repliés en dedans par les bords. Quoique le piftil dans la plupart foit plus long que les étamines, ce Cerifier noue fort bien fon fruit. Il fort trois fleurs de chaque bouton; rarement deux, prefque jamais une ou quatre.

Ses feuilles font longues de trois pouces, larges de dix-huit lignes; elles fe terminent par une pointe affez aiguë. Leur plus grande largeur eft vers cette extrémité; elles diminuent prefque réguliérement vers la queue qui eft ferme & foutient bien la feuille. La dentelure & furdentelure font obtufes & peu profondes. Le dedans des feuilles eft d'un vert peu foncé, le dehors eft d'un vert très-clair. La queue longue de dix à treize lignes, & la groffe arrête font teintes d'un rouge affez foncé.

Son fruit eft gros, bien arrondi par la tête; applati par l'autre extrémité; très-peu applati fur fon diametre. Sa hauteur eft de dix lignes: fon grand diametre de onze lignes & demie, fon petit diametre de onze lignes. Les fruits moyens ont les mêmes proportions, mais une ligne de moins fur chaque dimenfion. La queue eft bien nourrie, fans être groffe; longue de dix à feize lignes; plantée dans une cavité étroite & affez profonde; l'extrémité par laquelle elle eft attachée au fruit eft d'un beau rouge; & fouvent elle eft légérement teinte de cette couleur dans toute fa longueur du côté du foleil.

La peau eft fine, d'un beau rouge vif, mais clair ou très-lavé, qui fe charge très-peu, même dans l'extrême maturité du fruit.

La chair eft un peu tranfparente, très-fucculente, blanche, excepté le deffous de la peau qui a un petit œil rougeâtre.

L'eau eft blanche, abondante, très-agréable, relevée d'un aigrelet à peine fenfible.

Le noyau eft blanc, long de cinq lignes & demie, large de

cinq lignes au plus ; épais de trois lignes & demie ; fon amande eft bien nourrie & peu amere.

Cette belle Cerife qui mûrit à la fin de Juin, eft une des plus excellentes à manger crue : elle eft préférable à toutes les autres pour confire, étant non-feulement groffe, très-charnue & très-douce, mais d'une couleur claire qui rend les confitures agréables à la vue. Elle eft encore rare dans les environs de Paris ; mais digne d'y être très-commune.

XIII. *C E R A S U S fativa paucifera, fructu rotundo magno pulchrè rubro, fuaviffimo.*

an? C E R A S A Hifpanica. Lob. & Ger. Emac.

Cerisier de Hollande. Coulard. (*Pl. X.*)

L'Arbre eft un des plus grands de fa claffe, quoique fa taille n'approche pas de celle des Cerifiers à fruit en cœur. Il foutient bien fes branches qui ne font pas affez nombreufes pour qu'il foit touffu ou confus.

Les bourgeons font affez gros & vigoureux, médiocrement longs, d'un rouge-brun du côté du foleil, d'un vert-jaunâtre du côté de l'ombre, recouverts & comme marbrés de gris-clair.

Les boutons font gros & longs ; leurs fupports font peu élevés.

Les feuilles font grandes, ayant près de quatre pouces de longueur fur deux pouces de largeur ; de forme ovalaire aiguë par les extrémités ; dentelées & furdentelées. Elles fe froncent beaucoup vers le milieu de la groffe nervure. Leurs queues font groffes, longues de dix à quinze lignes, d'un rouge foncé du côté du foleil.

Les fleurs font grandes, moins ouvertes que celles des autres Cerifiers à fruit rond. Elles ont quinze lignes de diametre ; le pétale eft long de fept lignes, large de fix lignes. Le piftil de la plupart excede les étamines d'environ la moitié de fa longueur;

ce

ce qui peut beaucoup nuire à la fertilité de ce Cerifier, qui fleurit abondamment, & donne très-peu de fruit. Les fleurs forment des efpeces de bouquets comme celles du gros Gobet, fortant trois ou quatre d'un même bouton, & les boutons étant raffemblés par grouppes de quatre ou cinq.

Le fruit eft gros, prefqu'exactement rond; fa hauteur eft de dix lignes; fon grand diametre de dix lignes & demie, & fon petit diametre de dix lignes. Souvent un côté, fuivant la hauteur, eft divifé par un fillon bien marqué (quelques gros Gobets ont auffi un fillon.) Il pend par des queues longues de quinze à vingt lignes.

La peau eft d'un très-beau rouge, vraie couleur de Cerife.

La chair eft fine, d'un blanc un peu rougeâtre.

L'eau eft douce, très-agréable, un peu teinte.

Le noyau a auffi une légere impreffion de rouge; il eft long de cinq lignes, large de quatre lignes, épais de trois lignes.

Le temps de fa maturité eft vers la mi-Juin au plutôt.

Si ce Cerifier produifoit des fruits auffi abondants qu'ils font excellents, il feroit préféré prefqu'à tous les autres; mais fa fleur étant très-fujette à couler, on le cultive fi peu qu'il devient rare.

On cultive fous le même nom un Cerifier qui ne me paroît différer du Cerifier commun, que par fon fruit qui eft plus gros & fort bon. L'arbre charge beaucoup, manque rarement de rapporter, & mérite d'être multiplié.

XIV. *CERASUS fativa fructu rotundo magno, partim rubello, partim fuccineo colore.*

Cerisier à fruit ambré, à fruit blanc. (*Pl. XI.*)

De tous les Cerifiers à fruit rond, celui-ci eft le plus grand. Ses branches, longues, nombreufes fans confufion, fe foutiennent bien.

Ses bourgeons font gros & forts, médiocrement longs, gris-
clair dans le bas; l'extrémité eft verte du côté de l'ombre, un
peu rouffe du côté du foleil; ils font tiquetés de très-gros points
blanchâtres.

Ses boutons font gros, (doubles de ceux du Cerifier n°. 13.)
alongés, pointus, ceux même à fruit. Les fupports font larges
& renflés.

Ses feuilles font fort grandes; celles des bourgeons ont quatre pouces & demi de longueur fur deux pouces de largeur;
celles des branches à fruit font un peu moins longues & plus
larges: elles font terminées par une longue pointe très-aiguë.
Le dedans eft d'un vert-clair, le dehors d'un vert-gai. Les dentelures font très-grandes & profondes, chargées d'une double
ou triple furdentelure. Les nervures font très - faillantes. Les
queues groffes, longues de huit à treize lignes, laiffent un peu
pendre les feuilles. De forte que ce Cerifier, par fa grandeur,
la difpofition de fes branches, l'étendue & l'attitude de fes
feuilles, approche beaucoup d'un Cerifier à fruit en cœur.

Ses fleurs ont treize lignes de diametre. Les pétales font longs
de fix lignes, larges de cinq lignes, très-concaves ou creufés
en cuilleron. Les fleurs s'ouvrent moins que celles de la plupart
des Cerifiers à fruit rond: ordinairement il en fort quatre de
chaque bouton.

Ses fruits font gros, bien arrondis par la tête, plus ou moins
applatis par l'autre extrémité; les uns ayant onze lignes fur leur
grand diametre, dix lignes fur leur petit diametre, & neuf lignes
de hauteur; les autres ayant dix lignes & demie fur leur grand
diametre, neuf lignes & demie fur leur petit diametre, & neuf
lignes de hauteur: de forte que la hauteur eft la même, les diametres étant différents. La queue eft menue, longue de quinze
à vingt-quatre lignes.

La peau eft fine, un peu dure. Aux fruits qui font découverts

& exposés au soleil, elle se teint d'un rouge-clair ; le côté de l'ombre est comme tiqueté ou marbré de rouge léger & de jaune. Aux fruits qui sont couverts ou à l'ombre des feuilles, elle est d'un jaune d'ambre dans la plus grande partie, & le reste est d'un rouge très-clair. Avant la maturité du fruit elle est presque toute de couleur d'ambre.

La chair est un peu transparente, blanche, semée de fibres plus blanches, très-légèrement teinte de rouge sous la peau du côté du soleil. La peau, un peu dure, fait paroître cette Cerise croquante.

L'eau est abondante, sucrée, douce sans fadeur, excellente lorsque le fruit a acquis une parfaite maturité sur l'arbre.

Le noyau est blanc, terminé par une très-petite pointe aiguë. Il a quatre lignes & demie de longueur, un peu moins de largeur, & trois lignes un quart d'épaisseur.

Cette excellente Cerise mûrit vers la mi-Juillet. Elle a, comme la plupart des bonnes Cerises, le défaut de nouer difficilement & d'être peu abondante.

La Cerise qui porte le nom *d'Ambrée*, & à laquelle il appartient le mieux, sa peau étant presque toute d'un jaune ambré, & ne prenant que très-peu de rouge, est de grosseur à peine médiocre, un peu alongée, & plus renflée du côté de la queue, que par la tête. Elle n'est pas comparable pour la bonté à celle qui vient d'être décrite ; & le Cerisier qui la produit se cultive plus pour la singularité de son fruit, que pour son utilité.

XV. *CERASUS sativa fructu rotundo, magno, nigro, suavissimo.*

Griottier. (*Pl. XII.*)

Ce Cerisier est un peu moins grand que le précédent, il est moins garni de branches, qu'il soutient bien, & qui sont plus grosses, il donne plus de fruit.

Ses bourgeons sont gros, courts, d'un rouge-brun peu foncé

du côté du foleil, verts du côté de l'ombre.

Ses boutons font gros par la bafe, terminés en pointe, de forme prefque conique. Leurs fupports font applatis.

Ses fleurs s'ouvrent bien, fortent ordinairement trois d'un même bouton. Elles ont un pouce de diametre ; leur pétale eft un peu plus large que long, très-creufé en cuilleron, peu froncé dans le milieu. Le calyce eft très-rouge.

Ses feuilles font grandes, d'un vert très-foncé, terminées en pointe longue & aiguë, pliées en gouttiere, un peu pendantes fur leur queue, dentelées profondément & furdentelées, d'une forme ovale pointue par les deux extrémités. Leurs pédicules font longs d'environ quinze lignes. Elles ont de trois pouces à trois pouces & demi de longueur, fur une largeur de vingt à vingt-deux lignes.

Son fruit eft gros, comprimé vers la queue, quelquefois même un peu par la tête ; applati d'un côté fuivant fa hauteur, & fouvent on diftingue au milieu de cet applatiffement, un fillon très-légérement tracé, ou une ligne très-déliée. Son grand diametre eft de dix à onze lignes ; fon petit diametre eft de neuf lignes & demie à dix lignes, & fa hauteur de huit lignes & demie à neuf lignes. La queue eft bien nourrie, longue de treize à dix-neuf lignes, plantée dans une cavité affez large, mais peu profonde.

Sa peau eft fine, luifante, noire.

Sa chair eft ferme, d'un rouge-brun très-foncé ; dans l'extrême maturité du fruit, elle paroît quelquefois plus noire que fa peau.

Son eau eft d'un beau rouge, très-douce & très-agréable.

Son noyau eft très-légérement teint de rouge, long de quatre lignes & demie, large de quatre lignes, épais de trois lig. un quart.

Cette Cerife mûrit au commencement de Juillet ; elle eft avec raifon une des plus eftimées.

La Griotte, la plus commune dans les environs de Paris, est de moyenne groffeur, oblongue & fort applatie. C'eft une bonne Cerife, mais bien inférieure à la vraie Griotte. Quelques-uns affurent que ce n'eft pas une variété, mais le même Cerifier dont le fruit dégénere ainfi dans les terreins qui ne lui conviennent pas. Cependant fa maturité qui n'eft quelquefois que vers le dix d'Août, me paroît décider qu'elle eft variété.

XVI. *CERASUS vulgaris fructu rotundo parvo, atro-rubente, fubacri & fubamaro, ferotino.*

Cerisier à petit fruit noir. Groffe Cerife à ratafia.

Quoique ce Cerifier foit dû vraifemblablement à un noyau de Griotte, je ne fais s'il doit être regardé comme une variété de cette efpece, n'en ayant d'autre caractere que la direction de fes branches qui s'élevent affez droites & fans confufion. Il eft affez fertile. Sa greffe prend & fe colle difficilement au fujet. Ses bourgeons font longs, & de groffeur très-médiocre. Ses fleurs ont onze lignes de diametre; les échancrures du calyce font longues & dentelées, comme elles le font à la plupart des Cerifiers communs. Ses feuilles font beaucoup moins grandes que celles du Griottier, & fe foutiennent fermes fur leurs queues.

Le fruit eft petit; fon diametre étant de fept à huit lignes, & fa hauteur de fix à fept lignes; il eft attaché à des pédicules longs d'environ dix-huit lignes. La peau eft épaiffe, d'un rouge obfcur fort approchant du noir. La chair eft auffi d'un rouge très-foncé, peu délicate. L'eau eft très-rouge, & conferve un peu d'amertume & d'âcreté, même dans l'extrême maturité du fruit. Le noyau a une affez forte impreffion de rouge.

Cette Cerife, qui mûrit en Août, eft peu comeftible; mais fa couleur, fa petite amertume, & même fon âcreté la rendent très-bonne pour les ratafias, & pour le vin de Cerifes.

XVII. *C E R A S U S vulgaris fructu rotundo, minimo, atro-rubente, acri & amaro, serotino.*

CERISIER à très-petit fruit noir. Petite Cerise à ratafia.

C'EST une variété qui a la taille, les bourgeons, les feuilles, les fruits, &c. moindres que le précédent. La queue qui soutient le fruit est fort longue, & a presque toujours une petite feuille à sa naissance. Le pédicule du bouton qui devient l'attache commune de trois ou quatre queues de fruits, s'alonge quelquefois de quatre à six lignes.

Cette Cerise est un peu plus tardive que la précédente. Son eau est plus âcre & plus amere; ce qui la fait préférer pour les ratafias.

XVIII. *C E R A S U S sativa fructu rotundo, maximo, è rubro nigricante, sapidissimo.*

GRIOTTIER de Portugal. (*Pl. XIII.*)

L'ARBRE est vigoureux, de grandeur médiocre, assez fécond.

Ses bourgeons sont gros, forts & très-courts, d'un jaune mêlé de rougeâtre.

Ses boutons sont gros, courts, obtus, souvent doubles & même triples.

Ses fleurs ont dix lignes de diametre; elles s'ouvrent bien, sortent trois ou quatre de chaque bouton. Les pétales beaucoup plus larges que longs, sont divisés suivant leur longueur par un grand pli, & se chifonnent un peu par les bords.

Ses feuilles sont grandes. Celles des branches à fruit ont trois pouces & demi de longueur sur vingt-six lignes de largeur; leur plus grande largeur est fort près de l'extrémité qui est terminée par une petite pointe; elles se rétrécissent beaucoup vers la queue sans se terminer en pointe; leur dentelure est grande, profonde, obtufe, & furdentelée vers l'extrémité de la feuille ; les queues font fortes, longues de dix-huit à vingt lignes ; celles des bourgeons font étoffées, longues de quatre pouces & demi à cinq pouces, larges de vingt-quatre à vingt-huit lignes, plus larges près de la queue qu'à l'autre extrémité, qui fe termine prefque réguliérement en pointe très-alongée. Les queues font groffes & fortes, teintes d'un rouge violet, longues de quinze à vingt lignes.

Son fruit eft très-gros & très-beau, applati par les extrémités, & un peu par un côté. Ordinairement fon grand diametre eft de onze lignes, fon petit diametre de dix lignes, & fa hauteur de huit lignes & demie à neuf. Il s'en trouve qui ont un pouce fur leur grand diametre, onze lignes fur leur petit diametre, & neuf lignes & demie de hauteur ; la queue longue de neuf à quinze lignes, eft groffe, fur-tout à fon infertion dans le fruit, où elle eft reçue dans une cavité évafé & affez profonde.

La peau eft caffante, d'un beau rouge-brun tirant fur le noir, moins foncé que la Griotte n°. 15.

La chair eft ferme, d'un rouge foncé, qui s'éclaircit beaucoup près du noyau.

L'eau eft d'un beau rouge, abondante, excellente, fans acide, relevée d'une petite amertume agréable, plus ou moins fenfible fuivant les terreins qui font beaucoup varier le goût de ce fruit, toujours très-bon.

Le noyau, fort reffemblant à celui de la Griotte, eft prefque blanc, ou très-peu teint ; haut de quatre lignes & demie, large de quatre lignes, épais de trois lignes & demie.

Cette Griotte mûrit dans le commencement de Juillet. On la regarde comme la plus groffe & la meilleure de toutes les Cerifes. Quelques-uns la nomment *Royale*, *Archiduc*, *Royale de Hollande*, *Cerife de Portugal*, &c.

XIX. *CERASUS sativa fructu subrotundo , magno , è rubro nigricante , acido.*
GRIOTTIER d'Allemagne. GRIOTTE de Chaux. Grosse Cerise
de M. le Comte de Sainte Maure. (*Pl. XIV.*)

TOUTES les parties de ce Cerisier sont aussi petites & délicates,
que celles du précédent sont grosses & vigoureuses.

Le bourgeon est long, menu, brun ou rougeâtre du côté
du soleil, vert-jaunâtre du côté opposé. Le bois plus ancien est
d'un brun foncé.

Le bouton est oblong, bien nourri, obtus : le support est
large.

La fleur s'ouvre moins que celle des Cerisiers, plus que celle
des Merisiers : elle a quinze lignes de diametre. Ses pétales sont
plus larges que longs, très-concaves, & souvent fendus en cœur.
Il sort trois ou quatre fleurs de chaque bouton.

Les feuilles des branches à fruit sont petites, courtes, plus
étroites du côté de la queue qu'à l'autre extrémité qui se termine
par une très-petite pointe ; la dentelure est fine, réguliere,
obtuse, peu profonde : ces feuilles ont de deux pouces à deux
pouces six lignes de longueur sur une largeur de seize à dix-neuf
lignes ; les queues sont menues, longues de six à onze lignes.
Celles des bourgeons sont longues de trois pouces, larges de
vingt lignes, terminées par une longue pointe, obtuses ou un
peu arrondies à leur épanouissement, dentelées assez profondément vers leur extrémité, & surdentelées.

Le fruit est gros, ayant onze lignes sur son grand diametre,
dix lignes sur son petit diametre, dix lignes & demie de hauteur ; le plus souvent la hauteur & le grand diametre sont égaux,
& alors étant applati suivant sa hauteur, comprimé & plus renflé
à la queue que par la tête, sa forme est plutôt alongée qu'arrondie. La queue est menue, longue de quinze à vingt lignes,
plantée dans un enfoncement évasé, mais peu creusé.

La

La peau eſt d'un rouge-brun foncé approchant du noir ; moins cependant que la Griotte commune.

La chair eſt d'un rouge-foncé.

L'eau eſt abondante, un peu trop relevée d'acide, qui, dans les terreins froids & humides, va juſqu'à l'aigreur : de ſorte que ſi ce beau fruit a quelque avantage pour la groſſeur ſur notre Griotte, il lui eſt bien inférieur pour le goût.

Le noyau eſt long de près de ſix lignes, large de quatre lignes & demie, épais de trois lignes & demie, un peu teint, terminé par une petite pointe.

Ce fruit mûrit à la mi-Juillet.

XX. *CERASUS ſativa multifera, fructu rotundo, magno, è rubro ſubnigricante, ſuaviſſimo.*

Royale. Chery-Duke. (*Pl. XV.*)

Cet arbre eſt à peine de moyenne grandeur. Il noue fort bien ſon fruit, & en produit très-abondamment.

Les bourgeons ſont légérement teints de rougeâtre du côté expoſé au ſoleil ; l'autre côté eſt d'un vert très-clair. Dans un arbre formé, ils ne ſont ni forts ni longs ; parce qu'il ne pouſſe que foiblement en bois.

Les boutons ſont petits, longs, pointus ; & les ſupports ſont peu élevés.

Les fleurs s'ouvrent bien ; leur diametre eſt de quatorze lignes. Les pétales ſont ovales, creuſés en cuilleron, ſouvent fendus en cœur à l'extrémité, attachés par des onglets aſſez longs. Il ſort de deux à cinq fleurs d'un même bouton.

Les feuilles ſont d'un vert très-foncé en dedans, un peu plus clair en dehors, ſoutenues fermes ſur des queues groſſes, longues d'environ un pouce, teintes d'un rouge qui s'étend rarement ſur la groſſe nervure. Les bords ſont garnis d'une dentelure aſſez

Tome I. B b

fine, peu aiguë & peu profonde; une partie eft furdentelée.
L'extrémité, terminée par une pointe médiocrement longue &
aiguë, eft beaucoup plus large que le côté de la queue, qui
diminue & fe termine réguliérement en pointe. Les feuilles des
bourgeons font longues de quatre à cinq pouces, & larges de
deux pouces à deux pouces neuf lignes. Celles des branches à
fruit font beaucoup moindres; & celles de l'extrémité des bourgeons font d'une forme contraire.

Le fruit eft gros, un peu comprimé par les deux extrémités,
& plus applati fuivant fa hauteur, que la plupart des Cérifes
rondes. Son grand diametre eft de neuf lignes à dix lignes &
demie, fon petit diametre de huit à neuf lignes, & fa hauteur
de fept lignes & demie à neuf lignes. La queue médiocrement
groffe, toute verte, longue de douze à vingt lignes, eft plantée
dans un enfoncement évafé & affez profond.

La peau eft d'un beau rouge-brun, tirant fur le noir dans l'extrême maturité du fruit.

La chair eft rouge, un peu plus ferme que celle de la Griotte.

L'eau eft rouge, fans acide, très-douce, & même trop peu
relevée dans certains terreins.

Le noyau eft long de quatre lignes & demie, large de trois
lignes & demie, épais de trois lignes.

Cette Cerife mûrit vers le commencement de Juillet.

On cultive trois principales variétés de ce Cerifier, qui n'en
different que par le fruit; favoir, la Royale hâtive, Duc de May,
May-Duke, dont le fruit eft moindre, & beaucoup plus hâtif,
mûriffant dès la fin de Mai ou le commencement de Juin; il eft
bien fupérieur en bonté à notre Cerife précoce. La Royale tardive, dont le fruit eft beau, mais trop acide; il ne mûrit qu'en
Septembre; & le *Holmans-Duke*, belle & excellente Cerife.

XXI. *CERASUS sativa multifera, fructu subcordato, magno, è rubro nigricante, suaviſſimo.*

CERISE-GUIGNE. (*Pl. XVI. Fig. 1.*)

CE CERISIER devient auſſi grand que le Griottier n°. 15, & fructifie beaucoup plus abondamment; je le crois variété du *Chery-Duke.*

Ses bourgeons ſont gros & forts, médiocrement longs à proportion de leur groſſeur, mais beaucoup plus que ceux du Griottier de Portugal. L'écorce, lavée de rougeâtre fort clair, eſt couverte d'un épiderme gris de perle.

Ses boutons ſont gros, ovales, alongés, aſſez pointus, écartés du bourgeon. Ceux à fruit ſont plus courts & médiocrement obtus; les petites branches à fruit en portent à leur extrémité, comme celles du *Chery-Duke*, un grouppe de dix à quinze, dont chacun donne trois, quatre, & plus ordinairement cinq fleurs.

Ses fleurs, comme celles du *May-Duke*, reſſemblent beaucoup à de petites fleurs de Guignier. Elles s'ouvrent peu; étant étendues, elles ont au plus douze lignes de diametre. Les pétales ont environ cinq lignes de longueur ſur autant de largeur. Leur calyce & ſes échancrures ſont verts du côté de l'ombre, d'un rouge-clair du côté oppoſé.

Ses feuilles ont la même forme & les mêmes proportions que celles du *Chery-Duke*, elles ſont encore un peu plus rétrécies du côté de la queue, & conſidérablement plus grandes; celles des bourgeons ont de cinq à ſix pouces de long ſur trois pouces de large. Leur dentelure eſt grande, profonde, obtuſe, garnie d'une double ou triple ſurdentelure.

Son fruit eſt gros; le grand diametre eſt de dix lignes & demie, le petit diametre de huit lignes & demie à neuf lignes, & la hauteur de neuf lignes. Il eſt applati ſur les côtés, ſans être diviſé par aucune rainure; & ſa ſurface eſt un peu inégale le long de ces applatiffements. La queue menue, longue de dix-huit à vingt-quatre lignes, eft plantée dans une cavité large & profonde. Cette extrémité du fruit eft beaucoup plus groffe que l'autre; un fruit dont le grand diametre eft de dix lignes vers la queue, n'a qu'environ fept lignes d'épaiffeur vers la tête, à une ligne & demie de cette extrémité: de forte que fa forme approche beaucoup de celle d'une groffe Guigne raccourcie.

Sa peau eft d'un rouge-brun foncé; dans la parfaite maturité du fruit, prefqu'auffi noire que celle de la Griotte.

Sa chair eft un peu plus molle, que celle du *Chery-Duke*; d'un rouge foncé qui s'éclaircit un peu auprès du noyau.

Son eau eft rouge, douce, d'un goût agréable, mais peu relevée.

Son noyau eft ovale, très-légérement teint, long de cinq lignes, large de trois lignes & demie, épais de trois lignes.

Cette Cerife mûrit à la fin de Juin. Je crois qu'elle eft la même que plufieurs Jardiniers nomment *Royale*, *Cerife nouvelle d'Angleterre*, &c.

Ce Cerifier a une variété (*Pl. XVI. Fig. 2.*) qui n'en differe que par le fruit qui eft moins applati fur les côtés, un peu plus gros & d'un rouge-brun plus clair. Les fruits mûriffent l'un après l'autre; & fouvent cinq Cerifes attachées au pédicule d'un même bouton, font à cinq degrés différents de maturité: de forte qu'on recueille du fruit fur cet arbre pendant près d'un mois, depuis la mi-Juin jufqu'à la mi-Juillet.

Nous ne parlerons point des Heaumiers, Cœurets, Guindoliers, & d'un grand nombre de Cerifiers, Guigniers & Bigarreautiers, dont les uns ne font que des variétés de ceux qui ont été décrits, les autres font propres à certaines Provinces & à certains terreins, & dont la plupart ne peuvent trouver place que dans les vergers où l'on veut raffembler le bon, le médiocre & le mauvais.

CULTURE.

Le Cerisier n'eſt point difficile ſur la nature du terrein ; cependant il réuſſit mieux dans une terre légere & qui a du fond, que dans les terres trop fortes, humides, ou froides, dans leſquelles la fleur eſt ſujette à couler, & les fruits ont moins de goût ou plus d'aigreur.

Les noyaux de Ceriſes en cœur & les noyaux de Ceriſes rondes, produiſent des Ceriſiers de leur eſpece, ou des variétés de leur eſpece, quelquefois bonnes, le plus ſouvent mauvaiſes, comme on le voit dans les bois & dans les vignes où il s'éleve beaucoup de Ceriſiers de noyau.

Ainſi les bonnes eſpeces & leurs variétés ſe perpétuent & ſe multiplient par la greffe ſur le Meriſier, ſur le Ceriſier à fruit rond, & ſur le Ceriſier de Sainte-Lucie. Tous les Ceriſiers ſe greffent bien ſur le Meriſier ; & c'eſt le ſeul ſujet qui convienne à ceux qu'on veut élever à haute tige en plein-vent. Il a l'avantage de ne pouſſer aucun ou très-peu de drageons. Le Ceriſier de Sainte-Lucie a le même avantage ; il reçoit très-bien la greffe de toute eſpece de Çeriſiers, & s'accommode des plus mauvais terreins.

Sur le Ceriſier à fruit rond, élevé de noyaux ou de drageons, les Ceriſiers de ſa claſſe réuſſiſſent mieux que ceux à fruit en cœur ; & il eſt très-incommode par le grand nombre de drageons qui ſortent de ſon pied & de ſes racines. Les Ceriſiers en demi-tige & en baſſe tige pour le plein-vent, le buiſſon & l'eſpalier, ſe greffent ſur le Sainte-Lucie, ou ſur le Ceriſier à fruit rond.

Tous les Ceriſiers ſe greffent en fente, ou en écuſſon à œil dormant ; ou mieux en écuſſon à la pouſſe, qui ſe fait ſur les ſujets, lorſque les Ceriſiers commencent à fleurir.

Les Ceriſiers à fruit rond peuvent encore ſe multiplier par

les marcottes & même par les boutures. Les drageons qui en fortiroient en grand nombre, feroient des arbres francs.

Les Cerifes étant de petits fruits dont on confomme beaucoup, il convient d'élever les Cerifiers en plein-vent plutôt qu'autrement, afin que devenant de plus grands arbres, ils produifent plus de fruit. Cependant on peut planter en efpalier au midi quelques Cerifiers précoces & hâtifs, & quelques Cerifiers tardifs en efpalier au nord. Par-là on rend leurs fruits plus gros & on en étend la durée, en accélérant la maturité des uns, & retardant celle des autres.

La taille des Cerifiers en efpalier & en buiffon confifte à retrancher les branches mal placées, à raccourcir celles qui font trop vigoureufes, à ménager les branches à fruit qui font petites, courtes, & très-garnies de boutons, & à donner aux arbres la forme qui leur convient.

Quant aux Cerifiers en plein-vent, il fuffit de retrancher les branches mortes, celles qui font attaquées de la gomme, & celles qui pendent trop bas, fans pouvoir efpérer de donner à la plupart des Cerifiers à fruit rond, le même port qu'à ceux à fruit en cœur.

Mais il n'eft pas inutile d'avertir que le Cerifier ne veut être que très-peu taillé; & que fouvent il périt fous la ferpette d'un Jardinier qui a la demangeaifon de couper, ou l'ambition de donner à cet Arbre une forme belle & réguliere.

USAGES.

1°. On mange crud le fruit du Guignier, du Bigarreautier & du Cerifier. 2°. Les Guignes blanches & les rouges féchées au four font fort bonnes. 3°. Les Bigarreaux fe confifent au vinaigre comme les Cornichons. 4°. Avec les Cerifes n°s. 17 & 18, on fait une liqueur forte & très-agréable, qu'on nomme

Vin de Cerises. 5°. On en fait des compotes. 6°. On les confit au sucre, sans noyau ou avec le noyau. Les Cerises n°s. 10, 11, 12, sont les meilleures pour cet usage. On prévient leur extrême maturité, afin que leur couleur étant plus claire, & leur eau moins douce, les confitures soient d'un goût plus relevé, & d'une couleur moins foncée, & plus agréable à la vue. 7°. On les séche au four. 8°. On les confit à l'eau-de-vie. 9°. On en fait d'excellent ratafia qu'on colore avec des Merises noires. 10°. Les Griottes se confisent aussi au sucre, au vinaigre, à l'eau-de-vie. On en fait du ratafia qu'elles colorent suffisamment ; mais on leur préfere les n°s. 17 & 18.

CYDONIA,

Fig. 1.

Fig. 2.

Fig. 3.

L. B. del.   *C.ne Haussard Sculp.*

Guignes.

L.B. del.   *P.L. Cor Sculp.*

Bigarreau.

Magd. Bassenporte del.   C.^{me} Haussard Sculp

Cerise Précoce.

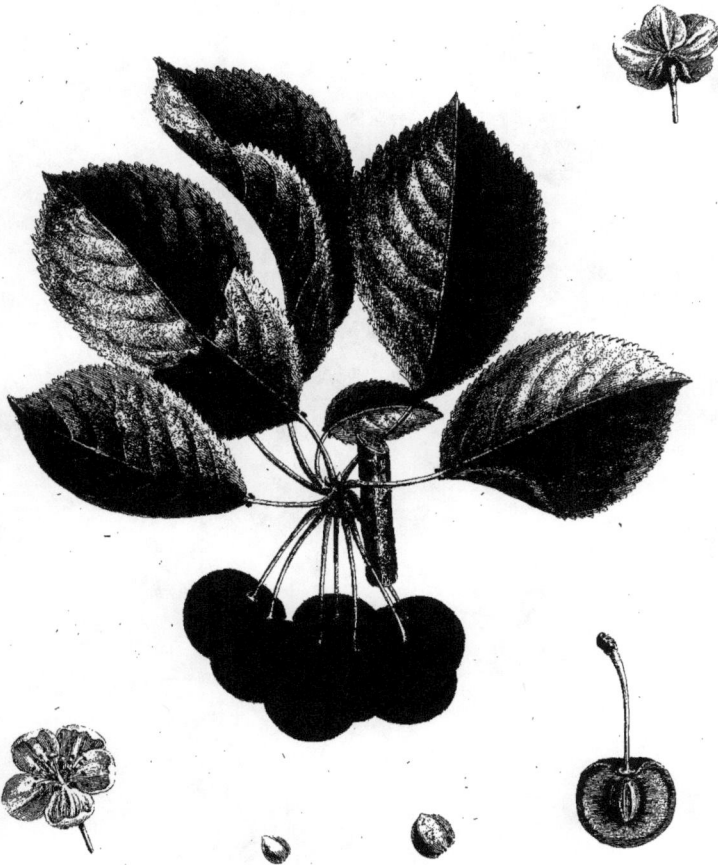

. B. del.   *E.th Haussard Sculp.*

Cerise Hative.

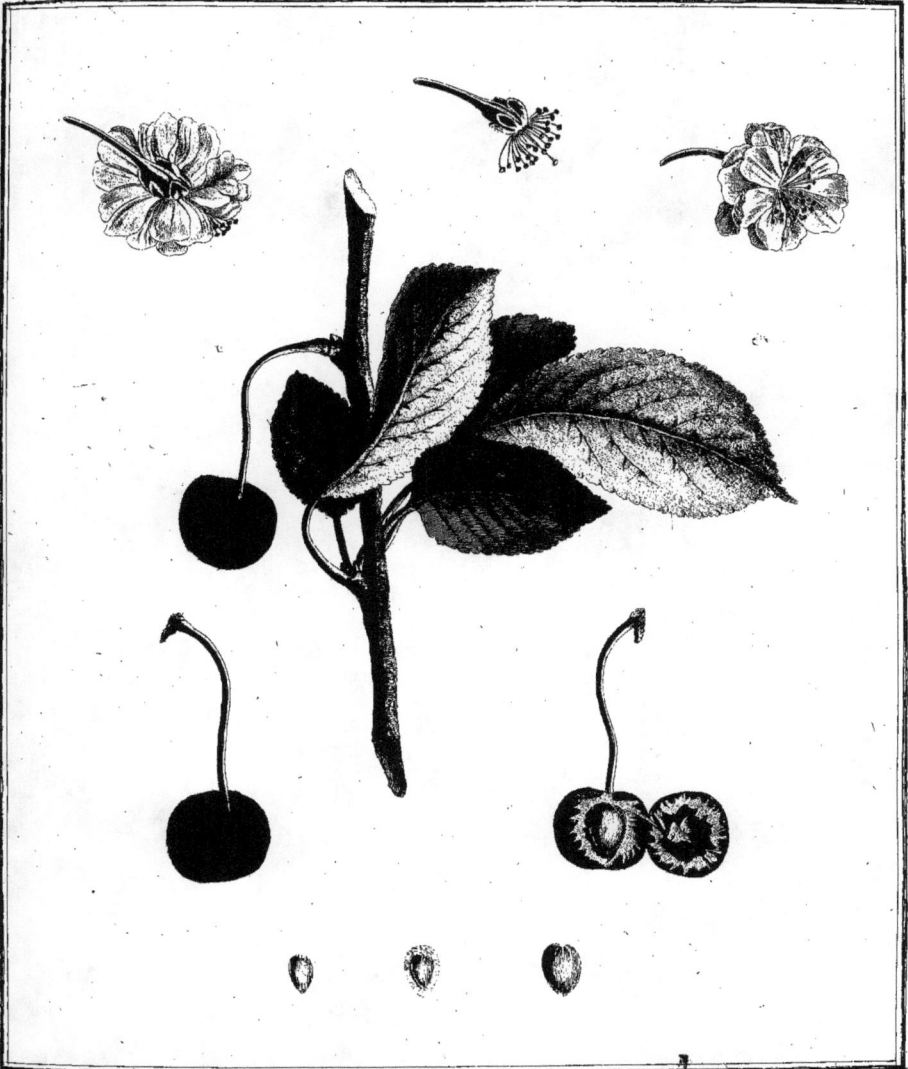

Cerisier à fleur Semi-double.

Cerise à Bouquet.

L. B. del.   Cne Haussard Sculp

Cerise de la Toussaint.

Pl. VIII.

L. B. del.

Ch. Milsan Sculp

Gros Gobet.

L.B. del.　　　　　　　　　　　　　　Pme. Tardieu Sculp.

Grosse Cerise rouge - pâle.

Cerise de Hollande.

Cerise Ambrée.

L.B. del.   J.me Tardieu Sculp.

Griotte.

L.B. del.   F.^{ois} Dupuis Sculp.

Griotte de Portugal.

Griotte d'Allemagne.

L.B. del.   F.me Dupuis Sculp.

Chery-Duke.

Fig. 1.

Fig. 2.

L. B. del.   F.^{me} Tardieu Sculp

Cerise - Guigne.

CYDONIA,

COIGNASSIER *ou* COIGNIER.

DESCRIPTION.

LE COIGNASSIER n'eft qu'un petit arbre, dont la forme n'a aucune régularité. Le Coignaffier à feuilles étroites, *Cydonia anguftifolia vulgaris.* Inft. n'excede pas la grandeur d'un arbriffeau, & ne fe cultive que par les Pépiniériftes, qui en tirent par marcotes & par boutures, des fujets pour greffer deffus les Poiriers deftinés pour les efpaliers, contrefpaliers & petits buiffons. On éleve les autres Coignaffiers tant pour le même ufage que pour leur fruit.

I. *CYDONIA latifolia*, *Lufitanica.* Inft.

COIGNASSIER de Portugal.

CE Coignaffier eft le plus grand de tous, & le plus propre à recevoir la greffe des Poiriers vigoureux qui ne peuvent fubfifter fur le Coignaffier à petites feuilles. Il donne auffi le plus beau & le meilleur fruit; mais il en produit peu.

Ses bourgeons font longs & forts, d'un vert-brun, très-tiquetés de petits points fauves, coudés à chaque nœud.

Ses boutons font larges par la bafe, applatis & comme collés fur la branche. Les fupports font larges, élevés, & d'un rouge vif à l'extrémité.

Sa fleur a trente lignes de diametre. Elle eft compofée 1°. d'un calyce d'une feule piece, divifé en cinq grandes échancrures

Tome I. C c

femblables à de petites feuilles, dentelées finement par les bords, & relevées d'une arrête directe, & de plufieurs petites nervures latérales ; elles font ovales, terminées en pointe : 2°. de cinq grands pétales longs de quatorze lignes, larges de dix lignes, arrondis par l'extrémité, très-concaves, difpofés en rofe, teints par les bords extérieurs d'une belle couleur de rofe claire, légérement lavés de la même couleur en-dedans : 3°. de quinze à vingt étamines longues de fix lignes, de couleur de rofe, terminées par des fommets jaunes : 4°. d'un piftil formé d'un embryon, qui fait partie du calyce, & de cinq ftyles d'un vert-jaune, beaucoup plus courts que les étamines, & furmontés par des ftygmates. Les fleurs de tous les Coignaffiers font les mêmes, & ne different que par la grandeur, & le ton de couleur plus ou moins fort. Celles du Coignaffier à petites feuilles ont vingt-deux lignes de diametre ; leurs pétales font lavés très-légérement de couleur de rofe, & les échancrures du calyce font beaucoup plus grandes à proportion. Les fleurs des autres Coignaffiers tiennent le milieu entre celles-ci, & celles du Coignaffier de Portugal.

Les fleurs des Coignaffiers n'ont point de pédicule proprement dit. Au printemps, le bouton à fruit s'alonge & produit une branche, fur laquelle il fe développe cinq ou fix feuilles, & à fon extrémité une feule fleur.

Ses feuilles font grandes, alternes, unies par les bords, d'un vert-clair en-dedans, blanchâtres & couvertes d'un duvet fin & épais en-dehors. Les nervures font déliées & peu faillantes ; la groffe eft teinte de rouge. Les grandes feuilles des bourgeons ont quatre pouces & demi de longueur, & trois pouces & demi de largeur ; leur forme eft prefqu'ovale raccourcie. Celles des branches à fruit font plus alongées, larges du côté de la queue, pointues à l'extrémité ; les grandes ont quatre pouces & demi de longueur fur trois pouces de largeur. Les feuilles de ce

Coignassier, & celles du Coignassier commun qui ont à peine deux pouces trois quarts sur deux pouces, peuvent être regardées comme les deux extrêmes des feuilles de Coignassier.

Son fruit est gros, long, anguleux ou mal arrondi sur son diametre qui est de deux pouces & demi sur trois pouces quatre lignes de hauteur. Son plus grand renflement est plus éloigné de la queue que de la tête. Il diminue beaucoup de grosseur vers la tête où l'œil est placé dans une cavité profonde dont les bords sont relevés de carnes ou bosses saillantes; cet œil bordé des échancrures du calyce qui subsistent dans la plupart des fruits jusqu'à leur maturité, est peu ouvert, étant serré par cinq tumeurs qui sont placées derriere les échancrures. L'autre côté du fruit diminue beaucoup plus de grosseur, mais moins réguliérement, & faisant un peu la calebasse; il se termine en pointe obtuse, au sommet de laquelle s'implante l'extrémité de la branche qui sert de queue au fruit, dans une petite cavité formée par un bourrelet ou une extension du fruit qui recouvre cette extrémité de la branche jusqu'aux dernieres feuilles qu'elle a produites.

La peau est jaune, couverte d'un duvet qu'on enleve facilement en la frottant avec la main.

La chair est plus tendre & meilleure, tant en confitures qu'en compotes, que celle des autres Coings.

Le goût des Coings, & leur odeur sont assez connus.

On trouve dans les Coings cinq loges, dont chacune contient de huit à quatorze pepins applatis. Ces loges sont formées de membranes tendres comme celles des Poires. L'axe du fruit est creux, & fait une étoile à cinq rayons qui s'étendent entre les loges.

Les Coings mûrissent au commencement d'Octobre, & se conservent rarement au-delà du mois de Novembre.

C c ij

II. *CYDONIA fructu oblongo, læviori.* Inft.

COIGNASSIER femelle.

CE Coignaffier, appellé mal-à-propos femelle, tient le milieu entre le commun & celui de Portugal, pour la grandeur de l'arbre, celle de fes fleurs & de fes feuilles.

Son fruit n'a quelquefois que deux pouces fix à huit lignes de diametre fur un peu plus de hauteur; quelquefois fa hauteur eft de cinq pouces & demi, fon grand diametre de trois pouces & demi, & fon petit diametre de trois pouces deux lignes. Il eft garni de côtes très-faillantes qui s'étendent fuivant fa longueur. Il diminue irréguliérement de groffeur par les deux extrémités qui fe terminent en pointe très-obtufe. L'œil eft très-enfoncé dans une cavité bordée de huit ou dix boffes très-faillantes & prefqu'égales. La queue eft auffi plantée dans une cavité pro-fonde, dont les bords font relevés de cinq ou fix boffes. Sa peau eft fort liffe, & fa chair un peu grenue.

III. *CYDONIA fructu breviore & rotundiore.* Inft.

COIGNASSIER mâle.

CE Coignaffier ne differe du précédent que par fon fruit qui eft raccourci, de forme prefque ronde, irréguliere. On cultive plus communément ces deux Coignaffiers pour le fruit, parce qu'ils manquent rarement d'en rapporter.

L'odeur défagréable des fruits du Coignaffier le fait reléguer dans le coin le plus reculé & le moins fréquenté d'un jardin. Il ne demande aucune culture.

Les Coings fe mangent cuits fous la cloche ou en compotes: on les confit en quartiers & en marmelade: on en fait des pâtes,

du cotignac, du ratafia, &c. Ils font aftringents, propres à fortifier l'eftomach, & arrêter les diarrhées.

Les Coignaffiers à grandes feuilles reçoivent la greffe des
Poiriers, & la nourriffent beaucoup mieux que les Coignaffiers
à petites feuilles, fur lefquels les efpeces très-vigoureufes ne
peuvent fubfifter. Ils fe multiplient par les femences, les marcotes & les boutures ; & fe greffent fur les fujets de leur efpece,
fur le Poirier & l'Aubépine.

Aubriet del.   Cie Haussard Sculp.

Coignassier.

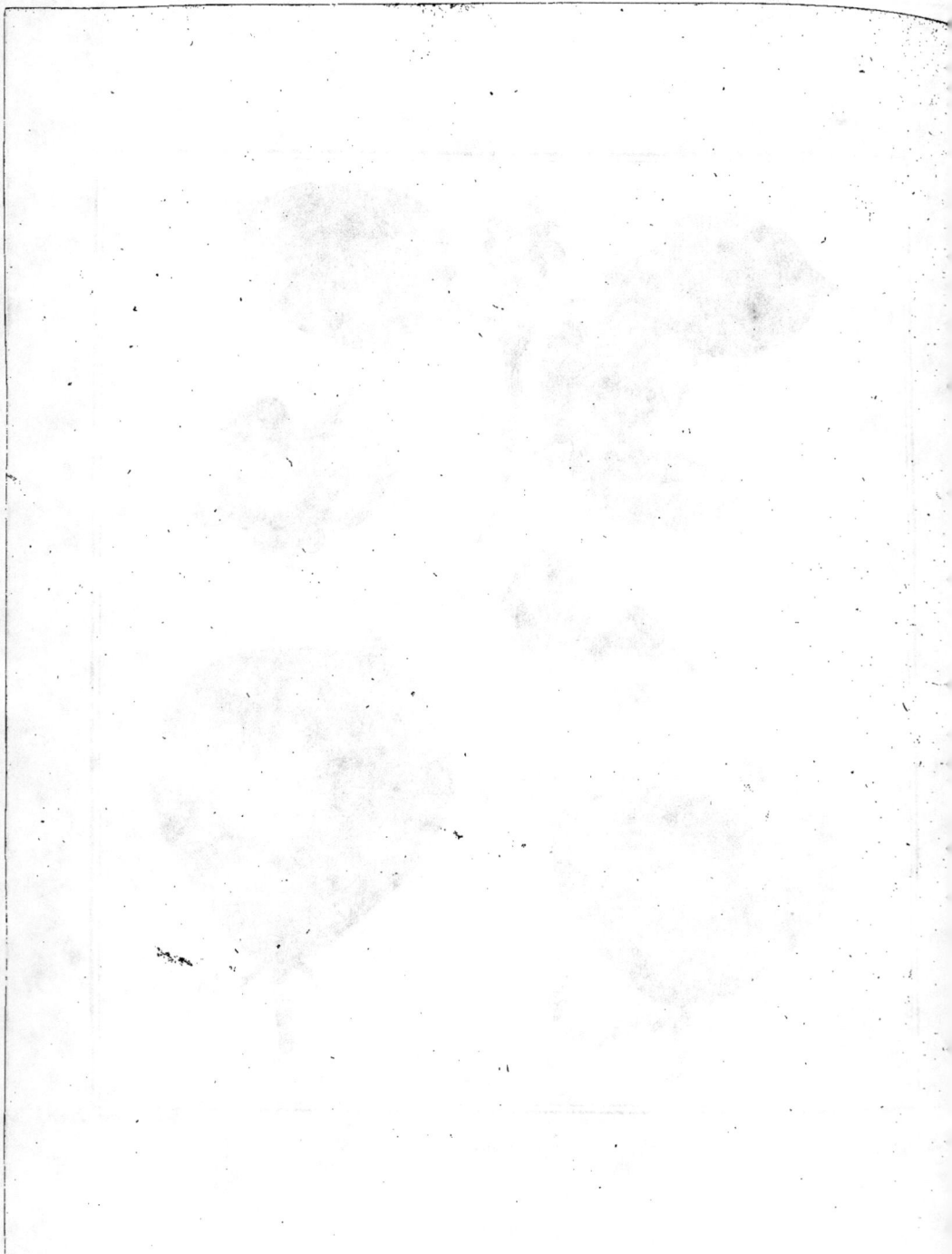

FICUS,
FIGUIER.

DESCRIPTION GÉNÉRIQUE.

Le Figuier, dans les Provinces plus tempérées que les environs de Paris, devient un arbre confidérable, fur-tout par fa groffeur. Dans notre climat, il eft plutôt un grand arbriffeau qu'un arbre ; & forme plus communément une touffe ou un gros buiffon, qu'il ne s'éleve fur une tige.

Ses bourgeons font gros, un peu cannelés à l'extrémité, garnis de nœuds qui s'élevent peu fur le bourgeon, & font autour comme une future. Chaque nœud porte une feuille & un ou deux boutons ronds, compofés de trois ou quatre écailles qui couvrent une petite Figue d'une ligne à une ligne & demie de groffeur. Ses boutons & fes feuilles font difpofés fur le bourgeon dans un ordre alterne, à des diftances d'un à quatre pouces. Le bourgeon eft terminé par un gros bouton à bois, long, conique, aigu.

Des premiers nœuds du bourgeon les Figues fortent de leurs enveloppes, groffiffent, & lorfque la fin de l'été & le commencement de l'automne font chauds, une partie parvient à maturité en Septembre & Octobre ; une partie tombe fans mûrir, les gelées blanches & les pluies froides arrêtant ou diminuant la feve, qui, dans fa plus grande abondance & dans la plus belle faifon, pourroit à peine fuffire à la nourriture du grand nombre de Figues qui paroiffent en automne. Les autres, quoiqu'elles

demeurent attachées à l'arbre pendant l'hiver, & qu'elles femblent confervées fans altération, périffent au printemps, fans
qu'aucune réuffiffe.

Les boutons des derniers nœuds du bourgeon demeurent
fermés pendant tout l'hiver; & lorfque cette faifon n'a pas été
trop rigoureufe, & qu'ils n'ont pas été endommagés, les Figues
fortent au printemps, en Avril ou au commencement de Mai,
& parviennent facilement à maturité. Celles - ci fe nomment
Figues d'Eté, Figues-fleur, premieres Figues; elles font plus
groffes que celles d'automne, & beaucoup moins nombreufes.
Ces derniers nœuds portent ordinairement deux boutons qui
donnent quelquefois leur fruit en même temps; fouvent auffi
l'un fe développe & l'autre avorte, ou l'un donne fon fruit dans
la faifon & l'autre eft plus tardif. Quelquefois encore il fort un
fruit & un bourgeon; car de l'extrémité de chaque bourgeon,
il eft ordinaire qu'il forte plufieurs nouveaux bourgeons, quoiqu'il n'y paroiffe que le bouton à bois terminal. Il peut auffi
percer des branches dans le milieu & dans le bas du bourgeon,
& généralement de tous les nœuds, quoiqu'il n'y ait point de
bouton à bois apparent, pourvu que le bois foit jeune, car
le vieux reperce difficilement.

Les feuilles du Figuier font grandes, de longueur & largeur
prefqu'égales, fimples & découpées en cinq parties plus ou moins
profondément fuivant l'efpece, fortes & épaiffes, rudes au toucher, placées alternativement fur la branche, & portées par de
groffes & longues queues. Le deffous eft d'un vert-clair, relevé de nervures blanchâtres fort faillantes : le dedans eft d'un vert
affez foncé, peu creufé de fillons correfpondants aux nervures.
Les bords font ondés, & fouvent quelques découpures font
échancrées.

Le fruit du Figuier n'eft point, comme la plupart des autres
fruits, précédé par une fleur, ni formé de l'embryon du piftil.
On

On peut le regarder comme le support ou le réceptacle commun d'un grand nombre de fleurs tant mâles que femelles, moins nécessaires au succès de la Figue qu'à la propagation de l'arbre par les semences ; & ses fleurs ne sont point attachées sur le support, comme les fleurs en épi ou en chaton, mais elles sont renfermées dans le fruit comme dans une enveloppe sphérique, conique, ou pyriforme, suivant l'espece : ce fruit n'a d'ouverture que par l'ombilic ; encore est-il presqu'entiérement fermé par un grand nombre d'écailles imbriquées (environ deux cents) qui le bordent. Les fleurs mâles sont placées au-dessous de ces écailles, & composées d'un calyce divisé en trois, quatre ou cinq échancrures ou petites feuilles, porté par un assez long pédicule ; & de deux ou trois étamines terminées par leurs sommets. Les fleurs femelles sont placées vers la queue de la Figue au-dessous des mâles, dont elles different essentiellement, parce qu'au lieu d'étamines, elles ont un pistil formé d'un embryon qui devient une semence lenticulaire, surmonté d'un ou deux longs styles. Les fleurs mâles s'ouvrent & fécondent les femelles, lorsque la Figue est parvenue à un tiers de sa grosseur ou un peu plus. Elle continue à prendre des accroissements & acquiert la grosseur, la forme, la couleur, &c. convenables à son espece.

Je dis que les fleurs paroissent moins nécessaires au succès de la Figue, qu'à la propagation de l'arbre ; car on recueille des Figues d'automne parfaitement mûres, très-bien conditionnées & quelquefois meilleures que celles d'été, quoique les étamines de leurs fleurs mâles soient avortées, & que par conséquent les embryons de leurs fleurs femelles soient stériles. Néanmoins dans l'Archipel, en Italie, à Malte, on cultive des Figuiers domestiques dont les fruits tombent avant leur maturité, s'ils n'ont été caprifiés. Mais d'abord la nécessité de cette opération singuliere est plutôt imposée par le climat ou quelqu'autre cause inconnue jusqu'à présent, que par l'espece de Figuier ; puisque les fruits

Tome I.   D d

du même Figuier viennent à bien, & font meilleurs dans nos Provinces méridionales, fans le fecours de la caprification. D'ailleurs, eft-il bien décidé fi la caprification procure la maturité aux Figues en procurant la fécondité à leurs femences; ou fi les infectes introduits dans ces Figues ne font qu'en avancer & en perfectionner la maturité, à peu-près comme les vers hâtent celle d'une Poire, d'une Pomme, ou d'un autre fruit ? Les Figues caprifiées, comme les fruits véreux, ont beaucoup moins de qualité. Quoi qu'il en foit, cette opération ne fe fait que dans les pays ci-devant nommés, fur une efpece de Figuier qui ne fructifie qu'une fois l'année, en été ; & fur quelques autres efpeces qui en ont befoin, pour mûrir leurs Figues d'automne feulement. Elle étoit connue dès le temps de Pline, & plufieurs Auteurs d'Agriculture & de Botanique, tant anciens que modernes, en font mention. On en trouve le détail dans le *Traité des Arbres & Arbuftes*, Art. du Figuier.

Dans nos Provinces méridionales & dans les pays plus chauds, on cultive une trentaine, tant d'efpeces, que de variétés de Figuiers. Nous nous bornerons au petit nombre de celles qui réuffiffent dans tous les climats où le Figuier peut fubfifter.

ESPECES ET VARIÉTÉS.

I. *FICUS fativa fructu globofo, albo, mellifluo.* Inft.

FIGUE blanche. (*Pl. I.*)

Ce FIGUIER eft le plus commun dans les environs de Paris, & le plus propre à ce climat.

Ses feuilles font grandes, longues d'environ fept pouces & demi, & un peu plus larges, prefque toutes divifées en cinq découpures moins profondes que celles de la plupart des autres Figuiers ; & leurs crénelures font peu profondes.

Ses fruits ont deux pouces de diametre fur autant ou un peu

moins de hauteur. Leur plus grand renflement eft vers la tête, & ils font applatis par cette extrémité : l'autre s'alonge en pointe, & diminue prefque réguliérement de groffeur jufqu'à la queue, qui eft groffe, bien ronde, & longue de trois à huit lignes. Des côtes très-peu faillantes, & à peine apparentes fur quelques Figues, s'étendent de l'œil à la queue, & quelquefois fe ramifient. La peau eft liffe, d'un vert très-clair, tirant un peu fur le jaune, & fouvent dégénérant en cette couleur vers l'œil. La chair eft très-fondante, remplie d'un fuc abondant, fucré, & très-agréable ; je dirois d'un goût délicieux, fi ces deux termes pouvoient fe convenir.

Ses fruits d'automne font plus abondants, plus arrondis, moins gros que ceux d'été, & dans les années chaudes, d'un goût plus excellent.

Il y a deux variétés de ce Figuier, ou deux autres efpeces de Figuiers fort femblables. Le fruit de l'une eft plus alongé ; celui de l'autre eft moins gros & plus arrondi ; elle eft connue fous le nom de *Figue de Marfeille. Ficus fativa fruĉtu præcoci, albido, fugaci.* Inft. Sa maturité prévient peu celle de la Figue blanche nº. I, & fon goût eft moins agréable. Les autres caraĉteres font les mêmes.

II. *FICUS fativa fruĉtu parvo, fufco, intùs rubente.* Inft.

F i g u e angélique.

Les feuilles de ce Figuier font ordinairement un peu moins grandes que celles du précédent, découpées moins profondément, & plus longues que larges, ayant environ huit pouces de longueur fur fix pouces & demi de largeur. La plupart ne font divifées qu'en trois découpures, les découpures latérales fe réuniffant en une de chaque côté, ou ne fe diftinguant que par une petite échancrure. Les crénelures des bords font un peu plus marquées. Les queues font beaucoup moins longues.

Les plus gros fruits ont de vingt à vingt-quatre lignes de hauteur, & de dix-huit à vingt lignes de diametre. Souvent leur diametre eft elliptique, ayant trois ou quatre lignes de moins fur un côté que fur l'autre. Leur forme eft à peu-près la même que celle de la Figue blanche, n°. 1, un peu plus alongée. La peau eft jaune, tiquetée de points longs d'un vert blanchâtre. La pulpe, fous la peau, eft rougeâtre, ou fauve. La chair eft blanche. Mais les femences & la chair qui les enveloppe, font légérement teintes de rouge.

Ce Figuier donne peu de fruits de la premiere faifon; mais il en produit abondamment en automne qui mûriffent affez bien, & font fort bons.

III. *FICUS fativa fructu parvo, globofo, violaceo, intùs rubente.*

F I G U E violette. (*Pl. II. Fig. 1.*)

Les feuilles de ce Figuier font beaucoup moindres que celles du Figuier, n°. 1, & découpées très-profondément en cinq parties, dont quelques-unes ont fouvent de moindres découpures ou des échancrures profondes. Les découpures font bordées de crénelures très-marquées. La longueur des feuilles eft de cinq à fix pouces, & leur largeur prefqu'égale; elles font portées par des queues de médiocre groffeur, qui n'ont que deux ou trois pouces de longueur.

Ses fruits font bien arrondis fur leur diametre, qui eft de dix-huit à vingt lignes fur une hauteur prefqu'égale. Ils ont à peu-près la même forme que la Figue blanche. Lorfqu'ils ont acquis leur groffeur, les petites côtes ou lignes faillantes qui s'étendent fuivant leur longueur, difparoiffent & s'effacent prefqu'entiérement. Leur peau eft d'un violet foncé. La pulpe, fous la peau, eft blanche, ou teinte d'un rouge très-léger. La chair & les grains ou femences font d'un rouge affez foncé.

Cette Figue, très-abondante en automne, eft bonne dans notre climat, lorfque l'année eft chaude; excellente dans les climats plus tempérés.

Sa variété à fruit long, *Ficus fativa fructu violaceo, longo, intùs rubente.* Inft. Figue-Poire, Figue de Bordeaux (*Pl. II, Fig. 2.*) a environ vingt-deux lignes de diametre & trente-deux lignes de hauteur. Sa tête eft bien arrondie, tant fur fon diametre qu'à fon extrémité. L'autre côté s'alonge en pointe affez aiguë, dont l'extrémité, près la queue, eft toujours verte, même dans la maturité du fruit. Dans tout le refte, la peau eft d'un violet foncé, ou rouge-brun, parfemée de petites taches ou points longs d'un vert-clair. Les petites côtes font fort apparentes. Le deffous de la peau eft d'un rouge très-pâle. L'intérieur du fruit eft plutôt fauve, que rouge ou violet.

Cette Figue eft abondante aux deux faifons. Dans les années chaudes, elle eft affez fucculente & fort douce, mais prefque infipide.

CULTURE.

I. Les femences de nos Figues d'été, laiffées fur l'arbre au-delà de leur maturité, & celles des Figues féchées au foleil qui nous viennent de nos Provinces méridionales & de l'Etranger, font fécondes. On les répand fur de la terre meuble dont on remplit des pots ou terrines qu'on place dans une couche, & on tamife par deffus un peu de terre, de forte qu'elles en foient très-peu couvertes; elles levent fort bien, & le jeune plant fait des progrès affez rapides. Mais ces femis font moins propres à fournir des Figuiers d'un prompt rapport, qu'à procurer des variétés ou des efpeces étrangeres, dont il eft difficile de faire venir du plant.

On propage plus ordinairement le Figuier par les marcottes

& les boutures. Des branches de deux ans, & non de la derniere année (qui font trop tendres, & fujettes à s'échauffer & à pourrir) traitées comme il a été expliqué à l'article des Boutures, s'enracinent facilement. Pour les marcottes, on choifit des branches d'un, deux ou trois ans, ou même davantage ; on les couche en terre, ou bien on les paſſe dans un panier, caiſſe ou pot rempli de terre, & on fait une ou pluſieurs inciſions à la partie enterrée. Ces branches pouſſent dans l'année des racines aſſez fortes pour qu'on puiſſe les fevrer & les tranſplanter au printemps ſuivant. Ces boutures & marcottes ſe font vers la fin de Mars, avant que la ſeve du Figuier ſoit en mouvement.

Les bonnes eſpeces de Figuier ſe multiplient encore par la greffe en ſifflet ſur les eſpeces communes.

II. Le Figuier réuſſit dans toutes ſortes de terreins, pourvu qu'ils ne ſoient pas froids & humides, ce qui rendroit ſes fruits tardifs & inſipides. Les cours pavées, les plus mauvaiſes terres, même entre les rochers lui conviennent, ſi elles ſont chaudes, expoſées au midi ou au levant, & abritées du nord & du couchant par des hauteurs, ou mieux par des murs élevés. On peut cependant planter des Figuiers à toute expoſition. Ceux qui ſeront au couchant, ou même au nord, ne donneront pas de Figues d'automne ; mais leurs fruits d'été muriſſant tard, rempliront le vuide entre les premieres & les ſecondes Figues des Arbres plantés au midi.

Dans notre climat, cet Arbre a beſoin d'être défendu des rigueurs de l'hiver qui fait quelquefois périr toutes ſes branches, & nous prive de fruit pendant deux ans, les nouvelles branches qui ſortent de la ſouche, n'en produiſant que la troiſieme année : ou, s'il ne fait périr que les bourgeons de l'année, il renverſe toute notre eſpérance de la premiere ſaiſon. On prévient ces accidents en couvrant les Figuiers. 1°. Si les Arbres ſont plantés contre un mur, que je ſuppoſe en bon état & capable d'empêcher les mauvais effets de la gelée, on abaisse une partie des branches près de terre, on attache les autres contre le mur, après les avoir inclinées aussi horizontalement qu'il est possible sans les rompre ; & on les couvre toutes de litiere, feuilles, fougere, genêts, cossats de pois, bruyere, roseaux, &c. 2°. Si les Figuiers sont plantés en buisson loin des murs, lorsque la saison & la disposition du temps commencent à faire craindre de fortes gelées, on butte le pied de chaque Figuier, on rapproche toutes ses branches les unes des autres le plus près qu'on peut, on les lie en plusieurs endroits avec des liens d'osier ou de paille, on les enveloppe de grande paille retenue avec de pareilles ligatures ; enfin on file un long lien de paille gros comme le bas de la jambe, avec lequel on couvre le tout depuis le pied jusqu'à la cime, faisant toutes ses révolutions les unes immédiatement contre les autres, afin que la gelée & le verglas ne puissent pénétrer. Un Figuier ainsi empaillé représente un cône ou une pyramide. Vers la mi-Mars, on découvre le pied des Figuiers, & à mesure que la saison s'adoucit, on continue à les découvrir successivement, réservant à découvrir l'extrémité lorsqu'il n'y a plus rien à craindre des petites gelées & des pluies froides, c'est-à-dire, au commencement de Mai ; un peu plutôt ou plus tard, suivant la température de l'année & le progrès des Figuiers : car lorsque les fruits ont environ trois lignes de diametre, il faut les accoutumer à l'air, sauf à les couvrir de draps ou de paillassons, si l'on est menacé de quelques nuits trop froides ; de peur qu'ils ne s'étiolent sous la paille, & qu'ensuite le soleil ne les fasse périr. Or l'exposition, & la qualité des terreins, peuvent avancer ou retarder leur progrès de près d'un mois.

Comme on éleve ordinairement les Figuiers en buissons composés de plusieurs branches ou brins qui prennent naissance à fleur de terre, il est bon de rabattre chaque année jusques sur la souche quelqu'un des brins les plus gros & les plus élevés. Pendant que les autres donneront du fruit, la souche produira de nouveaux jets qui seront en rapport lorsque ceux-là, ayant pris trop de hauteur, seront dans le cas d'être rabattus à leur tour. De ce retranchement il résulte plusieurs avantages : 1°. la multiplication des branches, & par conséquent celle des fruits. 2°. Le bas de l'Arbre s'entretient garni de jeune bois, le seul qui porte du fruit. 3°. Les Arbres tenus plus bas, sont plus faciles à couvrir pendant l'hiver, & sont mieux abrités par les murs qui ferment le terrein où ils sont plantés.

III. Après l'hiver on retranche sur les Figuiers tout le bois mort ; on supprime aussi, ou l'on taille à un ou deux yeux, toutes les menues branches dont on ne peut espérer aucun fruit, ou qui sont trop foibles pour en produire de bien conditionné. Car sur cet Arbre ce sont les gros bourgeons qui donnent le plus de fruit & le plus beau. De ces gros bourgeons mêmes, il est utile d'en raccourcir une partie, taillant les plus longs à un pied au plus ; afin d'empêcher l'Arbre de prendre trop de hauteur en peu d'années, & afin de faire pousser à ces gros bourgeons trois ou quatre bourgeons nouveaux, au lieu d'un seul que chacun produit ordinairement ; car, je le répete, l'abondance des fruits suit de la multiplicité des nouvelles branches, ne sortant jamais qu'une fois du fruit de chaque œil du Figuier. Il faut encore retrancher les bourgeons gourmands, qui se connoissent aisément à l'applatissement de leurs yeux & à la grande distance à laquelle ils sont placés ; & s'ils sont nécessaires pour remplir quelque vuide, on les taille à trois ou quatre yeux.

Telle est toute la taille (si elle mérite ce nom) que demandent les Figuiers plantés en pleine terre. Ceux qu'on cultive en caisses (ils sont de peu de rapport, & étrangers à notre sujet) exigent quelques autres attentions, tant à la taille, que dans le reste de leur culture.

Quelques-uns conseillent, & la Quintinye en fait un précepte,

de

de pincer au commencement de Juin les gros bourgeons nouveaux, afin que dans le même été chacun pouſſe pluſieurs autres
bourgeons propres à rendre plus abondante la récolte des premieres Figues de l'année ſuivante. Cette pratique ſans doute eſt
avantageuſe dans les terreins chauds & les bonnes expoſitions,
où ces ſeconds bourgeons peuvent être bien aoûtés avant l'hiver.

Quoique les Figuiers ſubſiſtent bien dans les terreins les plus
ſecs, cependant quelques voies d'eau jettées au pied dans les
ſéchereſſes raniment l'action de la ſeve & augmentent le volume
des fruits. Une goutelette d'huile d'olive miſe avec un pinceau
ou une paille à l'œil des Figues, lorſqu'elles ont acquis environ
deux tiers de leur groſſeur, avance leur maturité, & les fait plus
groſſir que celles à qui on n'a point fait cette opération.

USAGES.

Les Figues ſe mangent crues. Les Figues ſéchées au ſoleil
font une branche du commerce de nos Provinces méridionales,
de l'Eſpagne, de l'Italie, & de pluſieurs pays du Levant. Celles
qui ont été caprifiées contractent un goût déſagréable au four,
où l'on eſt obligé de les faire paſſer. Ainſi elles demeurent toutes
ou preſque toutes dans les pays où la caprification eſt uſitée.

La Figue ſeche eſt auſſi employée en Médecine comme émol-
liente, béchique, adouciſſante, incraſſante, &c. Le ſuc laiteux
qui découle de ſes feuilles & de ſon écorce rompues ou inciſées,
eſt très-cauſtique, laiſſant ſur la peau des taches difficiles à ef-
facer. On s'en ſert pour détruire les verrues.

Magd. Basseporte del.   C.^he Haussard Sculp.

Figue Blanche.

Fig. 1.

Fig. 2.

L.B. del.   P.L. Cor Sculp.

Figue Violette.

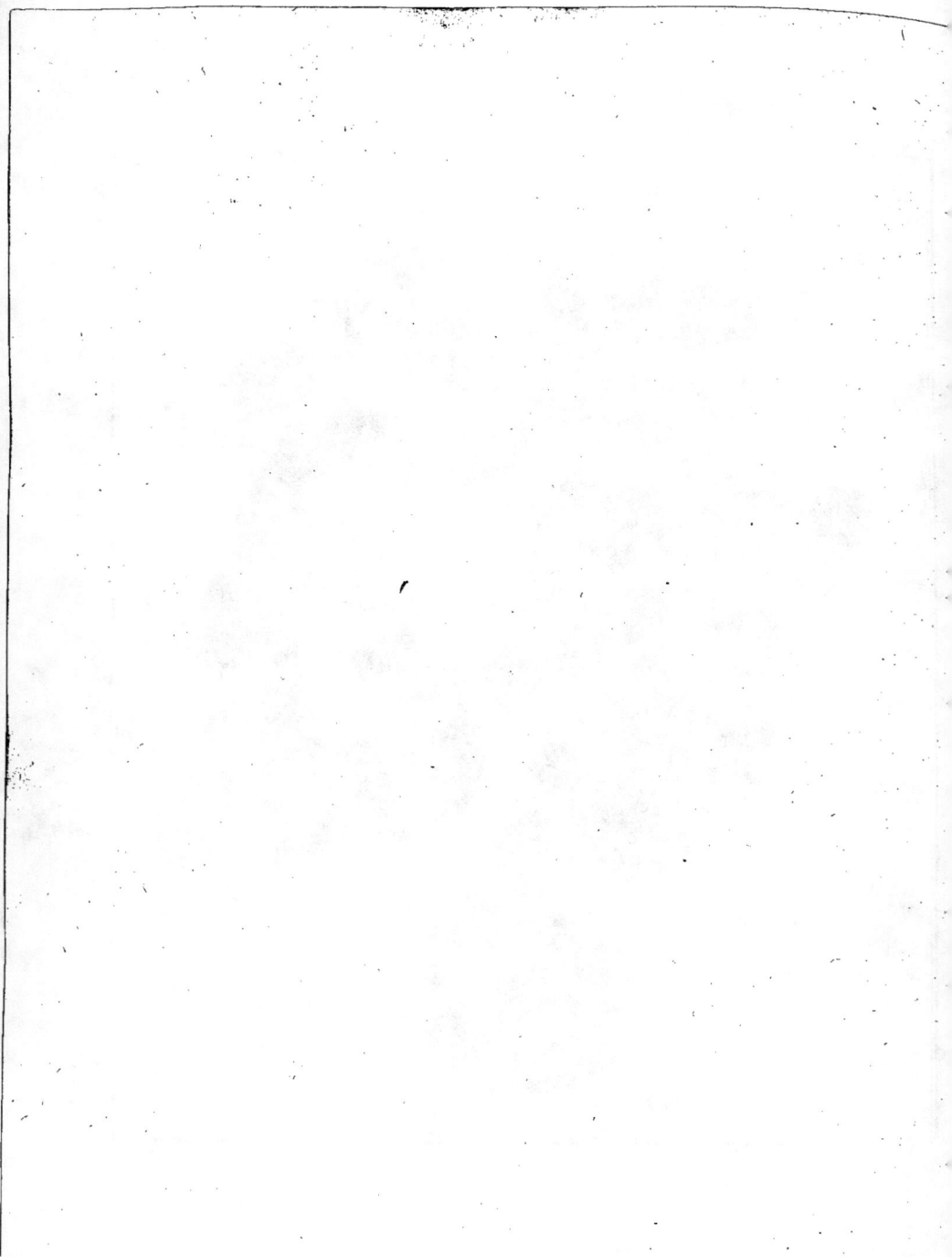

FRAGARIA,
FRAISIER.

DESCRIPTION GÉNÉRIQUE.

Les Fraises étant mifes au rang des fruits rouges, & les accompagnant avec avantage fur les tables pendant près de trois mois ; le Fraifier doit trouver place dans un Traité des Arbres Fruitiers.

1°. Le Fraifier eft une plante vivace dont les feuilles fe développent dans un ordre qui n'eft ni oppofé, ni alterne, mais circulaire ou fpiral, autour d'une tige qui acquiert cinq ou fix lignes de groffeur, & parvient naturellement à deux ou trois pouces de hauteur ; l'Art peut l'élever davantage. La queue des feuilles porte à fa naiffance une membrane mince & tranfparente qui, s'alongeant en pointe fur les deux côtés, forme comme des ftipules qui fubfiftent après le defféchement même de la feuille. Ces membranes fe recouvrent les unes les autres, & embraffent la tige de la Plante.

2°. Sous l'aiffelle de chaque feuille, il fe forme un bouton. Des boutons, les uns dorment, toujours difpofés à s'ouvrir ; d'autres produifent des tiges ou œilletons femblables à la tige qui leur donne naiffance ; d'autres enfin font des pouffes rampantes, (on les nomme fils, fouets, coulants, traînaffes, filets, tirants, jets, &c.) menues, cylindriques, très-longues, quelquefois de deux ou trois pieds, garnies dans leur longueur de plufieurs nœuds ; chaque nœud porte un bouton, & une gaîne qui cou-

vre le bouton & le coulant : à ces nœuds, alternativement de
deux l'un, le bouton fe développe, produit un œilleton de
Fraifier qui s'enracine & forme un nouveau pied; le bouton de
l'autre nœud demeure dormant, ou fi le pied de Fraifier eft
vigoureux, il s'alonge & produit une branche ou filet qui donne pareillement de nouveaux pieds & de nouveaux coulants dans
le même ordre.

3°. La queue des feuilles eft plus ou moins longue, cylindrique, creufée d'un petit fillon dans toute fa longueur, du
côté qui regarde la tige. A fon extrémité, elle fe divife en trois
petits pédicules, qui fe prolongeant, forment l'arrête des trois
folioles dont eft compofée la feuille du Fraifier. La foliole directe eft d'une forme réguliere, fort étroite du côté de fon
épanouiffement, diminuant auffi de largeur à fon extrémité. Les
deux folioles latérales font d'une forme irréguliere; leur arrête
les divifant en deux parties inégales, dont celle qui eft à côté
de la foliole directe, eft à peu-près de même forme, grandeur
& proportion qu'une moitié de cette foliole; l'autre partie eft
plus grande, & beaucoup plus large à fon épanouiffement qu'à
fon extrémité. Les folioles font garnies par les bords de dentelures plus ou moins larges, aiguës, profondes, &c. terminées
par une petite pointe ordinairement de la même couleur que le
fruit. Le dehors des folioles eft blanchâtre, relevé de nervures
qui fortent de la groffe arrête dans un ordre alterne, & fe terminent à l'extrémité de chaque dent. Le dedans eft d'un vert
plus ou moins clair, creufé de fillons correfpondants aux nervures. Les Fraifiers très-vigoureux produifent quelques feuilles
à quatre & même à cinq folioles; ou bien, fur la queue de
la feuille, à deux tiers de fa longueur au-deffus de fa naiffance,
on trouve une ou deux petites oreilles, ou appendices, ou folioles, quelquefois fermées & figurées comme un petit cornet
de papier ou un cône dentelé autour de fa bafe. Tous ces

accidents & les variations qui fe rencontrent dans les feuilles
du Fraifier, dépendent plus de la force de la Plante, ou de
certaines circonftances, que de l'efpece. Mais il y a une variété
conftante de Fraifier à feuilles fimples & entieres qui fera décrite ci-après.

4°. Du centre des œilletons, ou troncs du Fraifier, lorfqu'ils
ont acquis la force néceffaire, il fort des montants, tiges ou
branches à fruit cylindriques, plus gros que les filets, & dont
la direction eft verticale. Le premier nœud de cette tige eft
garni d'une gaîne formée d'une, & plus fouvent de deux membranes oppofées, dont une eft longue & terminée en pointe
aiguë; l'autre eft quelquefois de même forme & grandeur; &
quelquefois elle eft beaucoup plus grande, & découpée en trois
ou en cinq; fouvent l'une des deux accompagne, comme ftipules, la queue très-courte d'une feuille fimple, ou à deux, ou à
trois folioles, qui prend naiffance à ce nœud. De cette gaîne
fortent une fleur portée par un long pédicule, & un ou plufieurs
rameaux qui fe fous-divifent à leur tour de la même façon en
plufieurs autres avec les mêmes accompagnements: ceux-ci fe
ramifient auffi, jufqu'à ce qu'enfin il ne forte plus des nœuds,
que des fleurs qui terminent les dernieres ramifications du montant. Après que cette tige a donné fes derniers fruits, elle fe
deffeche & périt ainfi que l'œilleton qui l'a produite; & les
yeux dormants au-deffous de cet œilleton, s'ouvrent & en forment un ou plufieurs autres; à moins que le pied ne périffe de
vétufté ou d'accident, ou que quelque caufe ne dérange cet
ordre commun. Quelquefois fur les pieds de Fraifier vigoureux, lorfque ces montants fe renverfent fur la terre, ou
que les feuilles les préfervent de l'ardeur du foleil & du deffé-
chement, loin de périr, ils pouffent de leurs premiers nœuds
des feuilles & des racines, & donnent de nouveaux pieds, comme les filets: d'où l'on peut inférer que les gaînes des tiges ne

renferment pas feulement une fleur & des rameaux, mais encore
un bouton ou des rudiments capables de perpétuer la Plante.

5°. Les fleurs font compofées, 1°. d'un calyce d'une feule
piece, divifé par les bords en dix échancrures longues & terminées en pointe, dont cinq extérieures & plus petites recouvrent les divifions des grandes. Celles-ci gardent conftamment
leur grandeur & leur forme. Les petites échancrures varient fouvent; les unes fe fendent par l'extrémité en plufieurs pointes;
d'autres, fur les Fraifiers vigoureux, prennent un accroiffement
confidérable, & dégénerent en membranes découpées femblables aux gaînes des nœuds du montant; quelques-unes fe changent en une petite feuille fimple, ou découpée ou à deux folioles longues de fix à huit lignes, dentelée, bien formée, &
portée par un pédicule long d'une ou deux lignes: 2°. de cinq
pétales blancs, un peu creufés en cuilleron, & attachés par
un onglet fort court fur les bords intérieurs du calyce, aux
points de divifion des grandes échancrures. Leur forme varie
fuivant l'efpece, & fouvent elle eft la même que celle des fruits;
ronde, lorfque le fruit eft fphérique; ovoïde, lorfque le fruit
approche de la forme d'un œuf tronqué. De forte que la forme
des fruits peut quelquefois être indiquée par celle des pétales,
comme leur couleur eft indiquée par celle de la pointe des dents
de la feuille. Ordinairement les fleurs qui fortent des premiers
nœuds de la tige d'un Fraifier vigoureux ont un plus grand nombre d'échancrures & de pétales; & quelquefois le nombre des
pétales excede celui des grandes découpures, & alors ces pétales
furnuméraires fe placent fur un fecond rang devant les autres:
3°. d'une vingtaine d'étamines * de longueur & de direction

* Le nombre des étamines varie fuivant le nombre & la difpofition des pétales, & l'efpece des Fraifiers. Dans les fleurs des Fraifiers d'Europe, il y a ordinairement qua- tre étamines pour chaque pétale placé régu- liérement; & dans celles des Fraifiers d'A- mérique, il y en a cinq ou fix. Ainfi les fleurs de ceux-ci à cinq pétales, ont de vingt-cinq à trente étamines; & celles à fept petales, en ont de trente-cinq jufqu'à quarante-deux.

différentes, les unes se penchant sur les pétales, les autres s'approchant des pistils; elles sont terminées par des sommets d'un jaune-clair. 4°. Le centre de la fleur est occupé par une ou plusieurs centaines de pistils contigus, & rassemblés sur un support charnu, de forme hémisphérique, ou plus souvent alongée & terminée en pointe obtuse. Chaque pistil est formé d'un embryon sur lequel repose un petit style surmonté d'un stygmate. Les styles tombent à la maturité du fruit, ou se détachent aisément. La grandeur des fleurs varie suivant l'espece, la vigueur du Fraisier, & le nœud de la tige d'où elles sortent. Celles qui naissent des premiers nœuds sont les plus grandes (ce sont celles-ci que nous décrirons). Celles qui terminent les derniers rameaux sont les moindres.

6°. Le support grossit & devient un fruit fondant, succulent, de grosseur, couleur, saveur & parfum différents, suivant l'espece & la culture. Les Fraises qui viennent sur les premiers nœuds des montants sont les plus grosses, & dans quelques especes, elles sont souvent d'une forme anguleuse & irréguliere. Comme les fleurs de ces fruits difformes ont presque toujours plus de cinq pétales, il y a lieu de croire qu'il en est de ces Fraises à peu-près comme des Bigarades cornues qui ont ordinairement autant d'excroissances qu'il y avoit de pétales surnuméraires dans leurs fleurs. Les graines, semences, ou pepins sont placées sur la peau de la Fraise, quelquefois entiérement saillantes; quelquefois dans des enfoncements plus ou moins creusés, suivant l'espece, & le renflement du fruit.

Celles des Fraisiers d'Europe à cinq pétales (c'est le très-grand nombre) ne portent que vingt étamines. J'ai dit pour chaque pétale placé réguliérement, comme ils le sont dans toutes les fleurs à cinq pétales. Mais lorsque les pétales surnuméraires sont placés sur un second rang devant les autres, chacun de ces pétales surnuméraires diminue d'une ou de deux le nombre des étamines. Quelquefois ces pétales sont placés derriere les pétales réguliers, & alors ils ne diminuent point le nombre des étamines. Cette observation n'est pas sans exception, & n'a point lieu pour les dernieres fleurs de l'extrémité des montants, dont les parties n'ont ni nombre ni grandeur déterminés.

Les montants, les fouets, la queue des feuilles, &c. des Fraisiers sont garnis de poil ou duvet plus ou moins fort & épais.

ESPECES ET VARIÉTÉS.

I. *FRAGARIA vulgaris fructu rubro.*

FRAISIER commun à fruit rouge. (*Pl. I.*)

FRAGARIA sylvestris. FRAISIER de Bois. *Du Ch.*

LA plupart des Fraisiers dont nous avons à traiter ne se trouvant que dans les jardins, nous ne décrirons point celui-ci tel qu'il est dans les bois, où il s'éleve de lui-même ; mais tel qu'il devient dans les potagers & les terreins cultivés.

Ce Fraisier, qui dans les bois multiplie peu ses œilletons, & dont les folioles des plus grandes feuilles ont à peine deux pouces de longueur sur dix-huit lignes de largeur, reçoit de la culture & du terrein tant d'accroissement & de vigueur, que souvent il forme des touffes de quinze à vingt œilletons qui portent un grand nombre de feuilles dont les folioles ont quelquefois trois pouces huit lignes de longueur, & deux pouces huit lignes de largeur. Leurs bords sont garnis de dentelures longues & très-aiguës. Le dehors est d'un vert blanchâtre relevé de nervures déliées, mais très-saillantes ; le dedans est d'un vert plus gai que foncé, creusé de sillons d'autant plus profonds, que la feuille qui est plissée sur chaque nervure dans le bouton, semble toujours conserver quelqu'impression de cette premiere disposition. Les queues des feuilles sont assez fermes, longues de quatre à sept pouces.

Ses filets sont ordinairement teints de rouge ; ils s'alongent & se ramifient beaucoup.

Chaque œilleton donne souvent plusieurs montants qui s'élevent de six à dix pouces, produisent beaucoup de rameaux,

&

& par conféquent beaucoup de fleurs. Les montants, les filets
& les queues des feuilles font garnis d'un poil fin, court &
peu épais.

Ses fleurs s'épanouiffent bien, parce que les découpures du
calyce s'ouvrent affez pour faire angle droit avec le pédicule de
la fleur, fur lequel elles ne fe renverfent que quand le renflement du fruit, à cette extrémité, leur fait perdre cette premiere
direction : c'eft un caractere propre aux fleurs de la plupart
des Fraifiers de notre continent. Les fleurs qui fortent des
premiers nœuds du montant, ont neuf ou dix lignes de diametre. Souvent leurs pétales furpaffent le nombre de cinq ; & les
échancrures du calyce font fujettes aux accidents indiqués dans
la defcription générique. Les fruits qui fuccedent à ces fleurs
font les plus gros & fouvent anguleux. Je n'ai point vu de ces
Fraifes d'une forme irréguliere dans les bois ; & il s'en trouve
rarement parmi celles de la premiere récolte qu'on fait fur ces
Fraifiers tranfplantés dans les potagers : de forte que ces difformités ne peuvent s'attribuer qu'à une nourriture abondante qui
rend la plante très-vigoureufe, & exubérante dans fes productions.

Les fruits de ce Fraifier, tant dans les bois que dans les potagers, font raccourcis, ayant moins de hauteur que de diametre ; ou alongés, de la forme d'un œuf tronqué, ayant autant ou
plus de hauteur que de diametre. Une Fraife de bois eft belle,
lorfqu'elle a fix lignes de diametre & une hauteur égale. Dans un
terrein cultivé, on en trouve dès la premiere récolte qui ont
neuf lignes de diametre, & de fix à dix lignes de hauteur.

La peau eft d'un rouge foncé vif & brillant du côté du foleil :
le côté oppofé eft d'un rouge plus clair ; en quelques endroits,
d'un blanc un peu verdâtre, ou très-légérement lavé de rouge.

Tout le monde connoît la délicateffe de fa chair, fon goût
& fon parfum ; & quoique la culture retranche prefqu'autant

Tome I.　　　　　　　　　　　　　　　　　　　　F f

de la bonté de cette Fraise, qu'elle ajoute à sa grosseur, nulle autre, excepté celle des Alpes, ne lui peut être comparée.

Les pepins sont placés dans de petits enfoncements sur la peau des grosses Fraises, & à fleur sur les petites. Leur couleur est la même que celle de la peau, mais d'un ton plus foncé.

Les premiers fruits se recueillent sur ce Fraisier, à l'exposition du midi, vers la fin de Mai, & les derniers, à l'exposition du nord, vers la mi-Août.

II. *FRAGARIA vulgaris fructu albo.* C. B. P.

FRAISIER commun à fruit blanc.

FRAGARIA sylvestris alba. FRAISIER blanc. *Du Ch.*

CE FRAISIER est une variété du précédent, dont les caractères suivants le distinguent. 1°. Ses feuilles sont d'un vert plus clair, & la pointe de leurs dents est blanche. 2°. Ses filets ne se teignent point de rouge. 3°. La peau de ses fruits est d'un blanc qui jaunit un peu à leur maturité. 4°. Ses fruits ont moins de goût & de parfum. Les Jardiniers qui savent le distinguer à la feuille, ou qui le reconnoissent à d'autres caractères, le laissent dans les bois, & évitent de le transplanter dans les jardins.

III. *FRAGARIA vulgaris flore semi-duplici.*

FRAISIER commun à fleur semi-double.

FRAGARIA sylvestris multiplex. FRAISIER double. *Du Ch.*

C'EST une autre variété du même Fraisier, dont le caractère distinctif consiste dans la fleur. Ses pétales sont au nombre de vingt à quarante-cinq, disposés les uns devant les autres sur plusieurs rangs, & diminuant de grandeur à proportion qu'ils approchent du support; de sorte que les derniers ne sont qu'un très-petit développement des étamines, dont on apperçoit quel-

quefois les sommets sur le milieu de ces petits pétales. Ses étamines, soit qu'elles soient développées en pétales, soit que ceux-
ci occupent leur place, sont réduites au nombre de cinq à dix.
Le support des pistils, & le fruit qu'il forme, sont moins gros
que ceux du Fraisier, n°. 1 ; mais la couleur, le goût & le parfum sont les mêmes.

La culture de ce Fraisier n'étant avantageuse ni pour le fruit,
dont la grosseur excede peu celle des Fraises des bois, ni pour
la fleur, qui étant petite, ne peut faire une décoration remarquable sur les parterres, on ne le trouve que dans les jardins
de quelques Curieux.

Dans les bois & dans les semis de Fraisier commun, on trouve
quelques pieds de Fraisier à feuilles panachées: *Fragaria vulgaris
variegato folio*. H. R. P. que je ne crois pas devoir regarder
comme une variété ; parce que souvent la maladie disparoît lorsqu'on cultive ces Fraisiers dans une bonne terre ; ou si elle per-
févere, elle ne se communique qu'aux pieds produits par leurs
filets, & ne se transmet point à ceux qui viennent de leurs semences.

IV. *FRAGÀRIA vulgaris sine flagellis* (*ceu ramulis*) *repentibus.*

FRAGARIA eflagellis. Du Ch.

Fraisier sans coulants.

On remarque dans les plants de Fraisiers cultivés, que les pieds
qui jettent beaucoup de filets, tallent peu, & que la plupart de
leurs œilletons ne montent point ; sans doute parce que la substance nécessaire pour les perfectionner est absorbée par les
coulants, qu'on peut regarder comme des jets gourmands qui
ne propagent le Fraisier qu'au préjudice de sa fécondité. Le caractere propre du Fraisier sans coulants, est de ne donner que
des œilletons qui forment une touffe fort étendue, & dont un

grand nombre produit du fruit. Comme ces œilletons fe ferrent les uns les autres, ils s'élevent un peu plus que ceux des autres Fraifiers, & les queues des feuilles s'alongent davantage, ce qui le fait quelquefois nommer *Fraifier-buiffon*. Du refte, toutes fes parties font femblables à celles du Fraifier, n°. 1, dont il eft une variété conftante & très-eftimable, qui fe perpétue fans dégénérer par les œilletons éclatés & par les femences. Les premiers pieds de ce Fraifier ont été trouvés dans les bois, & tranfportés dans les jardins, où il eft encore trop rare. Si le Fraifier commun & le Fraiferat ont quelque commerce enfemble, je foupçonnerois celui-ci d'en être le fruit, réuniffant aux caracteres de ce Fraifier, l'avantage de taller & de ne point filer.

V. *FRAGARIA vulgaris folio fimplici.*

FRAISIER commun à feuille fimple.

FRAGARIA Monophylla. FRAISIER de Verfailles. *Du Ch.*

M. DU CHESNE fils, ayant femé en 1761 des graines de Fraifes communes, gagna une variété à feuilles fimples qui fe perpétue conftamment par les femences & par les filets. Ses œilletons font un peu plus longs, fes montants plus branchus, & fes fleurs plus fujettes à divers accidents qui font marqués dans la defcription générique.

Mais ce qui le caractérife particuliérement, ce font fes feuilles, dont quelques-unes, en très-petit nombre, & fur quelques pieds feulement, font divifées en deux folioles, ou en trois comme celles des autres Fraifiers; d'autres font fimples, découpées plus ou moins profondément, réguliérement en trois pieces, ou irréguliérement en deux; & les autres (c'eft le très-grand nombre) font fimples & entieres, fort larges à leur épanouiffement, d'une forme qui réfulteroit de deux grands côtés de folioles latérales, réunies fur une même nervure, ou mieux, des trois folioles d'une feuille ordinaire, rangées de façon que la foliole directe placée fur les deux latérales, cache leur extrémité. Les côtés de cette feuille qui, près de l'épanouiſſement, font ſi larges que ſouvent ils ſe croiſent & couvrent l'extrémité de la queue, ou ſont joints comme dans les feuilles pavoiſées, montrent, dit M. du Cheſne, « que cette feuille n'eſt pas ſimple par la ſuppreſſion » des deux folioles latérales; mais au contraire par leur réunion » avec celle du milieu ». De même que le grand côté des folioles latérales, la direction de ſes nervures qui, comme celles du Fraiſier de Verſailles, font un angle preſque droit avec la groſſe arrête; & les rudiments de folioles qui naiſſent ſur la queue de quelques feuilles de Fraiſier, ſemblent indiquer que chacune des folioles latérales réſulte de l'aſſemblage de pluſieurs, & que la feuille du Fraiſier pourroit être compoſée de cinq folioles, ou davantage, comme il s'en trouve ſur quelques Fraiſiers, & principalement ſur un Fraiſier vert que M. du Cheſne poſſede depuis peu.

Quoique les accidents qui ſe trouvent fréquemment ſur les fleurs & ſur les fruits du Fraiſier de Verſailles ſoient les ſuites d'une grande vigueur dans les Fraiſiers; cependant, à en juger par ſes feuilles moindres en nombre comme en grandeur ſur chaque œilleton que dans le Fraiſier commun, par leurs queues, & les filets moindres en groſſeur, il ne paroît pas végéter avec une grande force.

VI. *FRAGARIA hortenſis*.

F r a i s i e r cultivé. F r a i s i e r freſſant. *Du Ch.*

Depuis long-temps on cultive avec ſoin des pépinieres de Fraiſier dans pluſieurs villages voiſins de Montlhéry, d'où les habitants de Montreuil, & beaucoup de Jardiniers tirent le plant de leurs Fraiſeraies. On le nomme *Fraiſier de Ville-du-bois*, ou *de Villeboufin*, villages où on l'éleve; plus ordinairement *Fraifier de Montreuil*; M. du Chefne l'appelle *Fraifier Freffant*, du nom du premier Pépiniérifte qui s'eft occupé de fa culture. Eft-ce une efpece différente du Fraifier commun? en eft-ce même une variété? S'il talle un peu davantage, fi fes feuilles font un peu plus grandes, & leurs queues plus longues; fi fes fruits font plus gros, & plus communément anguleux; fes fleurs & les échancrures du calyce plus fujettes à certaines fingularités; toutes ces différences ne vont que d'un peu plus à un peu moins, fans qu'on puiffe déterminer le point ou le degré propre à chacune; & peut-être ne doit-on les attribuer qu'au plus ou au moins de culture. En effet, fi le Fraifier commun, tranfporté des bois dans un bon fond de potager, acquiert une grandeur égale ou peu inférieure à celle du Fraifier de Montreuil, fur-tout lorfque celui-là a été pris dans les endroits où l'on a fait du charbon ou quelqu'autre ouvrage dont les cendres ont engraiffé le terrein; & fi quelques-uns de fes fruits parviennent à la même groffeur; il n'eft pas furprenant que le même Fraifier élevé & cultivé dans des terreins amendés & bien préparés foit plus fort dans toutes fes productions, lorfqu'il eft porté dans un potager, & fur-tout dans les terres de Montreuil & des environs, dont les habitants joignent à une longue expérience & à une intelligence admirable dans la culture, l'avantage du fol qui femble créé exprès pour le Fraifier & le Pêcher; car dans les terres moins favorables au Fraifier, le plant de la Ville-du-bois ne prend point, ou très-peu d'avantage fur celui des bois : & par-tout le parfum de fon fruit eft moindre. Quoique ces différences foient peu confidérables, & qu'elles puiffent n'être pas conftantes; cependant ce Fraifier eft regardé comme une variété bien décidée du Fraifier des bois. Elle a une fous-variété à fruit blanc.

On en cultive une autre variété plus eftimable, dont le fruit eft plus gros, plus parfumé; & d'un rouge-brun très-foncé; on la nomme *Groffe noire*.

VII. *F R A G A R I A minor femper florens ac frugefcens*, *Alpina.*
F r a i s i e r des Alpes. (*Pl. II.*)

F R A G A R I A femper florens. F r a i s i e r des mois. *Du Ch.*

Ce Fraisier fe diftingue bien du Fraifier commun par plu-
.fieurs caracteres. Sa fécondité prefque continuelle, & fa grandeur qui, dans les terreins les mieux cultivés, égale à peine
celle des Fraifiers communs dans les bois, fuffiroient pour établir fa différence.

. Sa tige s'éleve peu. Des boutons qui fe forment fous l'aiffelle
de fes feuilles, les uns produifent des filets très-déliés, mais
pleins de force, dont les nœuds, peu éloignés les uns des autres,
donnent naiffance à de nouveaux pieds, qui, dès qu'ils ont
pouffé quelques feuilles, & fouvent avant que leurs racines
foient attachées à la terre, donnent des fleurs ; au lieu que les
pieds provenus des filets du Fraifier commun ne fleuriffent qu'environ un an après leur naiffance. D'autres boutons pouffent des
montants dont on trouve quelquefois quatre ou cinq fur la
même tige. Quelques boutons, en petit nombre, donnent de
nouveaux œilletons très-foibles & incapables de faire de belles
productions, fi l'on n'a foin de rechauffer le pied, afin qu'ils
s'enracinent, & tirent de la terre une nourriture qui ne leur
eft pas fournie affez abondamment par la tige-mere. De forte
que la culture multiplie peu les œilletons de ce Fraifier, au lieu
qu'elle fait taller confidérablement le Fraifier commun, qui,
dans les bois, n'a fouvent qu'une tige.

Ses feuilles font à peu-près de la même grandeur que celles
du Fraifier commun non cultivé, les folioles des plus grandes
ayant au plus vingt-cinq lignes de longueur, fur une largeur de
quinze à dix-huit lignes. Le dehors & le dedans font garnis
d'un poil fort court & peu épais, mais plus fenfible que fur la
feuille du Fraifier commun. La dentelure, la difpofition des

nervures, &c. font les mêmes. Le poil de la queue des feuilles, des coulants & des montants, eft plus long & plus épais.

Ses montants font menus, s'élevent rarement au-deffus de fix pouces, & ne fe divifent pas en un grand nombre de rameaux. Les fleurs qui fortent des premiers nœuds des montants ont environ fix lignes & demie de diametre. Rarement elles ont des pétales furnuméraires ; mais les petites découpures du calyce fe refendent prefque toutes, & les premiers nœuds manquent rarement de donner naiffance à une feuille.

Ses fruits font plus gros que les plus belles Fraifes de bois. Ceux qui fortent des premiers nœuds du montant ont quelquefois près de huit lignes de diametre, fur plus de neuf lignes de hauteur. Leur forme eft très-alongée ; ceux qui font les plus arrondis fe terminent toujours par une pointe, & ne font pas applatis par les deux extrémités ; cependant le plant qui commence à dégénérer, en produit qui font fphéroïdes fort applatis par les extrémités. Les premiers fruits qu'on recueille fur les jeunes plants élevés de femences, font ordinairement beaucoup plus longs que ceux qui viennent fur les pieds formés par les filets des vieux Fraifiers ; ils font coniques, très-alongés, prefque cylindriques.

La peau eft d'un rouge-brun plus foncé que celle des Fraifes communes.

La chair a autant de goût & de parfum, & fe conferve beaucoup plus long-temps fans fe corrompre.

Les pepins font très-nombreux, d'un brun foncé, placés fur la furface de la peau fans enfoncement. Etant femés en Mars, Avril, ou Mai, on recueille du fruit avant l'hiver fur les pieds qui en proviennent, environ quatre mois après qu'ils font levés : au lieu que le jeune plant des autres Fraifiers élevé de graines, ne fleurit que la feconde ou troifieme année.

Quoique le Fraifier des Alpes ne ceffe de nouer & de mûrir

des

des fruits tant qu'on peut le préferver des grands froids, & foutenir fa végétation, & par conféquent en donner tous les mois de l'année dans notre climat même, lorfque l'hiver n'eft pas trop rude; cependant on n'en recueille abondamment que depuis le mois de Mai jufqu'à la fin de Septembre.

Il eft plus néceffaire pour ce Fraifier que pour aucun autre, de couvrir de mouffe defféchée le terrein où il eft planté, & d'en renouveller fréquemment le plant, que la culture fait bientôt dégénérer. Il veut un terrein fort léger.

VIII. *FRAGARIA sylveftris, flore hermaphrodito, abortivo.*

FRAGARIA sylveftris abortiva. Du Ch.

Fraisier Coucou.

Lorsqu'on arrache du plant de Fraifier dans les bois, on eft fouvent féduit par la vigueur de certains pieds, qui femblent promettre des fruits beaux & abondants: on les cultive avec foin, & on n'en recueille rien. C'eft un Fraifier ftérile connu fous le nom de *Fraifier Coucou.*

Ses feuilles, à peu-près de même forme & grandeur que celles du Fraifier commun, font un peu plus liffes, d'une étoffe plus mince, d'un vert plus foncé, & plus garnies de poil; leur dentelure ne paroît point différente. Elles font portées par des queues plus menues & plus longues; & ainfi les touffes font plus élevées.

Ses filets font grêles, très-longs, & très-garnis de nœuds qui propagent beaucoup ce Fraifier.

Ses montants, leurs rameaux, & les pédicules des boutons à fleurs font longs & effilés, tenant prefque le milieu entre ceux du Fraifier commun, & ceux du Fraifier vert, n°. 17.

Sa fleur reffemble plus à celle du Fraifier vert qu'à celle du Fraifier commun. Les petites échancrures du calyce font alongées,

Tome I.   G g

& rarement elles fe refendent. Les divifions intérieures fe referment fur le fupport, après que les pétales font tombés. Les étamines font bien conditionnées, & leurs fommets remplis de pouffiere. Quoiqu'il ne paroiffe aucune défectuofité dans les piftils, cependant ils avortent, & le fupport fe deffeche entièrement, ou ne prend point d'accroiffement total ni régulier; car quelquefois un feul piftil, ou trois ou quatre font fécondés, & la partie du fupport qui les foutient, groffit, & forme comme une baye, ou une portion de Fraife; ou, fi ces piftils font éloignés les uns des autres, comme un fruit irrégulier compofé de plufieurs petites bayes collées & unies fur un même fupport; telles qu'on voit quelques Framboifes, dont le plus grand nombre des embryons eft avorté. Ces productions informes fe teignent légérement de rouge, du côté du foleil.

Ainfi ce Fraifier doit plutôt être détruit par-tout où il fe trouve, que cultivé & multiplié.

IX. *FRAGARIA pubefcens, flore ampliffimo, fructu maximo, Chiloenfis.*

FRAISIER du Chili. (*Pl. III.*)

FRAGARIA Chiloenfis. Frutiller. *Du Ch.*

IL n'y a point de Fraifier auffi facile à reconnoître que celuici, ayant des caractères particuliers qui le diftinguent bien de tous les autres Fraifiers. Sa végétation & fes accroiffements font lents. Il eft peu touffu, parce qu'il multiplie peu fes œilletons, & que chaque œilleton n'a ordinairement que huit ou dix feuilles. Ses montants, fes filets, la queue de fes feuilles font beaucoup plus gros que ceux d'aucun Fraifier; & toute la plante, excepté fon fruit & les parties intérieures de fa fleur, eft garnie de poil blanchâtre, long & fort épais.

Ses feuilles, portées par des queues longues de trois pouces

& demi à cinq pouces, font moins étendues que celles du Fraifier commun cultivé, & d'une étoffe très-épaiffe. Par dehors
elles font d'un vert pâle, relevées de nervures affez faillantes :
le dedans eft moins velu que le dehors, d'un vert foncé, & les
fillons y font peu marqués. La foliole directe, foutenue par un
pédicule long de deux à quatre lignes, eft arrondie par l'extrémité, & fe termine en pointe peu aiguë à fon épanouiffement ;
fa longueur eft de vingt-quatre à vingt-fept lignes, & fa largeur
eft de dix-huit à vingt & une lignes. Les folioles latérales s'élar-
giffent beaucoup plus vers leur épanouiffement qu'à leur extrémité ; leur longueur & leur largeur font à peu-près égales ; leur
arrête les divife fuivant leur longueur en deux parties, dont l'inférieure eft beaucoup plus grande que l'autre. Ainfi toutes les folioles font plus larges à proportion de leur longueur, que celles
d'aucun autre Fraifier. Leurs bords font garnis de dents peu
profondes & peu aiguës, les unes figurées comme la pointe d'un
écuffon d'armoiries, d'autres en arc de cercle, quelques-unes
plus aiguës, toutes terminées par une très-petite pointe. Il n'eft
pas rare de trouver fur la queue un ou deux appendices longs de
huit ou dix lignes & larges de fept ou huit. Pendant que les
feuilles font jeunes, leurs folioles retenant beaucoup de la difpofition qu'elles avoient dans le bouton, fe roulent ou fe creufent en cuilleron ; par la fuite elles s'ouvrent & s'étendent davantage.

Ses montants s'élevent affez droits, font peu branchus, &
portent rarement plus de fept ou huit boutons à fleurs, dont
les derniers avortent ordinairement. Les fleurs des premiers
nœuds font très-grandes, quelques-unes ayant plus de dix-huit
lignes de diametre, lorfqu'on les étend ; car les pétales fe roulent, fe plient, fe gaudronnent par les bords, & la direction des
échancrures du calyce s'oppofe à leur parfait épanouiffement,
parce qu'elles tendent à fe rapprocher ; & après la chûte des pétales,

elles fe referment fur le fupport. Lorfqu'il groffit, elles font obligées de céder & de s'ouvrir; mais elles demeurent toujours appliquées fur le fruit, fans s'en écarter ni fe renverfer fur le pédicule. Ce caractere eft commun à ce Fraifier & à plufieurs des fuivants. Le nombre des échancrures varie de dix à feize: une partie des extérieures fe fend en deux ou trois pieces fuivant fa longueur. Souvent les pétales font plus nombreux que les échancrures intérieures ; & les furnuméraires fe placent devant les autres fur un fecond rang. Le centre de la fleur eft occupé par un gros fupport couvert d'un grand nombre de piftils bien conformés, bien conditionnés, & capables de fécondité. Autour de fa bafe font attachées fur le calyce plus de quarante étamines dont les filets font fort courts, & les fommets avortés & fans pouffiere, & par conféquent impuiffants pour féconder les piftils; de forte que ces fleurs, qui paroiffent hermaphrodites, n'ont réellement qu'un fexe : & foit que le fexe mâle y foit devenu impuiffant en changeant de continent; foit qu'il n'exifte point d'individus hermaphrodites parfaits; foit qu'il n'exifte point d'individus mâles; foit que les Voyageurs à qui nous devons ce Fraifier, n'ayent choifi que les pieds fur lefquels ils ont vu de beaux fruits, & ayent méprifé les autres comme ftériles, ignorant que la fécondité de ceux-là en dépend; nous ne connoiffons en Europe que des individus femelles ou hermaphrodites imparfaits.

Cependant des fécondations étrangeres ont rendu utile, dans quelques endroits du Royaume, la culture de ce Fraifier qu'on y voit planté avec des Fraifiers Ecarlate, Ananas, &c. & quelquefois il a donné des fruits dans plufieurs jardins de Paris; foit que le vent ait porté fur fes fleurs la pouffiere des étamines de quelqu'autre Fraifier voifin; foit qu'il fe foit trouvé dans quelqu'une de fes fleurs des étamines bien conditionnées & capables de féconder fes piftils; ce qui eft néceffairement arrivé, s'il eft vrai, comme plusieurs l'assurent, qu'il ait produit des fruits étant sequestré, & hors de la portée de tout autre Fraisier. Enfin, M. du Chesne a découvert que le Capron mâle féconde très-bien le Fraisier du Chili. Ainsi le défaut de ses étamines, & l'absence de son individu mâle peuvent être réparés.

Mais la fleurison de ce Fraisier étant fort tardive, & ses premieres fleurs ne s'ouvrant quelquefois qu'avec, ou même après les derniers fleurs des Fraisiers qui peuvent le féconder; il faut que l'industrie, & l'intelligence dans la culture, lui assurent à temps les secours nécessaires pour rendre ses fleurs fécondes. On peut donc 1°. planter une planche de Fraisiers du Chili entre deux planches de Fraisiers Ananas, Capron, Framboise, Ecarlate, &c. dans l'espérance que quelques pieds plus lents à fleurir concourront avec le Fraisier du Chili. 2°. Planter le Fraisier du Chili dans un terrein chaud & bien exposé; transplanter en pots dans le mois de Mars des Fraisiers propres à le féconder, & les tenir à l'exposition du nord (deux moyens d'en retarder les fleurs); les porter auprès des Fraisiers du Chili lorsque ceux-ci commenceront à fleurir. 3°. Choisir dans les Fraisiers Ananas, Ecarlate de Bath, Ecarlate de Virginie qui ont donné du fruit en Mars sous des chassis, les pieds les plus vigoureux, & les planter entre les Fraisiers du Chili : ordinairement ceux-là commencent à refleurir en Juin & en Juillet, temps de la fleur du Fraisier du Chili. Ceux qui s'appliquent à la culture de ce Fraisier, pourront trouver d'autres voies pour arriver au même terme. J'ai oublié d'éprouver si les Fraisiers des Alpes ne pourroient pas féconder le Fraisier du Chili. Comme ils ont des fleurs presque toute l'année, ils lui fourniroient plus sûrement, qu'aucun autre, les secours dont il a besoin pour être fécond.

Les fleurs fécondées donnent des fruits plus gros que ceux d'aucun autre Fraisier. Souvent ceux des premiers nœuds ont plus de seize lignes de diametre, sur une hauteur presqu'égale

(fi l'on en croit des Mémoires écrits fur ce Fraifier , il en porte d'une groffeur beaucoup plus confidérable). Quoique le diametre de cette Fraife excede ordinairement fa hauteur, cependant elle paroît un peu alongée , étant beaucoup plus renflée vers le calyce qu'à l'autre extrémité , qui fe termine plus fouvent par un fommet un peu élevé, que par une pointe.

Sa peau eft unie & brillante , très-légérement lavée de rouge du côté de l'ombre , dont quelques endroits demeurent d'un blanc un peu jaunâtre : l'autre côté fe teint d'un beau rouge peu foncé.

Sa chair eft ferme , d'un goût & d'un parfum excellents , inférieurs cependant à ceux de la Fraife Ananas. J'ai confervé de ces Fraifes pendant près de huit jours fans aucune altération.

Ses pepins font peu nombreux , fort gros , d'un rouge-brun , placés en faillie fur la fuperficie de la peau.

Ce Fraifier réuffit mal dans les terres froides , humides , compactes. Un terrein chaud , léger , fablonneux , donne de la vigueur à la plante , de la groffeur & du parfum au fruit.

X. *FRAGARIA* flore magno , fructu dilutè coccineo majore , feminibus in cortice loculofo depreffis , Bathonica.

FRAISIER Ecarlate de Bath. (*Pl. IV.*)

CE FRAISIER , nommé par quelques Jardiniers *gros Ecarlate* , *Ecarlate double* , & plus connu fous le nom d'*Ecarlate de Bath* , ville du Comté de Sommerfet , où vraifemblablement on a commencé à le cultiver , paroît le plus grand de tous les Fraifiers ; & quoiqu'il offre à l'œil un Fraifier fort différent du Fraifier du Chili ; cependant , en l'examinant , on peut le foupçonner d'en tirer fon origine. On pourroit même les confondre au printemps lorfque fes feuilles naiffantes , fes filets vigoureux , & fes montants gros & courts , n'ont pas encore acquis leur grandeur, ſi toutes ces parties n'étoient pas beaucoup moins garnies de poil.

Lorſque la bonté du terrein & l'ombre favoriſent ſa végétation, ſes feuilles, ſoutenues par de groſſes queues longues de ſept à huit pouces, prennent une grande étendue ; leurs folioles ont plus de quatre pouces de longueur & plus de trois pouces de largeur : & il s'en trouve beaucoup qui ſont compoſées de quatre grandes folioles de quatre à quatre pouces & demi de longueur, & de deux pouces & demi à trois pouces de largeur, dont les deux inférieures ſont diviſées très-inégalement ſuivant leur longueur par l'arrête, & les deux autres moins également que la foliole directe des feuilles ordinaires. Les dentelures, grandes à proportion de l'étendue de la feuille, ſont formées par des arcs aſſez courbes, terminées par des onglets fort aigus. L'étoffe des feuilles eſt forte & épaiſſe ; les ſillons & les nervures ſont peu marqués ; la ſurface eſt unie & luiſante, quoiqu'un très-grand nombre de petits ſillons qui ſe rencontrent & ſe coupent en divers ſens, la rende preſque ſemblable à du maroquin. La foliole directe arrondie à ſon extrémité, & diminuant preſque réguliérement de largeur vers le pédicule, qui eſt long de trois à huit lignes, eſt d'une forme approchant de celle d'une raquette.

Les montants ſont fort gros, & prennent une direction oblique plutôt que verticale. Au temps de l'épanouiſſement des premieres fleurs, ils n'ont, de leur naiſſance à leur premier nœud, que de ſix à douze lignes ; au temps de la maturité du fruit, ils ont de dix-huit lignes à trois pouces. Ils ſe diviſent & ſous-diviſent en pluſieurs rameaux & pédicules ; & portent rarement plus de dix boutons à fleurs, dont les derniers ne s'ouvrent point, ou fleuriſſent & ne nouent point : de ſorte que ce Fraiſier eſt de rapport médiocre.

Les fleurs ſont grandes : celles des premiers nœuds du montant ont jufqu'à quatorze lignes de diametre. Le pédicule s'implante au fond du calyce dans un enfoncement qui fe creufe davantage à mefure que le fruit fait du progrès. Les échancrures du calyce font larges, un peu plus courtes que les pétales, au nombre de dix à quatorze. Les pétales font de largeur & longueur prefque égales; les uns fe creufent; les autres fe roulent ou fe plient diverfement; ils diminuent beaucoup de largeur à l'extrémité, qui fe termine prefqu'en pointe; leur nombre fuit celui des divifions intérieures du calyce, & rarement il s'en trouve de furnuméraires. Les fommets des vingt-cinq à quarante-deux étamines font de groffeur médiocre, portés par des filets dont les plus longs ont à peine deux lignes & demie. Le fupport eft petit à proportion des autres parties de la fleur, n'ayant qu'environ deux lignes de diametre; il eft couvert de piftils dont les ftyles font affez longs & fort déliés. Ces fleurs répandent une odeur très-fenfible. Lorfqu'elles font paffées, les échancrures du calyce fe referment fur le fupport comme celles du Fraifier précédent; mais elles s'en écartent davantage, quand le fruit a acquis fa groffeur.

Des fruits, les uns font fphéroïdes, les autres font ovoïdes. Quelques pieds les produifent tous de l'une de ces deux formes; fur d'autres ils font mêlés, les uns alongés, les autres plus ou moins arrondis. Le diametre des gros fruits ronds eft de douze ou treize lignes, & leur hauteur d'environ dix lignes. La hauteur des gros fruits longs eft de douze à treize lignes, & leur diametre, d'autant à leur plus grand renflement. La queue eft groffe, longue de douze à quinze lignes.

La peau, du côté du foleil, eft d'un rouge écarlate peu foncé, & les pepins font d'un rouge-brun. L'autre côté fe teint légérement de rouge, & les pepins font d'un rouge écarlate.

Les feuilles s'élevant beaucoup plus que les môntants, & dérobant le foleil à la plupart des fruits, le côté le plus expofé ne

prend

prend souvent qu'un rouge clair, & les pepins un rouge vif;
le côté inférieur demeure blanc, ou se lave de rouge très-clair,
mêlé de jaune, & les pepins sont d'un rouge clair, ou d'un
jaune presque paille.

Les pepins sont petits, placés dans de petites niches ou cavités dont la profondeur est ordinairement égale au diametre
du pepin, souvent est plus grande.

La chair est d'une consistance moins ferme que celle des
Fraises du Chili, d'un goût & d'un parfum agréables.

Ce Fraisier veut le même terrein que le Fraisier du Chili.

XI. *FRAGARIA glabra, fructu coccineo minore, seminibus in cortice loculoso altiùs depressis, Virginiana.*

Fraisier Ecarlate de Virginie (*Pl. V.*)

FRAGARIA Virginiana. Fraisier Ecarlate. *Du Ch.*

Il y a long-temps que ce Fraisier est connu dans nos jardins
sous les noms de *Fraisier Ecarlate, Petit Ecarlate, Fraisier de
Hollande, Fraisier de Barbarie, Capron, &c.* Ses œilletons
nombreux & fort garnis de feuilles, le rendent plus touffu que
la plupart des autres Fraisiers.

Ses feuilles sont grandes, d'un vert un peu bleuâtre en dedans,
& plus clair en dehors; les dents sont plus longues, plus étroites
& plus aiguës que celles d'aucun autre Fraisier. Les folioles,
souvent longues de plus de cinq pouces, sur trois pouces & demi de largeur, élancées vers leur naissance, sont d'une forme
alongée qui les distingue bien; leurs nervures sont très-fines &
peu saillantes, & les sillons correspondants sont plutôt tracés
que creusés. Aussi ces folioles se soutiennent mal, se renversent
en dehors & se roulent en dedans. L'étoffe des feuilles est ferme,
mais très-mince; leur surface est lisse; elles sont portées par des
queues assez courtes, sur lesquelles on apperçoit plus de poils

Tome I. H h

que fur les autres parties de ce Fraifier, qui, en comparaifon des autres, peut paffer pour n'en point avoir.

Ses filets font longs & vigoureux, d'un vert tirant fur le jaune, & rarement fe teignent de rouge. Comme il file autant qu'il talle, il fe multiplie abondamment.

Ses montants, qui s'élevent prefque toujours obliquement & penchés vers la terre, font fort courts, ayant d'un à trois pouces au plus de longueur jufqu'à leur premier nœud. Ils portent rarement plus de dix fleurs (ordinairement de quatre à neuf), dont les pédicules font longs & menus, & s'implantent au calyce dans un enfoncement.

Les grandes échancrures du calyce font longues, étroites, & terminées par une pointe très-aiguë : les divifions extérieures fe fendent fouvent en deux ou trois. Les premieres fleurs de chaque montant ont environ neuf lignes de diametre, & prefque toujours fix ou fept pétales placés réguliérement, & par conféquent douze ou quatorze échancrures au calyce. Les pétales font de forme ovoïdale, beaucoup plus étroits à l'extrémité qu'au milieu. Les autres fleurs ont fix ou fept lignes d'étendue, & rarement plus de cinq pétales, dont la forme eft plus arrondie. Les fommets des étamines font petits, & portés par des filets longs & très-déliés. Le fupport eft petit, mais fon accroiffement eft affez rapide, pour que la maturité du fruit prévienne de quinze jours celle de nos Fraifes communes.

Lorfque les pétales font tombés, les petites divifions du calyce demeurent à peu-près dans la même direction qu'elles avoient pendant l'épanouiffement de la fleur, faifant un angle droit avec le pédicule : mais les grandes divifions fe referment prefqu'entiérement, & demeurent appliquées fur le fruit jufqu'à ce qu'il ait acquis fa maturité. Alors toutes les divifions, grandes & petites, prennent différentes directions ; les unes demeurent couchées fur le fruit ; les autres fe renverfent fur le pédicule ; d'autres fe contournent en divers fens.

Le diametre des plus gros fruits excede rarement neuf lignes ;
& leur hauteur eft prefqu'égale ; leur forme approche de celle
d'un œuf tronqué. Ceux qui viennent vers l'extrémité du montant font beaucoup moindres, & leur extrémité eft plus obtufe.

La peau eft, du côté du foleil, d'un beau rouge écarlate brillant ; & les pepins font d'un rouge-brun. L'autre côté eft d'un
rouge écarlate lavé, & fouvent mêlé de jaune en quelques endroits ; les pepins font, les uns d'un rouge clair, les autres d'un
jaune pâle.

. La chair, quoique très-fondante, eft peu fine. Son parfum
eft particulier, médiocrement agréable lorfqu'on mange cette
Fraife feule, mais très-bon lorfqu'on la mêle avec les Fraifes
communes.

Les pepins font placés dans des cavités ou alvéoles dont la
profondeur eft quelquefois égale à deux diametres des pepins,
& qui font bordées de renflements de la peau très-faillants, qui
rendent la fuperficie du fruit très-inégale.

Ce Fraifier, facile à diftinguer de tous les autres, & qui ne
reffemble à l'Ecarlate de Bath même, que par le nom, & un peu par
la couleur de fes fruits, réuffit bien dans toutes fortes de terreins,
& à toute expofition. Il s'accommode de la chaleur artificielle
des ferres chaudes & des chaffis ; & après y avoir donné du fruit
en Mars & Avril, fi on le tient quelque temps à l'ombre, &
qu'enfuite on le plante en pleine terre, il donne une feconde
récolte abondante en Septembre.

Quelques Jardiniers donnent à ce Fraifier une variété qu'ils
appellent *Ecarlate de Canada*, dont les fleurs font plus grandes,
quelques-unes ayant un pouce de diametre, & les pétales un
peu plus arrondis par l'extrémité. Ses montants font encore plus
courts (la plupart n'ont que fix ou huit lignes jufqu'au premier
nœud) ; s'inclinent ordinairement davantage, & portent un plus
grand nombre de fleurs, de dix à quinze. Le parfum de fes fruits

H h ij

paroît un peu meilleur. Mais toutes ces différences n'étant pas faciles à faifir, ni également fenfibles fur tous les pieds, je ne fais fi elles font fuffifantes pour établir une variété.

XII. *FRAGARIA flore ampliffimo, fruĉtu Ananæ faporem & odorem referente.*

FRAGARIA Ananaffa. Du Ch.

FRAISIER Ananas. (*Pl. VI.*)

SI L'ON n'avoit vu naître ce Fraifier des femences de la Fraife du Chili, on auroit difficilement foupçonné fon origine, ayant moins de reffemblance avec fon auteur, qu'avec l'Ecarlate de Bath.

Ses filets, fes montants & les queues de fes feuilles font prefqu'auffi gros que ceux du Fraifier de Bath. Ses feuilles font un peu moindres, de même forme, de la même nuance de vert foncé en dedans, & de vert-clair-bleuâtre en dehors; leur dentelure eft un peu plus profonde, & moins obtufe; leur furface eft plus liffe, & imite moins le marroquin; les pédicules des folioles font plus longs. Enfin les feuilles, & toutes les parties de la plante font plus garnies de poil, mais beaucoup moins que le Fraifier du Chili.

Ses montants s'élevent droits. Au temps de la fleur, ils ont environ trois pouces de hauteur à leur premier nœud. De la gaîne de ce nœud, qui eft ordinairement accompagnée d'une feuille fimple, il fort de deux à cinq rameaux, dont chacun fe divife en deux ou trois pédicules terminés par des boutons à fleur, & rarement fe ramifie davantage. Le bouton eft gros, court, très-renflé vers fon pédicule.

Ses fleurs, prefqu'auffi grandes, & plus régulieres que celles du Fraifier du Chili, en different effentiellement par la réunion des deux fexes, qui les rend hermaphrodites parfaites. Les divifions du calyce font fort grandes, au nombre de dix à feize, dont les petites fe refendent quelquefois en deux ou trois. On y trouve communément fix ou fept pétales, rarement cinq. Ces pétales font un peu plus longs que larges, fe rétréciffent par les deux extrémités, ne fe creufent point ; & lorfque la fleur eft entiérement épanouie, ils forment différents replis, & fe roulent en deffous.

Les filets des étamines très-déliés, longs d'une ou deux lignes, portent de fort gros fommets. Le fupport eft gros, élevé, & terminé comme le petit bout d'un œuf.

Ses fruits varient beaucoup dans leur forme. Les uns (c'eft le plus grand nombre) font ovoïdes ; d'autres font fphéroïdes fort applatis par les extrémités ; quelques-uns font irréguliers, applatis fuivant leur hauteur, & terminés par plufieurs pointes qui, étant rangées l'une à côté de l'autre, rendent l'extrémité de ces fruits fort large & plate ; enfin il s'en trouve un affez grand nombre d'un diametre beaucoup plus grand que leur hauteur, très-renflés du côté du calyce, terminés à l'autre extrémité par un fommet dont les côtés ont un peu plus de convexité que des arceaux gothiques. La groffeur des Fraifes Ananas, eft bien inférieure à celle des Fraifes du Chili, prefqu'égale à celle des Ecarlates de Bath. Les queues font attachées au calyce au centre d'une cavité large & profonde. Les échancrures du calyce demeurent appliquées fur le fruit, & s'en écartent beaucoup moins que celles de l'Ecarlate de Bath.

La peau eft liffe & brillante : le côté de l'ombre eft d'un blanc un peu jaune, légérement lavé de rouge, & les pepins font rouges : le côté du foleil eft d'un rouge-pâle compofé d'un mélange de rouge-brun & de jaune, & les pepins font d'un rouge-brun.

La chair eft moins ferme, & a moins de fraîcheur que celle de la Fraife du Chili ; mais fon eau abondante eft d'un goût &

d'un parfum très-agréables, imitant ceux de l'Ananas.

Les pepins, peu nombreux, font plus gros que ceux de la Fraife de Bath, moindres que ceux de la Fraife du Chili, & de même faillants fur la peau; quelques-uns y font tant foit peu enfoncés.

Nota. La Figure de ce Fraifier ne repréfente qu'une feuille de moyenne grandeur & une feuille naiffante; & les fruits attachés à une tige incomplette, ne font pas de la forme la plus ordinaire à ces Fraifes. Elle peut être fuppléée par la Figure du Fraifier de Caroline, dont la tige & les fruits, un peu plus gros qu'ils ne font ordinairement, repréfentent bien ceux du Fraifier Ananas.

Ce Fraifier & le fuivant languiffent & périffent bientôt dans les terres compactes, ou glaifeufes.

XIII. *FRAGARIA flore magno, Carolinienfis.*
FRAISIER de Caroline (*Pl. VII.*)

CE FRAISIER a tant de reffemblance avec le précédent, qu'il eft difficile de l'en diftinguer, fi l'on ne l'examine avec attention. 1°. Toutes fes parties font un peu moindres que celles du Fraifier Ananas. 2°. Il eft beaucoup moins garni de poil. 3°. Ses montants font plus courts. 4°. Ses boutons à fleurs font plus alongés, & moins renflés. 5°. Les divifions du calyce font plus grandes, & les petites fe fendent rarement. 6°. Les pétales font un peu moins étendus, & dans la plupart des fleurs, ils n'excedent point le nombre de cinq. 7°. Le fupport paroît moins gros. 8°. Les fruits font moindres, ordinairement réguliers dans leur forme, prennent un peu plus de couleur; leur parfum excellent eft cependant moins agréable que celui de la Fraife Ananas, dont il approche beaucoup. 9°. Dans les femis de Fraifiers Ananas, on n'a jamais trouvé de variété fort fenfible; au lieu que les graines

du Fraifier de Caroline ont produit des Fraifiers très-différents
dans leurs fleurs, leurs fruits, & toutes les parties de la plante.

XIV. *F R A G A R I A fcabra, flore fœmineo, fruɛlu purpureo, Mofchato:*
Capron femelle. (*Pl. VIII.*)
F R A G A R I A Mofchata. Capiton. *Du Ch.*

Les Jardiniers abufent du nom de ce Fraifier pour défigner
des Fraifiers dégénérés, dont les fruits font gros, mais infipides,
ou défagréables au goût. Croire que des Fraifiers fe changent
par la culture & dégénerent en Caprons, c'eft une erreur. Le
Capron eft une efpece ou race bien décidée, qui fe perpétue
conftamment par fes filets & fes femences, & conferve des ca-
raɛteres qui lui font propres, & qui le diftinguent bien des autres
Fraifiers. Et fi fa culture eft tellement négligée que la plupart
des Jardiniers ne le connoiffent que de nom, c'eft plutôt à caufe
de fa ftérilité à laquelle ils ne favent pas le remede, qu'à caufe
de la qualité de fes fruits; puifque fous d'autres noms, qui le dérobent aux préventions vulgaires, on le trouve dans quelques
jardins traité avec diftinɛtion, & cultivé avec foin.

Ses touffes, par le nombre de leurs œilletons & de leurs feuilles, font plus fortes que celles d'aucun autre Fraifier, excepté
celles du Fraifier fans coulants. Ses montants, fes filets, & la
queue de fes feuilles font beaucoup plus longs & plus gros que
ceux du Fraifier commun cultivé, & garnis de poil plus rude &
plus épais.

Ses feuilles, portées par des queues longues de fept à huit pouces, font beaucoup plus grandes que celles du Fraifier commun;
& la longueur des folioles eft plus grande à proportion de leur
largeur. Celle du milieu a quelquefois plus de quatre pouces de
longueur, fur trois pouces neuf lignes de largeur; elle s'élance
ou fe rétrécit beaucoup par les extrémités, mais moins à fon

épanouiſſement qu'à l'autre bout. Les folioles latérales ſont de même largeur vers leur pédicule, un peu moins longues, & ſe terminent en pointe plus étroite. Les bords ſont garnis de dents longues, terminées en pointe aiguë ; leurs côtés forment des arcs aſſez courbes. Le dedans eſt d'un vert-clair un peu jaune ; le dehors, d'un vert-blanchâtre. Le dehors étant relevé d'arrêtés qui donnent naiſſance à un très-grand nombre de petites nervures fort ſaillantes, & le dedans creuſé profondément d'autant de ſillons correſpondants, la ſurface des feuilles eſt rude au toucher, & n'a point le luiſant des feuilles des Fraiſiers d'Amérique.

Ses groſſes tiges s'élevent droites, portent à leur premier nœud une feuille compoſée de trois folioles aſſez grandes. Elles ſe diviſent & ſous-diviſent en pluſieurs branches & pédicules qui ſoutiennent de neuf à quinze boutons à fleurs. Comme ils s'élevent preſque tous à la même hauteur au temps de leur épanouiſſement, & que la plupart s'ouvrent en même temps, ils forment comme un bouquet au-deſſus des feuilles ; ce qui fait nommer le Capron, en quelques endroits, *Fraiſier à bouquet.*

Les premieres fleurs ont dix ou onze lignes de diametre ; les dernieres en ont de ſix à neuf. Les diviſions intérieures du calyce ſont grandes & larges ; les petites ſont moindres d'environ la moitié, & ſe fendent très-rarement. Auſſi-tôt que les fleurs ſont épanouies, toutes ces diviſions ſe renverſent en dehors & s'inclinent vers le pédicule. Les pétales, qui ordinairement n'excedent point le nombre de cinq, ſont grands, bien arrondis par leur extrémité, un peu plus larges que longs, d'un blanc très-pur, excepté l'onglet qui ſe teint d'un beau jaune-clair. D'abord ils ſont concaves ; enſuite ils s'applaniſſent & ſe renverſent en dehors ſur les échancrures du calyce ; ce qui découvre & fait paroître encore davantage le ſupport, qui eſt très-gros, très-élevé, & couvert d'un grand nombre de piſtils bien conditionnés. Les ſtyles des étamines ſont fort gros par leur baſe ; la plupart n'ont qu'environ

qu'environ demi-ligne de longueur; ils font terminés par de fi
petits fommets que l'œil auroit peine à les diftinguer, s'ils n'é-
toient bordés de brun foncé. Ces fommets avortés ne contiennent
aucune poufliere néceffaire pour féconder les piftils. Auffi ni les
embryons ni le fupport ne prennent point d'accroiffement, &
la fleur n'eft fuivie d'aucun fruit, fi elle ne reçoit la fécondité
d'un individu mâle de fon efpece, ou d'un Fraifier hermaphrodite d'Amérique. Nous fommes encore redevables de cette découverte à M. du Chefne, qui a délivré ce Fraifier de l'opprobre
de la ftérilité. Les Cultivateurs avertis que fes fleurs ne font
point hermaphrodites, multiplieront les individus femelles, diminueront le nombre des individus mâles, qu'ils préféroient à caufe
de leur vigueur & de leur facilité à fe propager, & ils les ré-
duiront à un quart ou un fixieme des individus femelles dans
chaque planche. Ceux qui ont des Fraifiers Ananas, ou d'Ecarlate de Bath, ou d'Ecarlate de Virginie, rejetteront entiérement
les Caprons mâles; planteront un ou deux rangs, ou feulement
quelques pieds de ceux-là dans les planches de Caprons femelles;
& fe procureront le même avantage, fans employer leur temps
& leur terrein à une culture ingrate de Fraifiers ftériles.

Aux fleurs femelles fécondées fuccedent des fruits très-adhé-
rents au calyce, d'une forme prefque ovoïde, dont le plus grand
renflement eft plus près du calyce que de l'autre extrémité. Le
diametre des plus gros eft de neuf à onze lignes, & leur hauteur
eft à peu-près égale. Leur peau, du côté du foleil, eft d'un rouge-
pourpre, quelquefois affez foncé & tirant fur le violet; l'autre
côté eft plus clair, & fouvent quelques endroits font jaunes
ou blanchâtres. La chair eft ferme, & l'eau peu abondante. Dans
les terreins froids & humides, leur goût & leur parfum, mêlés
de miel & de mufc, font peu agréables; les terreins chauds &
légers peuvent procurer à cette Fraife plus d'eftime qu'on ne lui
en accorde communément. Les pepins font gros, quelquefois

placés dans de petits enfoncemens peu creufés, d'un brun foncé du côté du foleil, plus clairs, ou jaunes du côté de l'ombre.

M. du Chefne ayant femé des graines de Caprons, elles ont donné des individus mâles & des individus femelles en nombre à peu-près égal.

XV. *FRAGARIA fcabra, flore mafculo fterili.*

Capron mâle.

L E Capron mâle differe effentiellement du Capron femelle par les étamines de fa fleur, dont les filets font longs de deux à trois lignes, & les fommets font fort gros & remplis de poufliere féminale. Les défauts de fes piftils ne font point fenfibles à la vue, & la caufe de leur ftérilité eft inconnue. Paroiffant auffi bien conformés que ceux des fleurs du Capron femelle, leur deffé-chement feul, après que la fleur eft paffée, montre évidemment ce qu'on ne peut même foupçonner pendant qu'elle fubfifte. Le fupport eft beaucoup moins gros & moins élevé que celui des fleurs du Capron femelle. Du refte toutes les parties de ce Fraifier, filets, montants, feuilles, pétales, &c. font plus grandes que celles du Capron femelle, fuite néceffaire d'une plus grande vigueur dans cet individu ftérile, que dans l'individu femelle que fa fécondité fatigue & affoiblit.

XVI. *FRAGARIA fcabra flore fœmineo, fructu rubro, baccæ Idææ fapore.*

F R A I S I E R Framboife.

L E S deux fexes de ce Fraifier font féparés fur des individus différens comme ceux du Capron, auquel il reffemble fi par-faitement dans toutes fes parties, que je n'en ferai point de def-cription, me contentant d'indiquer les caracteres qui l'en dif-tinguent.

Ses fruits, de même forme & groffeur que les Caprons, font d'un rouge-cerife du côté du foleil, & les pepins font bruns ; le côté de l'ombre eft lavé de rouge-clair, ou d'un beau jaune, & les pepins font rouges ou jaunes-paille. La chair eft très-fondante, & l'eau abondante. Le goût eft un peu vineux, & le parfum imite celui de la Framboife. Quelques fruits ont les pepins très-enfoncés ; d'autres les ont très-faillants. Les derniers fruits de l'extrémité du montant font applatis par les extrémités, de la même forme que les Fraifes communes. Quoique les montants foient fort gros, lorfqu'ils font chargés de fruits, il faut les foutenir avec des baguettes. Je crois qu'on le nomme en Angleterre *Hautboi*.

Ce Fraifier, qu'on affure être originaire d'Amérique, & qu'on peut foupçonner d'être l'auteur du Capron, ou d'en être une variété, mérite d'être cultivé & multiplié. Le ver blanc l'attaque moins que les autres Fraifiers.

Entre fon individu mâle & celui du Capron, je n'ai pu trouver aucune différence. Il reçoit la fécondité de tous les Fraifiers qui la procurent au Capron.

On cultive dans quelques Jardins fous le nom de *Fraifier Abricot*, un autre Fraifier qu'on ne peut diftinguer du Capron, que par fes fruits. D'un côté ils font d'un rouge-brun foncé, & de l'autre ils font d'un blanc de cire, ou légérement teints de rouge. Leur chair eft fondante ; mais le goût & le parfum font très-foibles. Ainfi ces Fraifes font fort inférieures aux Fraifes-Framboifes, & n'ont d'avantage fur le Capron, que d'être fondantes.

XVII. *FRAGARIA gracilis, flore & fructu subviridibus.*

FRAGARIA viridis. Du Ch.

FRAISIER vert. (*Pl. IX.*)

CE FRAISIER, cultivé depuis long-temps en Angleterre, & connu récemment dans ce pays, végete avec une grande vivacité, talle beaucoup, & file encore plus. Ses montants, ses filets, les queues de ses feuilles, & presque toutes ses parties sont fort grêles, & garnies de poil assez long, mais peu épais.

Ses feuilles ont beaucoup moins d'étendue que celles du Fraisier commun cultivé; les folioles directes des plus grandes n'étant longues que de trente-deux ou trente-trois lignes, & larges de deux pouces. Les folioles latérales ont trois ou quatre lignes de moins sur chaque dimension, & sont divisées suivant leur longueur par leur grosse arrête en deux parties moins inégales que celles des autres Fraisiers; mais les appendices ou rudiments de folioles sont aussi fréquents sur la queue des feuilles de ce Fraisier, qu'elles sont rares dans les autres Fraisiers. La dentelure est grande, profonde, & très-aiguë. Le dehors de la feuille est d'un vert-blanchâtre, & relevé de nervures très-saillantes: le dedans est d'un vert un peu plus foncé que le Fraisier commun; & les sillons correspondants aux nervures sont fort profonds. Les folioles, avant leur développement étant plissées en éventail dans le bouton, conservent l'impression de ces plis plus long-temps & plus sensiblement que celles d'aucun autre Fraisier. Les feuilles, leurs queues, les montants, les filets, &c. sont couverts d'un poil assez épais.

Les montants, leurs rameaux, & les pédicules s'alongent beaucoup, & portent de huit à quinze boutons à fleurs. Ces boutons sont longs & menus. Les fleurs des premiers nœuds ont neuf ou dix lignes de diametre. Les échancrures intérieures du calyce furpaffent les pétales en longueur : la plupart des petites échancrures fe refendent en deux ou trois. Les pétales, plutôt ovales que ronds à leur extrémité, fe creufent d'abord en cuilleron ; mais après l'entier épanouiffement de la fleur, ils s'applaniffent, & leurs bords forment différents plis & contours. Lorfque la fleur eft récemment ouverte, ils font de couleur herbacée, ou d'un vert lavé de jaune. Dans la fuite, les uns confervent cette couleur ; les autres s'éclairciffent, excepté à leur extremité, & deviennent d'un blanc qui n'eft pas pur, mais mêlé d'une légere teinte de vert. Souvent il en demeure quelques-uns attachés au calyce, qui ne fe deffechent qu'à la maturité du fruit. Les filets des étamines font déliés & fort longs, & leurs fommets font gros, d'un jaune-clair. Les piftils font d'un jaune-foufre ou très-pâle, avec une petite impreffion de vert. Toutes les fleurs d'un montant s'élevant prefqu'à une même hauteur, forment comme un bouquet terminal qui domine fur les feuilles. Lorfque les fleurs font paffées ; les grandes échancrures du calyce fe referment fur le fupport comme avant l'épanouiffement, & demeurent toujours inclinées ou appliquées fur le fruit ; lorfqu'il a acquis fa groffeur, quelques-unes s'en éloignent un peu, & fouvent leur extrémité fe replie ou fe renverfe.

Les fruits font à peu-près de la groffeur de ceux qu'on recueille la premiere année fur le Fraifier commun cultivé ; les plus gros excédant rarement huit lignes de diametre, fur fix lignes & demie de hauteur. Leur forme eft fphéroïde très-applatie par les extrémités, fouvent irréguliere, prefque jamais bien arrondie fur fon diametre. Le pédicule eft planté dans une cavité affez profonde ; & le fruit eft très-adhérent au calyce.

La peau fe lave légérement de rouge-brun du côté du foleil. L'autre côté eft d'un vert qui blanchit un peu lorfque le fruit eft en maturité.

La chair eft un peu ferme & caffante, lorfque ce Fraifier n'eft pas planté dans un terrein chaud, & à une bonne expofition. Les cloches ou les chaffis aidant & perfectionnant fa maturité, la rendent fondante & excellente.

Le goût & le parfum font très-agréables; cependant à proportion du degré de maturité.

Les pepins, peu nombreux, parce que la plupart des embryons avortent, font placés dans des enfoncements prefque auffi creufés que ceux de la Fraife Ecarlate.

Les fruits mûriffent prefque tous enfemble, ce qui réduit beaucoup le temps de leur récolte; mais ce petit défaut qui n'eft pas particulier à ce Fraifier, n'empêche pas qu'il ne mérite d'être moins rare. Dans les terres & les années froides, il eft fujet au blanc, maladie qui fe répand quelquefois jufque fur fes fruits, & leur donne un goût défagréable de moifi.

Dans la belle collection de Fraifiers de M. du Chefne, on trouve trois autres Fraifiers verts qui m'ont paru fupérieurs à celui-ci par la bonté de leurs fruits, & par leur plus grande facilité à mûrir parfaitement. L'un des trois eft remarquable par fes feuilles, dont un grand nombre eft compofé de cinq ou fix folioles. M. du Chefne foupçonne le Capron d'être né du Fraifier Vert; & un célebre Jardinier m'a affuré avoir vu naître celui-ci du Fraifier-Framboife.

C U L T U R E.

I. Le Fraisier fe multiplie par les femences, les œilletons éclatés, & les jeunes pieds produits par les filets.

1°. Les graines doivent être recueillies fur les Fraifes les plus belles & les mieux conformées, parvenues à une parfaite maturité, ou même paffées, & féchées fur le pied. Lorfqu'on veut les femer, ce qui fe peut faire depuis le mois de Mars jufqu'au commencement d'Août (en femant plus tard, la plupart des pepins ne levent qu'après l'hiver, ou le jeune plant ne devient pas affez

fort pour réfifter aux grands froids) on laboure un petit efpace
de terre meuble & légere ; on unit la fuperficie, & l'on donne
une ample mouillure : auffi-tôt on répand les graines, & on
paffe au tamis de crin de la terre meuble réduite en pouffiere,
en quantité fuffifante pour les recouvrir d'environ demi-ligne.
Cette pouffiere tamifée fur la terre mouillée, s'humecte fuffifamment, & s'attache aux graines. On couvre le tout d'un paillaffon
ou de grande paille, & de temps en temps on donne par-deffus
des arrofements légers, pour entretenir l'humidité néceffaire à
la germination des graines. De dix à vingt jours après, lorfqu'on
voit quelques plantes fortir de terre, on retire le paillaffon, &
on l'éleve devant, afin de préferver le plant naiffant de l'action
du foleil qui le deffécheroit. On peut femer le Fraifier en pot
de la même façon. L'Ouvrage de M. du Chefne contient plufieurs
autres méthodes de faire ces femis. On farcle, on arrofe les
jeunes Fraifiers, & on les laiffe fe fortifier. S'ils ont cinq ou fix
feuilles avant le mois de Novembre, on les tranfplante en pépiniere, mettant chaque pied féparément à cinq ou fix pouces de
diftance l'un de l'autre, ou trois ou quatre pieds enfemble à huit
ou neuf pouces de diftance entre chaque touffe. S'ils font trop
foibles, on remet la tranfplantation au mois de Mars ou Avril
fuivant. Ce plant demeure en pépiniere jufqu'au mois d'Octobre
ou de Novembre. Pendant l'été, il faut le farcler, biner, arrofer, effiler, &c.

2°. Les filets produifent de jeunes pieds propres à multiplier
le Fraifier. Si l'on n'a befoin que de peu de plant, on pince
les filets au-delà du fecond œilleton qui en eft forti, afin que ces
deux œilletons profitent davantage. Si l'on a befoin de beaucoup de plant, on abandonne les filets à la force de leur végétation, & à leur fécondité. Ils donneront un grand nombre de
jeunes pieds qu'on arrachera vers la mi-Novembre pour les
planter fur le champ en place aux diftances convenables. Mais il

vaut mieux, à l'imitation des habitants de Montreuil, habiles Cultivateurs de cette Plante, les obiner, c'eft-à-dire, les planter fort près les uns des autres dans des rayons, d'où on les retire vers le commencement d'Avril pour en former des planches. Il vaudroit encore mieux les mettre pendant un an en pépiniere dans un terrein de moindre qualité que celui qu'on deftine à leur culture. Si l'on perdoit fur la groffeur du fruit, on gagneroit fur fon parfum.

3°. Si après la récolte des Fraifes on rechauffe le pied des Fraifiers pour faire enraciner les œilletons; au mois de Novembre ces œilletons éclatés & mis auffi-tôt en place, forment un très-bon plant, préférable à celui qui vient des filets. C'eft le moyen ordinaire de multiplier le Fraifier fans coulants.

Le plant de Fraifier commun tiré des bois, fe plante fur le champ en place, fans être obiné, ni mis en pépiniere. Tel eft l'ufage de ceux qui le cultivent.

Le plant de Fraifier des Alpes élevé de femences ou de filets, fe met auffi en place, fans paffer l'hiver en dépôt ou en pépiniere; parce qu'il fleurit un an plutôt que celui des autres Fraifiers.

II. Une bonne terre franche, meuble, légere fans être feche, eft celle qui convient le mieux au Fraifier. Il réuffit plus ou moins bien dans toutes fortes de terres, à proportion qu'elles approchent plus ou moins de celle-ci. Un pareil terrein n'a befoin d'aucun engrais. On fume & on amende les terreins de moindre qualité, lorfqu'on préfere la groffeur du fruit à fon parfum. On fait que les Fraifes recueillies dans les bois font les plus excellentes, & qu'elles dégénerent de bonté en raifon de la groffeur qu'elles acquierent par la culture.

Dans les terres fortes & compactes où les Fraifiers, fur-tout ceux d'Amérique, ne peuvent fubfifter, on laboure & on dreffe les planches ou plates-bandes; enfuite on creufe, fuivant leur longueur, autant de petites tranchées paralleles, larges de fix pouces

fur

fur une égale profondeur, qu'on fe propofe de planter de rangs
de Fraifiers ; & on les remplit de bonne terre légere & fablonneufe.

Le terrein, quel qu'il foit, neuf, ou autrefois occupé par des
Fraifiers, pourvu que ce ne foit pas depuis dix ou douze ans ou
même davantage, étant défoncé ou labouré affez profondément
pour détruire toutes les racines des mauvaifes herbes ; on le divife en planches de longueur à volonté, & de telle largeur,
(ordinairement de quatre à cinq pieds) qu'on puiffe facilement
donner toutes les façons de la culture ; & entre chaque planche
on laiffe un fentier ou paffage d'environ deux pieds.

On trace des lignes au cordeau fuivant la longueur de la planche, pour régler les rangs de Fraifiers. Le premier & le dernier
rangs fe plantent à fix pouces du bord de la planche. L'intervalle d'un rang à l'autre eft plus ou moins grand fuivant l'efpece
de Fraifiers. Une diftance de fix à huit pouces entre chaque
rang de Fraifier des Alpes eft fuffifante.

On éloigne ceux du Fraifier commun, du Fraifier de Montreuil & du Fraifier Vert, de onze à treize pouces.

Ceux du Capron & du Fraifier fans coulants, de douze à quinze pouces.

Ceux des Fraifiers Ecarlate & Ananas, de quinze à dix-huit
pouces.

Ceux du Fraifier du Chili, de quinze à dix-huit pouces, fi
l'on plante un rang de ce Fraifier & un rang de Fraifiers Ananas
pour le féconder : de douze à quinze pouces, fi l'on plante du
Capron mâle ; & alors il fuffit, dans les rangs de Caprons, de
mettre alternativement un pied de Capron & un pied de Fraifier du Chili. Par cette difpofition, il n'y aura dans une planche
qu'environ un quart de Fraifiers ftériles. On difpofe de même
les Fraifiers Caprons mâles & femelles.

III. Tout étant ainfi préparé, on plante les Fraifiers à la

Tome I.   K k cheville ou à la houlette, après en avoir retranché les vieilles feuilles & rafraîchi la pointe des racines, s'ils ne font pas récemment déplantés : la diftance d'un pied à l'autre fur un même rang doit être égale ou peu inférieure à la diftance entre chaque rang; ayant attention de difpofer les pieds en tiers-point ou échiquier. Lorfqu'une planche eft garnie de plant, on l'arrofe largement, à moins que le temps ne foit pluvieux, afin de plomber & joindre la terre aux racines. Des pieds très-forts, on n'en met qu'un en chaque place; des pieds foibles ou moyens, on en met deux enfemble.

Cette plantation fe peut faire dans toutes les faifons de l'année, même dans les grandes chaleurs de l'été, pourvu qu'alors on préferve le plant du foleil & de la féchereffe. Le meilleur temps eft depuis la mi-Mars jufqu'à la mi-Avril, & même plus tard. Quelques-uns ne plantent les Fraifiers des bois qu'en Septembre; mais ce plant ne pouvant pas, jufqu'au printemps fuivant, & pendant l'hiver, taller & fe fortifier, la premiere récolte de fes fruits ne peut être auffi confidérable que s'il avoit été planté dès Avril ou Mai.

IV. On n'exige des Fraifiers plantés au printemps que de multiplier leurs œilletons, prendre de la vigueur, & fe préparer à donner l'année fuivante des fruits abondants. C'eft dans cette vue qu'on les traite la premiere année, ayant foin de les farcler, biner, arrofer, & de fupprimer les montants s'il en paroît quelques-uns. Vers la fin du printemps, lorfque le grand mouvement de leur feve eft ralenti, & que la force de leur végétation fe modere, il faut retrancher tous les filets qu'ils ont produits; ou ne réferver que les plus forts & les pincer au deuxieme œilleton; fi l'on veut en tirer du plant, ou remplacer quelques pieds qui ont péri. En faifant cette opération plutôt, il pourroit arriver aux Fraifiers ce qui arrive à un arbre vigoureux dont on retranche tous les gourmands pendant la pleine feve; il en reperce davantage;

ou il tombe dans la langueur; & comme le Fraisier continue pendant tout l'été à pousser de nouveaux filets, il faut renouveller ce retranchement au moins tous les mois. Les binages, serfouissages, arrosements, la suppression des filets, &c. ne sont pas les principaux travaux de la culture d'un plant de Fraisiers dans sa premiere année seulement, mais pendant les trois années qu'il peut subsister.

V. Au printemps, lorsque les montants commencent à se montrer, élever des paillassons le long des planches du côté du midi (*) pour défendre de l'action continuelle du soleil le Fraisier, qui aime l'ombre & l'abri des bois; couvrir la terre de litiere, de paille courte, ou mieux, de mousse desséchée, pour entretenir la fraîcheur & l'humidité, & par-là soutenir la végétation égale sans multiplier les arrosements, dont l'usage trop fréquent diminue beaucoup le parfum du fruit: ce sont des attentions utiles pour toutes les especes de Fraisiers; & la derniere est nécessaire au Fraisier des Alpes, qui, dans quelques terreins, ne peut se soutenir sans le secours continuel de la mousse. Et comme un grand nombre de pieds de ce Fraisier périt après avoir donné son fruit, il n'est pas moins nécessaire de lui conserver quelques filets, & de disposer leurs plus beaux œilletons entre chaque pied, ou entre chaque rang pour renouveller le plant & l'entretenir garni. On peut même ne point effiler ce Fraisier & se procurer beaucoup de fruit sur les œilletons de ses filets, qui en produisent avant même d'être enracinés.

Pincer l'extrémité des montants, & même en supprimer quelques-uns sur les Fraisiers qui en ont plus de quatre ou cinq, dans l'espérance d'avoir de plus beau fruit; c'est une pratique au moins superflue. Car un Fraisier produit rarement plus de montants qu'il

(*) Lorsque les Fraisiers sont plantés au milieu d'un terrein découvert de tous côtés, & non sur des plates-bandes d'espalier, ou dans des jardins fermés de murs; de la mi-Novembre à la mi-Février, au plus tard, on éleve au contraire les paillassons du côté du nord pour défendre le plant des vents froids, si l'on veut avancer la maturité du fruit.

n'en peut nourrir : & les dernieres fleurs avortent fur les pieds foibles & fur la plupart des Fraifiers d'Amérique ; ou fi elles nouent, le volume de leurs fruits ajouté à celui des premiers fruits, n'y feroit pas une différence fenfible. D'ailleurs, fi les fleurs font fucceffives, les dernieres ne s'ouvrant que quand les premiers fruits font parvenus à leur groffeur ou même à leur maturité, elles ne peuvent préjudicier à leur beauté.

Après la récolte des Fraifes, on effile les Fraifiers, on leur donne un ferfouiffage, & on rechauffe le pied, dont ordinairement les œilletons fe font fort alongés ; & le refte de l'été on leur donne les arrofements néceffaires pour entretenir leur végétation. Quelques Jardiniers en coupent toutes les feuilles ; mais expofés tout nuds aux ardeurs du foleil, beaucoup d'œilletons, & même de pieds entiers périffent, fi l'on néglige de les rechauffer, & de les arrofer fréquemment dans les féchereffes.

Lorfqu'on a fait deux récoltes fur les Fraifiers, on les arrache ; & le terrein qu'ils ont occupé ne pourra fervir au même ufage avant douze ou treize ans, à moins qu'on n'y rapporte & qu'on n'y mêle des terres neuves, ou qu'on n'y creufe de petites tranchées, comme il eft dit ci-devant.

Telle eft en général la culture des Fraifiers : j'omets le détail de plufieurs petites attentions dont le bon fens & un peu d'ufage inftruifent fuffifamment. Leur culture dans les ferres-chaudes, fur les couches, fous les chaffis, &c. n'eft point de notre objet. On peut fe procurer des Fraifes des Alpes pendant tout l'hiver, avec bien moins de foins & de dépenfe, fans employer la chaleur du feu ou des fumiers, qui eft ennemie de ce Fraifier. Il fuffit de le garantir des grands froids avec une caiffe couverte de fon chaffis vitré. On garnit la caiffe par dehors de grande paille, ou de mouffe, ou même de terre pour empêcher la gelée de pénétrer. Pendant la nuit on abaiffe le chaffis, & on jette des paillaffons deffus dans les fortes gelées ; pendant le jour, on le leve

pour donner de l'air, lorfqu'il n'eft pas trop froid. Dans les hivers ordinaires, ce Fraifier planté dans un efpalier au midi, &
couvert de paille, pendant la gelée feulement, interrompt peu
fa végétation & fa fructification.

Quelquefois les vers de hanneton attaquent le Fraifier, fur-
tout dans les terreins fumés. Si ces infectes ne font pas en grand
nombre, les chercher en terre & les détruire eft le feul remede
connu. Mais s'ils font fort nombreux, le meilleur expédient eft
de faire ailleurs un nouveau plant, ou d'y tranfporter les reftes de
celui-ci, ayant foin de retrancher toutes les parties des racines
& du pivot endommagées. Les fourmis & quelques autres infectes font moins de tort aux Fraifiers.

USAGES.

L'usage des Fraifes ne s'étend point au-delà de leur faifon.
Elles fe mangent crues, fans fucre, ou avec du fucre; feules, ou
avec de l'eau, du vin, de la crême, &c. on en fait des glaces :
on les mêle dans des compotes, de l'eau de grofeilles, & autres
préparations d'Office. Le feu détruit ou altere beaucoup leur
parfum.

Ceux qui defirent des connoiffances plus étendues fur cette
Plante, peuvent confulter l'Ouvrage de M. du Chefne, qui contient un long & favant détail fur la Nomenclature, la Généalo-
gie, la Patrie, les Caracteres, la Culture, &c. des Fraifiers.

Fraisier Commun.

L. B. del.   Cᵗᵉ Houssard. Sculp.

L.B. del.   F.Lle. Haussard Sculp.

Fraisier des Alpes.

L.B. del.   Herisset fils Sculp.

Fraisier du Chily.

Ecarlate de Bath.

L. B. del.   *Cie Haussard Sculp.*

Ecarlate de Virginie.

Fraisier Ananas.

Fraisier de Caroline.

Fig. 1.

Fig. 2.

Capron.

J. B. del.   *V.th Haussard Sculp.*

Fraisier Vert.

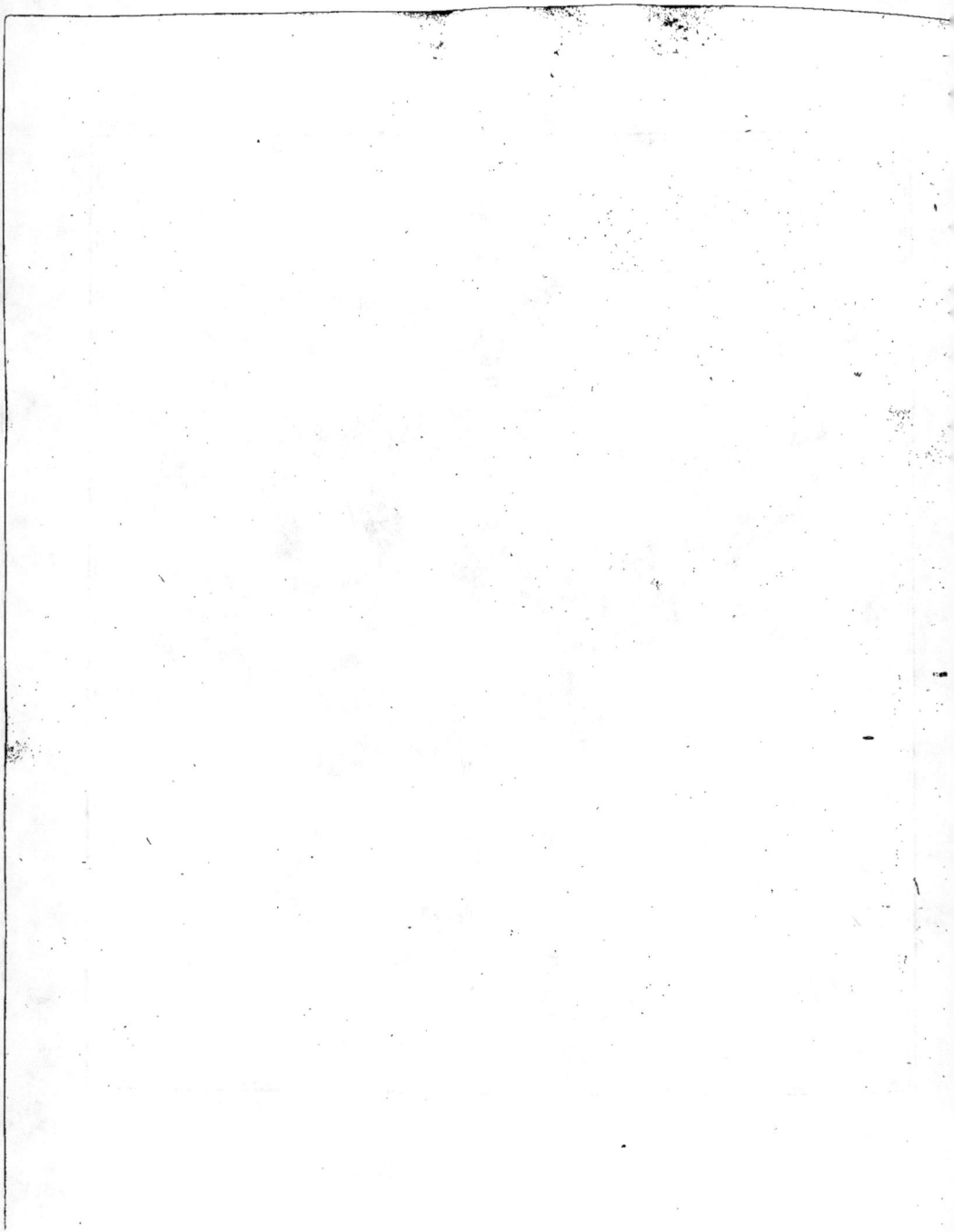

GROSSULARIA,

GROSEILLIER.

O N CULTIVE deux fortes de Groſeilliers (ou Groſeliers), le Groſeillier à grappes, & le Groſeillier épineux.

I. GROSEILLIER à grappes.

DESCRIPTION.

CET Arbriſſeau s'éleve & s'étend plus ou moins, ſelon la forme & la culture qu'on lui donne.

Ses bourgeons ſont droits, longs, gros & forts (je ſuppoſe qu'il n'eſt ni vieux ni en mauvais terrein). Ils ſont couverts d'un épiderme de couleur gris-de-lin, dont les fibres ſont longitudinales, ou ſuivant la longueur des bourgeons. Pendant l'hiver, il tombe par grandes pieces, & laiſſe ſur le bourgeon une eſpece de pouſſiere de même couleur, fort adhérente, qui couvre une écorce mince, tranſparente, coriacée, dont les fibres ſont circulaires ou ſpirales autour du bourgeon; le deſſus eſt brun-clair tiqueté de points blanchâtres; le deſſous eſt rougeâtre-clair ou de couleur de pelure d'oignon. Sous cette écorce, on en trouve une ſeconde plus épaiſſe, coriacée, d'un beau vert, dont les fibres ſont pareillement circulaires. Sous celle-ci, on en trouve une troiſieme d'un vert-clair; & enfin un liber ou une quatrieme écorce, blanchâtre, ſpongieuſe, & d'une conſiſtance peu ſolide. Les fibres de ces deux dernieres ſont longitudinales. Les branches de vieux bois n'ont point d'épiderme; mais les quatre écorces de même nature, couleur, direction & confiftance que celles des bourgeons. Tous les ans l'écorce externe fe détache, & eft remplacée par une nouvelle.

Les boutons des bourgeons font gros, alongés, terminés en pointe très-aiguë, faifant un angle très-aigu avec la branche, quelquefois doubles & même triples, placés dans un ordre alterne, affez éloignés les uns des autres, excepté vers l'extrémité du bourgeon où ils fe rapprochent.

De l'infertion & des premiers yeux d'un bourgeon taillé, il fort des boutons & des branches à fruit. Ces branches font très-courtes, garnies dans toute leur étendue, qui fouvent n'eft pas de fix lignes, & fur-tout à leur extrémité, de boutons à fruit, qui font alongés, très-aigus, de même forme que ceux à bois, mais deux ou trois fois moindres.

Ainfi on peut diftinguer fur le Grofeillier, comme fur le Cerifier, quatre écorces, & trois fortes de boutons, à bois, à feuilles & à fruit ; mais dans le Grofeillier, les boutons à bois font les plus gros, & ceux à fruit font les moindres.

Les fleurs font difpofées en grappe & attachées alternativement fur une rafle, queue ou tige commune, par des filets ou pédicules très-déliés qui fortent de l'aiffelle d'efpeces d'écailles, gaînes ou très-petites feuilles longues & pointues. Chaque fleur eft compofée 1°. d'un calyce d'une feule piece en forme de coupe très-évafée, & profonde d'environ demi-ligne ; divifée prefque dès le fond en cinq échancrures vertes, bordées de jaune-clair, longues d'environ une ligne, larges de près de deux lignes, renverfées en dehors & roulées fur la coupe: 2°. de cinq pétales attachés aux bords intérieurs du calyce entre fes échancrures ; ils font fi petits qu'à peine l'œil peut les appercevoir: 3°. de cinq étamines très-courtes attachées aux parois intérieures du calyce entre les pétales: 4°. d'un piftil dont le ftyle fe divife à fon extrémité en deux branches recourbées ; il repofe fur un embryon

qui

qui fert de fond au calyce, & devient un fruit fondant & fucculent.

Les feuilles font alternes, attachées à la branche par des queues longues & groffes qui les foutiennent affez droites. Elles font fimples, découpées comme celles de l'Obier. Elles ont trois grandes ou principales découpures, qui font bordées de dents formées de deux fegments de cercle, & terminées par une petite pointe aiguë. Ces dents font inégales en grandeur, & diftribuées de forte que chaque découpure paroît compofée de plufieurs moindres. Les grandes feuilles de leur épanouiffement à l'extrémité de la découpure directe, qui eft la plus grande, ont environ trois pouces, & à l'extrémité des grandes découpures latérales, deux pouces trois lignes. De la queue à l'extrémité de chacune des découpures, il s'étend une groffe nervure faillante qui fe ramifie en plufieurs moindres. Celles-ci fe fous-divifent & s'étendent jufqu'à l'extrémité des portions du bord de la feuille qui paroiffent de petites découpures. Le dedans de la feuille eft creufé de fillons affez profonds, correfpondants aux nervures du dehors; de forte que la faillie des nervures d'un côté, l'enfoncement des fillons de l'autre, rendent fa furface peu unie. Elle eft d'un beau vert; une partie de fes nervures eft ordinairement rouge, & fouvent elle fe teint toute de cette couleur en automne.

Le fruit vient par grappes contenant plus ou moins de grains, fuivant que les fleurs ont coulé ou arrêté. Les plus nombreufes font rarement compofées de plus de quinze ou feize grains, qui font attachés à la rafle commune de la grappe par des queues très-menues, longues d'une à deux lignes. Ils diminuent de groffeur vers l'extrémité de la grappe; ils font ronds, terminés par un ombilic bordé des échancrures defféchées du calyce qui fubfiftent jufqu'à la maturité du fruit. La peau eft fine, unie, tranfparente fi fa couleur eft rouge ou blanche. La chair eft fondante. L'eau des Grofeilles comeftibles, eft d'une acidité que le fucre émouffe & rend agréable. Dans les gros grains, on trouve de huit à douze, & dans les petits, de quatre à huit pepins ovales longs d'environ une ligne, larges de demi-ligne, attachés par un filet très-délié à une fibre commune.

ESPECES ET VARIÉTÉS.

I. *GROSSULARIA hortenfis majore fructu rubro*. C. B. P.

G ROSEILLIER à gros fruit rouge. (*Pl. I.*)

C E Grofeillier eft plus grand & plus vigoureux que les fui-vants. Ses bourgeons font gros & forts; & les dimenfions de fes feuilles font plus grandes que celles qui ont été marquées dans la defcription de l'efpece.

Ses grappes font belles, & contiennent un grand nombre de grains, dont les plus gros ont cinq lignes de diametre & pref-qu'autant de hauteur. La peau eft d'un beau rouge-clair. L'eau eft légérement teinte de rouge; & fon goût eft d'une acidité agréa-ble lorfque le fruit eft bien mûr.

II. *GROSSULARIA hortenfis majore fructu albo*. H. R. P.

G ROSEILLIER à gros fruit blanc.

C'EST une variété du précédent, qui n'en eft diftinguée que par la couleur de fon fruit, & l'acidité de l'eau qui eft beau-coup moins vive. Plufieurs Jardiniers la confondent avec le Gro-feillier à fruit perlé, n°. 4.

Le Grofeillier à gros grain, tant rouge que blanc, mérite d'être cultivé préférablement à tous les autres, pour fon fruit qui eft agréable à manger crud, en compotes & en confitures, pour-vu qu'on l'emploie à ce dernier ufage avant fa parfaite maturité; car alors il n'auroit pas affez d'acide.

III. *GROSSULARIA hortenfis majore fruƈtu carneo.*
G ROSEILLIER à gros fruit couleur de chair.

CE Grofeillier paroît être une autre variété du n°. 1.

IV. *GROSSULARIA hortenfis fruƈtu margaritis fimili.* C. B. P.
G ROSEILLIER à fruit blanc. Grofeille perlée.

CE Grofeillier eft une variété du Grofeillier commun. Son fruit eft plus gros & moins acide. Je ne fais point mention de fes autres variétés à feuilles panachées de blanc, & à feuilles pana-chées de jaune, qui ne méritent pas d'être cultivées pour leur fruit.

J'ai reçu depuis peu un Grofeillier à fruit doux, dont les feuilles font beaucoup moindres que celles des précédents; leur étoffe eft plus forte, & leurs découpures font plus alongées.

V. *GROSSULARIA non fpinofa fruƈtu nigro majore.* C. B. P.
G ROSEILLIER à fruit noir. Caffis. Poivrier.

LE Caffis eft moins touffu que le Grofeillier.

Ses bourgeons font de couleur jaunâtre.

Ses feuilles font un peu plus grandes que celles du Grofeil-lier commun. Leur furface eft plus unie ; & leur dentelure beau-coup plus aiguë. Leurs découpures plus alongées, fe terminent plus réguliérement en pointe. Elles ont une odeur affez forte. Souvent elles retombent comme fi elles fouffroient de la féche-reffe.

Ses fleurs font compofées comme celles du Grofeillier. Le godet du calyce eft peu profond. Les échancrures font plus gran-des & teintes de violet-clair à leur extrémité. Les pétales font auffi plus grands. Elles font difpofées en grappes, rarement de plus de dix ou onze fleurs.

Ses grappes ne contiennent ordinairement que cinq ou fix

L l ij

grains; rarement neuf ou dix. Le grain eſt plus gros que celui du Groſeillier n°. 1. Sa peau eſt dure, d'un violet noir tiqueté de très-petits points blancs; lorſqu'on l'écraſe, elle rend une teinture d'un beau rouge-vif. Sa chair eſt fondante, d'un blanc-bleuâtre, d'un goût auſtere. On y trouve de dix à vingt pepins durs, anguleux, d'un brun-clair.

Ce fruit mûrit en Juin & Juillet; il n'eſt d'aucun uſage comme aliment, mais ſeulement comme remede.

VI. *GROSSULARIA Americana fructu nigro.*

GROSEILLIER d'Amérique à fruit noir. GROSEILLIER de Virginie.

CET Arbriſſeau reſſemble beaucoup au Caſſis. Son bois eſt plus menu, & ſes feuilles ſont moindres.

Ses fleurs, attachées au nombre de quinze ou vingt, & comme couchées ſur une rafle commune, ce qui les fait paroître en épi plutôt qu'en grappe, s'ouvrent moins que celles des autres Groſeilliers. Le godet du calyce, d'un vert très-clair, eſt long de près de trois lignes. Les échancrures preſque blanches, & les pétales ſont plus longs que ces mêmes parties de la fleur du Caſſis. Ainſi ſes fleurs ſont plus alongées que celles d'aucun autre Groſeillier; & quoiqu'elles contiennent les mêmes parties eſſentielles à la fructification & dans la même diſpoſition, elles paroiſſent fort différentes.

Le fruit eſt un peu plus gros que celui du Groſeillier commun. Sa peau eſt de la même couleur que celle du Caſſis. Son eau eſt preſqu'inſipide. Ses pepins ſont fort nombreux; j'en ai compté plus de cinquante dans des grains moyens. Il mûrit au commencement de Juillet, & eſt plus curieux qu'utile.

CULTURE.

1°. MULTIPLIER le Groſeillier à grappes par les ſemences,

feroit une voie longue, & qui peut-être ne procureroit pas les bonnes efpeces. Il eft plus fûr & plus court de le perpétuer par des pieds éclatés garnis de racines, par les marcotes, & même les boutures, qui s'enracinent facilement.

2°. Le terrein le plus médiocre & la plus mauvaife expofition lui fuffifent; mais il réuffit mieux dans une bonne terre un peu humide; & fon fruit noue mieux, devient plus beau & moins aigre au midi ou au levant.

3°. Il eft indifférent à toutes les formes; s'élevant bien en paliffade, en touffe ou buiffon, en efpalier, en tige. Cette derniere forme eft préférable, lorfqu'on a peu de place à donner à cet Arbriffeau. On le plante dans les contre-efpaliers, ou autour des quarrés d'un potager fur l'alignement des autres Arbres: on ne lui laiffe qu'un brin, dont on lui fait une tige de quatre ou quatre pieds & demi de haut, & à fon extrémité on lui forme une tête. Comme il s'éleve au-deffus des Arbres nains, il n'occupe point la place dont ils ont befoin pour s'étendre; fon ombre ne peut leur nuire; & lorfqu'il eft chargé de fruit, il préfente à l'œil un objet agréable.

4°. Tous les ans à la mi-Février, on coupe le bois mort & les chicots qui fe trouvent fur le Grofeillier. On taille les gros bourgeons à trois ou quatre yeux; les branches moyennes à un ou à deux yeux; & on laiffe entieres toutes les petites branches à fruit.

5°. Les Grofeilliers trop vieux ne produifent ordinairement que de petits fruits, d'une telle acidité que les oifeaux même ne les mangent pas. Auffi-tôt qu'on s'apperçoit qu'ils dégénerent, il faut les arracher, & leur en fubftituer d'autres. Pour renouveller cette plantation, il n'eft pas néceffaire de tirer le plant d'ailleurs. De jeunes brins éclatés de ces vieux pieds dégénérés & plantés dans d'autres places, ou dans les mêmes places, pourvu qu'on change la terre, fe rétabliront & donneront de beau fruit.

U S A G E S.

LE fruit du Groseillier se mange crud, avec du sucre, ou sans sucre lorsqu'il est adouci par l'extrême maturité. On orne les desserts de ses grappes entieres glacées de sucre. Il se confit en grain, en gelée, en pâte, en conserve, en compote. On en fait des syrops, des eaux rafraîchissantes, &c. On releve la confiture de Cerises avec des Groseilles, & on adoucit la confiture de Groseilles avec des Framboises.

Pour conserver des Groseilles jusqu'en Novembre ; aussi-tôt qu'elles approchent de leur maturité, on couvre les Groseilliers de paille, pour préserver leur fruit du pillage des oiseaux, & du soleil qui le dessécheroit.

II. *GROSSULARIA spinosa sativa.* C. B. P.

GROSEILLIER épineux. (*Pl. II.*)

QUOIQUE le port & tout l'extérieur de ce Groseillier présentent à l'œil un Arbrisseau fort différent du Groseillier à grappes, cependant tous ses caracteres sont les mêmes, & chacune de ses parties ne se distingue des mêmes parties du Groseillier à grappes, que par les dimensions plus ou moins grandes. Il ne s'éleve point sur une tige, mais un grand nombre de jets, dont la plupart se ramifient, sortent du pied, & forment un buisson fort touffu dont les brins les plus forts ont environ trois pieds de haut.

1°. Ses bourgeons sont droits, beaucoup moins gros, couverts de même d'un épiderme gris-de-perle ou presque blanc, sous lequel on trouve un égal nombre d'écorces de mêmes direction & consistance, & de couleurs un peu plus claires.

2°. Ses feuilles sont aussi placées alternativement sur le bourgeon ; simples, divisées en trois principales découpures ; bordées

de dents inégales, médiocrement profondes, & moins aiguës;
relevées en dehors de nervures aſſez ſaillantes & creuſées en
dedans de ſillóns correſpondants. Les plus grandes ont vingt
lignes de la queue à l'extrémité de la découpure directe, & de
l'extrémité d'une des grandes découpures latérales à l'extrémité
de l'autre, vingt-trois lignes. Ainſi elles ſont beaucoup moindres
que celles du Groſeillier à grappes. Leur queue eſt groſſe, longue de dix à quatorze lignes. Dans le bas du bourgeon, comme
ſur le Groſeillier à grappes, la grande feuille eſt accompagnée
de deux ou trois petites feuilles longues de cinq à ſept lignes
& un peu plus larges : entre ces feuilles eſt un bouton, dont le
pédicule s'alongeant au printemps ſuivant, produit une petite
branche longue de quatre ou cinq lignes, de l'extrémité de laquelle ſortent quatre ou cinq feuilles de grandeurs inégales,
(les plus grandes ſont longues de quinze lignes & larges de
dix-ſept lignes) & une ou pluſieurs fleurs. Le ſupport des boutons eſt armé de trois épines fortes, droites, très-aiguës, faiſant
angle droit entre elles. Elles ſubſiſtent l'année ſuivante, accompagnent les petites branches à fruit, deviennent un peu courbes, ne ſont aucun progrès, tombent enſuite ; de ſorte qu'il eſt
très-rare d'en trouver ſur les branches de trois ans.

3°. Les fleurs, pour la plupart, ſont ſolitaires; quelquefois
deux ou trois, & rarement quatre ſont attachées ſur une rafle.
Toutes les parties qui les compoſent, & la diſpoſition de ces parties ſont ſemblables à celles du Groſeillier à grappes ; mais elles
ſont plus grandes ; le godet du calyce eſt beaucoup plus profond, & ſes échancrures ſont teintes de violet-clair. Il ſe trouve
beaucoup de fleurs qui ont ſix échancrures, ſix pétales, ſix étamines.

4°. Le fruit varie de groſſeur, de forme & de couleur ſuivant
la variété de ce Groſeillier. De ſa queue, qui eſt longue de deux
à ſix lignes & attachée à fleur, il ſort ſept ou huit fibres plus

apparentes que celles de la Grofeille en grappe, dont quelques-
unes fe divifent en plufieurs moindres. Elles s'étendent jufqu'à
l'autre extrémité du fruit qui eſt terminée par un ombilic bordé
du godet & des échancrures du calyce. Le fruit contient une
pulpe ou chair fondante, & de douze à trente pepins durs,
offeux, bruns, ovales, un peu moins obtus par un bout que par
l'autre.

Il y a plufieurs variétés de Grofeillier épineux. 1°. Celui à gros
fruit rond (*Fig. 1.*) qui a de fept à neuf lignes de diametre fur un
peu plus de longueur; & fa variété à gros fruit long (*Fig. 2.*) qui a
de neuf à dix lignes de hauteur, fur un diametre de fix à huit lignes.
On emploie ces fruits encore verts dans la Cuifine au lieu de verjus,
qu'ils fuppléent mal. Lorfqu'ils ont acquis leur maturité, leur peau
eſt jaunâtre; leur eau eſt un peu fucrée, ou plutôt fade; & ce
font des fruits méprifables. 2°. Celui à fruit rouge, ou pourpre
foncé: fon eau eſt un peu vineufe; & ce fruit eſt comeſtible pour
les enfants & ceux qui n'ont pas le goût difficile. 3°. Les Grofeilliers épineux à feuilles jaunâtres, à feuilles panachées de jaune,
à petit fruit, fauvages, &c. dont les uns ne conviennent que dans
les jardins d'ornement; les autres méritent plus d'être laiſſés dans
les haies & les clôtures des héritages, que d'être tranfplantés dans
les potagers. 4°. Le Grofeillier épineux à fruit en grappes; & le
Grofeillier épineux dont les fleurs ne font point hermaphrodites,
mais mâles fur un individu, & femelles fur un autre; Arbuſte
plus intéreſſant pour les Botaniſtes que pour les Cultivateurs.

Toute la culture du Grofeillier épineux confiſte à le planter
dans quelqu'endroit le moins utile d'un jardin, & en retrancher
de temps en temps quelques brins, afin qu'étant moins touffu,
l'étiolement ne nuife pas à fa fécondité; & qu'il pouſſe de jeune
bois fur lequel le fruit vient plus beau.

MALUS,

Groseillier à gros fruit rouge.

Fig. 1.

Fig. 2.

L. B. del.   E.^e Haussard Sculp.

Groseillier Epineux.

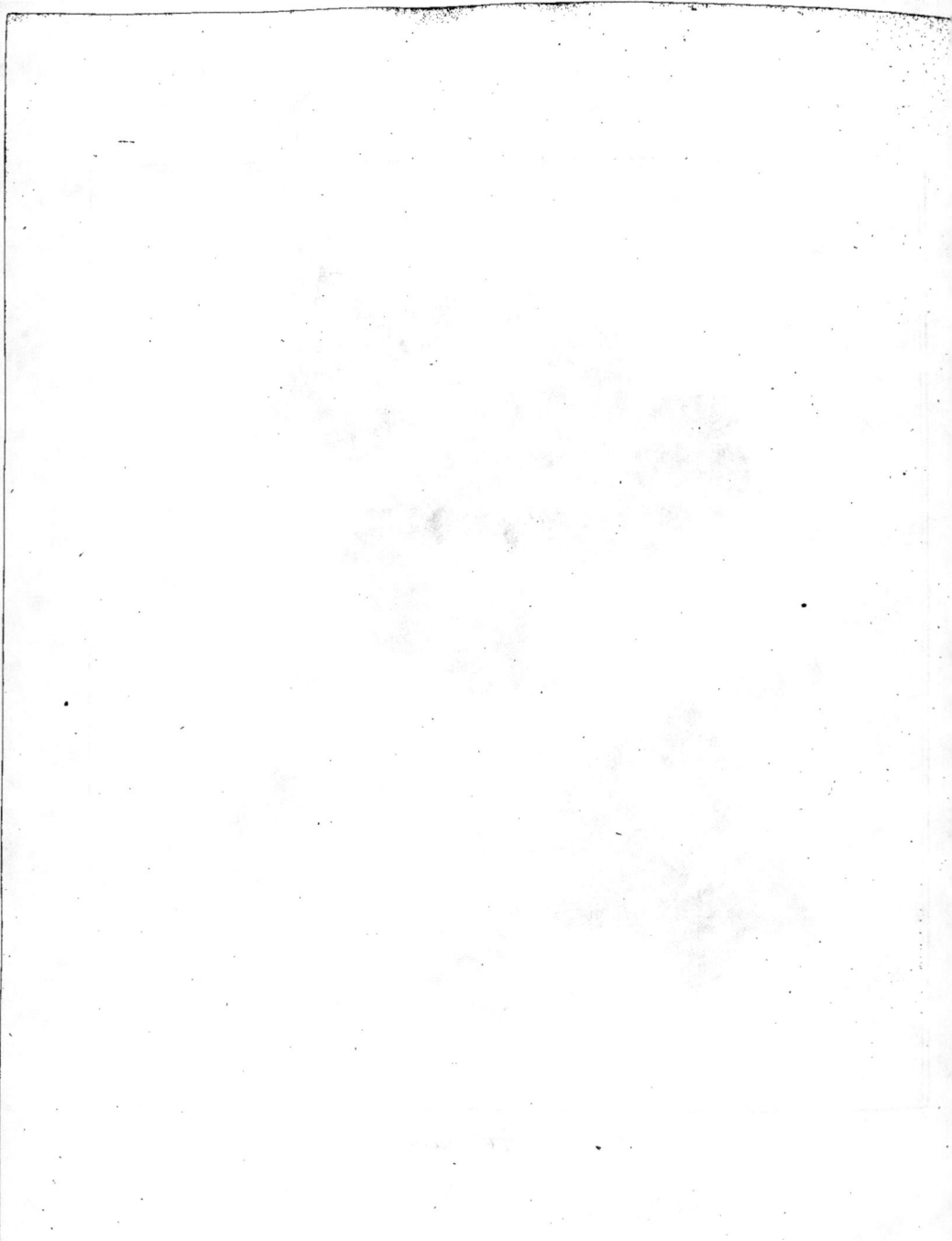

MALUS,

POMMIER.

DESCRIPTION GÉNÉRIQUE.

Les Pommiers fauvages qui s'élevent naturellement dans les forêts, ne deviennent que d'une moyenne grandeur. Des Pommiers cultivés, les uns forment de grands Arbres qui foutiennent affez bien leurs branches, tels font quelques efpeces de Pommiers à cidre élevés de pepin ; les autres font plus grands en étendue qu'en hauteur, leurs branches pendant fort bas ; le Pommier de Doucin ne forme qu'un grand Arbriffeau ; celui de Paradis s'éleve encore moins ; enfin le Pommier nain de Reinette excede peu la grandeur d'un pied de Giroflée : de forte que le port & la taille des Pommiers varient fuivant les efpeces ; mais les caracteres fuivants font génériques à l'égard de toutes les efpeces & variétés.

Les fleurs du Pommier font en bouquet. Toutes les queues d'un bouquet font attachées fur l'extrémité du pédicule du bouton d'où elles font forties, & non pas difpofées le long de ce pédicule, comme celles du Poirier. Elles font compofées 1°. d'un calyce charnu d'une feule piece, de la forme d'un godet divifé par les bords en cinq échancrures longues, diminuant réguliérement de largeur depuis leur naiffance jufqu'à leur extrémité qui fe termine en pointe, ordinairement garnies de duvet : 2°. de cinq grands pétales difpofés en rofe, creufés en cuilleron, de grandeur, de forme & de proportions différentes, & panachés de

Tome I. M m

rouge plus ou moins foncé fuivant l'efpece : 3°. d'une vingtaine
d'étamines attachées aux parois intérieures du calyce, terminées
par des fommets jaunes, figurés en olive, & divifés fuivant leur
longueur par une raînure : 4°. d'un piftil formé de cinq ftyles
affez longs, & d'un embryon qui fert de fond au calyce. Il y a
peu d'arbres qui offrent au printemps un auffi beau coup d'œil
qu'un Pommier en pleine fleur. S'il furvient alors une rofée
froide fuivie du foleil, les fleurs des Pommiers fe ferment, & il s'y
engendre un ver qui ronge l'embryon.

L'embryon devient un fruit charnu, arrondi, conique, ou
cylindrique, dont la forme, la groffeur, la couleur, le goût,
le temps de la maturité, &c. diftinguent principalement les efpeces & variétés du Pommier. Il eft couvert d'une peau mince
& adhérente à la chair. Ses deux extrémités font ordinairement
applaties ; l'une eft terminée par un œil ou ombilic plus ou moins
enfoncé, bordé des échancrures defféchées du calyce qui y fubfiftent jufqu'à la maturité du fruit. A l'extrémité oppofée, la
queue, plus ou moins courte, s'implante au fommet d'une cavité
prefque conique, évafée, unie, profonde, & pénetre affez avant
dans le fruit. On trouve dans l'intérieur du fruit cinq loges, rarement quatre, formées d'une efpece de parchemin, ou membrane mince, tranfparente, fouple, & d'une confiftance très-
folide ; dont chacune contient un ou deux pepins de la forme
d'une larme, applatis du côté où ils fe touchent, couverts d'une
peau cartilagineufe, qui renferme une amande d'une faveur légérement amere qui n'eft pas défagréable.

Les feuilles font placées alternativement fur la branche, de
forme elliptique alongée, terminées en pointe par les deux extrémités ; le deffous eft d'un vert-blanchâtre, un peu velu, relevé d'arrêtes faillantes ; le dedans eft d'un vert plus ou moins foncé, creufé de fillons, un peu rude au toucher ; les bords font
dentelés plus ou moins profondément. Les chenilles attaquent

plus les feuilles du Pommier que celles de tout autre Arbre Fruitier.

Prévenons la surprise que causera le petit nombre de Pommiers qui vont être décrits. Cet Arbre variant beaucoup par les semences; & plusieurs grandes Provinces s'occupant de sa culture pour se procurer une boisson qui leur tient lieu de vin, la liste de ses variétés devroit être très-nombreuse. Elle le seroit en effet, ou plutôt elle seroit presqu'infinie si nous y comprenions les Pommiers à cidre; mais ne traitant que de ceux dont les fruits sont comestibles, & qu'on nomme *Pommes-à-couteau*, ils se réduisent à un nombre très-borné de Pommes aigrelettes (ce sont les plus estimées,) de Pommes parfumées, & de Pommes tendres. On trouve dans les grands vergers de Pommiers à cidre beaucoup de variétés de ces dernieres, dont quelques-unes sont fort bonnes, & pourroient paroître préférables à plusieurs de celles qu'on cultive pour l'usage de la table; mais toute Pomme tendre n'est qu'un fruit de médiocre qualité: & la plupart mûrissent avant l'arriere saison, dans le temps de l'abondance de plusieurs excellents fruits dont elles ne peuvent pas soutenir la concurrence.

ESPECES ET VARIÉTÉS.

I. *MALUS fructu parvo, subconico, costato, pulchrè rubro, præcoci.*
CALVILLE d'Eté. (*Pl. I.*)

CE Pommier est d'une taille médiocre, très-vigoureux & fertile.

Ses bourgeons sont menus, comme farineux, tiquetés de quelques petits points à peine sensibles, le côté du soleil est rouge-brun foncé tirant sur le violet obscur, ou brun minime; le côté de l'ombre est plus clair.

Ses boutons font gros, peu pointus, moins applatis que ceux de la plupart des Pommiers ; les fupports font petits.

Ses feuilles font de forme ovale alongée ; un peu moins aiguës vers la queue que vers l'autre extrémité ; dentelées régulièrement, affez finement & peu profondément. Leur longueur eft d'environ trois pouces & demi, fur deux pouces de largeur. Les feuilles des bourgeons font plus larges & dentelées profondément. Les queues font longues de douze à dix-huit lignes.

Ses fleurs ont dix-neuf lignes de diametre ; les pétales font longs de neuf lignes, larges de fept lignes, très-creufés en cuilleron, panachés de rouge-cerife foncé en dehors, très-légérement teints de rouge en dedans.

Son fruit eft petit, n'ayant que vingt-deux lignes de diametre fur vingt lignes de hauteur. Souvent la hauteur & le diametre font prefque égaux. La queue eft affez groffe, longue de fept à huit lignes, plantée dans une cavité unie, évafée & profonde ; le diametre du fruit eft beaucoup plus grand vers cette extrémité que vers la tête, où il diminue confidérablement, de forte que fa forme eft un peu conique. L'œil étroit eft fermé & placé à fleur du fruit entre une dizaine de boffes ou éminences, dont cinq plus faillantes que les autres, s'étendent fur le fruit fuivant fa hauteur, & y forment des côtes fenfibles jufqu'aux bords de la cavité où la queue eft plantée.

La peau eft dure, d'un beau rouge-foncé du côté du foleil, plus clair du côté de l'ombre ; les endroits couverts par les feuilles font d'un blanc de cire.

La chair eft blanche, quelquefois elle a une légere teinte de rouge du côté où le fruit a été frappé du foleil. Elle devient bientôt cotonneufe.

L'eau eft peu abondante, & peu relevée lorfque le fruit a acquis fa parfaite maturité.

Les pepins font affez nourris, & d'un brun très-foncé.

Cette Pomme mûrit à la fin de Juillet ; mais comme sa maturité diminue beaucoup son mérite, on la mange en compotes dès le commencement de ce mois, & alors sa précocité la fait estimer.

Le fruit que je viens de décrire me paroît n'être qu'une Passe-pomme, & mérite peu le nom de Calville, dont il n'a presqu'aucune qualité. La véritable Pomme de Calville d'été, assez commune en Normandie, est plus grosse, d'une forme presque cylindrique, très-rouge en dehors & en dedans ; son eau est abondante, & relevée d'un aigrelet assez vif. Elle mûrit dans le même temps que la précédente, & peut même dans une saison plus avancée, passer pour une bonne Pomme.

II. *MALUS fructu parvo, globoso-compresso, pulchrè rubro, æstivo.*

Passe-Pomme rouge.

Les bourgeons de ce Pommier sont menus, d'un rouge-brun assez clair, peu tiquetés, couverts d'un épiderme gris-de-perle, & d'un duvet très-fin.

Les boutons sont petits & courts ; & les supports bien saillants & un peu cannelés.

Les feuilles sont très-grandes, longues de quatre pouces neuf lignes, larges de trois pouces cinq lignes. Leur plus grande largeur est vers la queue. La dentelure est assez fine, peu aiguë & peu profonde. Le pédicule est long d'environ quatorze lignes.

La fleur a vingt-trois lignes d'étendue, ses pétales sont longs de onze lignes, larges de huit lignes, étroits à leur extrémité, en dehors panachés, quelques-uns entièrement teints de rouge vif ; en dedans ils ont une teinte de rouge assez forte.

Le fruit est petit, d'une forme régulière, un peu applati par les extrémités. Son diamètre est de vingt-deux lignes, & sa hauteur de dix-huit lignes & demie. L'œil est petit, placé dans une cavité unie, profonde d'environ une ligne & demie. La queue est menue, longue de six lignes, plantée au sommet d'une cavité unie, profonde, évasée.

La peau est d'un très-beau rouge vif du côté du soleil, d'un rouge plus léger du côté de l'ombre. Il n'y a que les endroits qui ont été couverts par les branches ou les feuilles, qui ne deviennent point rouges.

La chair est blanche, teinte de rouge très-léger sous la peau, du côté qui a été frappé du soleil; elle cotonne aisément.

L'eau est agréable, peu relevée lorsque le fruit est très-mûr.

Les pepins sont petits & bruns.

Cette Pomme n'est en parfaite maturité que dans le mois d'Août; mais on peut l'employer en compote plutôt que la précédente.

Il y a plusieurs variétés de Passe-pomme. 1°. La Passe-pomme d'automne, Pomme d'Outrepasse, ou Générale, qui est de grosseur moyenne, fort ressemblante à la vraie Calville d'été; sa peau est d'un beau rouge, & sa chair est presque toute teinte de rouge-clair & vif. 2°. La Passe-pomme blanche, ainsi nommée parce qu'elle prend moins de rouge que les autres; sa forme approche beaucoup de celle de la Calville d'été, n°. 1. Elle est pareillement relevée de côtes; elle est un peu plus grosse, d'une eau plus abondante & plus relevée; & elle passe moins vîte. 3°. La Cousinette ou Cousinotte qui est rayée de rouge, de même forme & grosseur que le n°. 1, & mûrissant long-temps après, en hiver. Elle-même a une variété dont les raies sont d'un rouge très-vif, & la maturité au mois d'Août. La culture de ces Passes-pommes est moins utile, que propre à répandre de la confusion, ou tout au moins une variété superflue dans les jardins.

III. *MALUS fructu maximo , glabro , prominentiùs costato , luteo ; carne granosâ , brumali.*

Calville blanche d'Hiver. (*Pl. II.*)

L'Arbre est beau, vigoureux & fertile.

Les bourgeons font gros, longs, droits, couverts d'un duvet fin, tiquetés de très-petits points ; d'un brun violet ou minime du côté du foleil, plus clair du côté de l'ombre.

Les boutons font très-courts, quelques-uns à peine apparents ; leurs fupports font peu élevés.

Les feuilles font longues de trois pouces cinq lignes, larges de deux pouces quatre lignes, diminuant beaucoup de largeur vers la pointe. Les bords font garnis de grandes dentelures profondes & arrondies. La queue est longue d'un pouce.

La fleur a vingt & une lignes de diametre. Les pétales font de la forme d'une truelle, longs de dix lignes, larges de fept lignes, panachés de rouge-vif en dehors, & affez teints de rouge en dedans.

Le fruit est très-gros, ayant trois pouces trois lignes de diametre fur deux pouces onze lignes de hauteur. Quoique fon diametre excede fa hauteur, il paroît cependant très-peu applati. Sa plus grande largeur est du côté de la queue, qui est menue & affez longue, plantée au fommet d'une cavité dont les bords font irréguliers, & la profondeur ordinairement égale à la longueur de la queue. L'œil est petit, placé dans une cavité très-irréguliere, bordée de boffes très-faillantes qui s'étendent fur le fruit, & y forment des côtes très-élevées, qui s'abaiffent à mefure qu'elles approchent du plus grand renflement du fruit, où elles difparoiffent prefqu'entiérement.

La peau est unie, d'un jaune-pâle. Quelquefois les endroits qui ont été expofés au foleil prennent un beau rouge-vif.

La chair est blanche, grenue, tendre, légere, fine.

L'eau eft relevée fans acidité.

L'axe du fruit eft creux, entouré de cinq grandes loges féminales.

Cette Pomme commence à mûrir en Décembre, & fe garde
quelquefois jufqu'en Mars. Son mérite eft connu.

IV. *M A L U S fructu maximo, coftato, glabro, faturatiùs rubro, carne
granofâ & rofeâ, brumali.*

M A L U S fativa fructu magno, intensè rubente, violæ odore. Inft.

CALVILLE rouge. (*Pl. III.*)

CE Pommier eft affez grand & vigoureux; fes branches affec-
tent la direction horizontale.

Ses bourgeons font de moyenne groffeur, longs, tiquetés
de petits points, couverts d'un duvet fin, un peu coudés à chaque nœud, d'un brun-violet, plus foncé que ceux du précédent.

Ses boutons font moins courts que ceux du Pommier de
Calville blanche. Les fupports font affez gros, & un peu cannelés.

Ses feuilles font longues de plus de quatre pouces, larges de
près de trois pouces, terminées en pointe. La plus grande largeur eft vers le milieu de la feuille. Les bords font dentelés &
furdentelés; la dentelure eft grande, aiguë & peu profonde.
La queue eft longue d'environ un pouce.

Sa fleur a dix-neuf lignes de diametre; les pétales, longs de
neuf lignes, larges de fix lignes, font figurés en truelle, en deffus
panachés de rouge-cerife clair, & en dedans un peu teints de
rouge.

Son fruit eft très-gros, ayant quelquefois plus de trois pouces
de diametre, fur trois pouces trois lignes de hauteur, alongé,
prefqu'auffi gros par la tête, que vers la queue, relevé de côtes
beaucoup moins faillantes que celles de la Calville blanche.

L'œil

L'œil eft grand & placé dans un enfoncement peu creufé. La queue, de longueur & de groffeur médiocres, eft plantée au fommet d'une cavité en entonnoir peu profonde, très-étroite & ordinairement unie par les bords.

La peau eft très-unie; dans les fruits des vieux arbres, elle eft d'un rouge-foncé du côté du foleil, & d'un rouge plus clair du côté de l'ombre; dans ceux des jeunes arbres; elle eft d'un rouge moins foncé du côté du foleil; & quelquefois l'autre côté n'eft point ou n'eft que très-peu teint de rouge.

La chair eft fine, légere, grenue, rouge fous la peau, & affez avant dans le fruit des vieux arbres; blanche, tirant un peu fur le vert, lorfque les arbres font jeunes & vigoureux.

L'eau eft d'un goût relevé, vineux, agréable.

Les pepins font gros, renfermés dans de grandes loges.

Cette Pomme mûrit en Novembre & Décembre. Lorfqu'elle eft venue fur un jeune arbre planté dans une terre forte, elle fe garde plus long-temps, mais elle eft moins bonne. Quelquefois fa forme eft fi alongée, & diminue tellement de groffeur vers la tête, qu'elle eft prefque conique. On croit y fentir une petite odeur de violette.

La Calville rouge Normande de Merlet, préférable à la pré-cédente, en differe principalement par la couleur de la peau, qui eft plus foncée, & pénetre la chair prefque jufqu'aux loges féminales; & par le temps de fa maturité, fe confervant jufqu'à la fin de Mars.

Les loges de toutes les Calvilles font fort grandes, & con-tiennent des pepins bien nourris, très-pointus, petits à propor-tion des loges & des fruits. Ils fe détachent dans la parfaite ma-turité; & lorfqu'on fecoue le fruit, ils font un petit bruit contre les parois des loges qu'ils frappent.

Il y a une Pomme appellée *Cœur-bœuf,* qui eft plus groffe, & d'une couleur plus foncée que la Calville rouge. Du refte elle lui reſſemble beaucoup extérieurement ; mais elle en eſt très-différente par la qualité, étant à peine bonne à cuire.

V. *MALUS fructu medio, rubro, quadriloculari, carne granoſâ, æſtivo ;* POSTOPHE d'Été.

Les bourgeons de ce Pommier ſont menus, longuets, les uns verts, les autres d'un brun-clair, couverts d'un épiderme gris-de perle luiſant, tiquetés très-finement.

Les boutons ſont très-courts, ayant à peine demi-ligne de longueur. Les ſupports ont peu de ſaillie.

Les feuilles ſont longues de trois pouces trois lignes, larges de deux pouces quatre lignes, dentelées & ſurdentelées. La dentelure eſt grande, peu profonde, & aſſez obtuſe. La plus grande largeur de la feuille eſt vers la pointe ; elle diminue beaucoup vers la queue, qui eſt longue de neuf lignes.

La fleur s'ouvre peu ; ſon diametre eſt de vingt-trois lignes. Les pétales ſont longs de onze lignes, larges de ſix lignes & demie, très-creuſés en cuilleron, & très-légérement panachés de couleur de roſe.

Le fruit eſt de moyenne groſſeur, ſon diametre étant de deux pouces trois lignes, & ſa hauteur de deux pouces ; quelquefois de forme cylindrique ; le plus ſouvent un peu plus menu du côté de l'œil que du côté de la queue. L'œil eſt placé au fond d'une aſſez grande cavité, bordée de quelques boſſes peu ſaillantes. La queue eſt longue, groſſe à ſon extrémité, plantée dans une cavité profonde.

La peau eſt d'un rouge plus clair que celle de la Calville. Du côté de l'ombre, quelques endroits ne ſont point du tout teints de rouge.

La chair eſt grenue, & ſouvent un peu teinte de rouge ſous la peau.

L'eau reſſemble beaucoup à celle de la Calville.

On ne trouve ordinairement dans cette Pomme que quatre loges féminales, qui ſont grandes & renferment de gros pepins. Sa maturité eſt vers la fin d'Août.

VI. *MALUS fructu magno, compreſſo, glabro, prominenter toſtato, hinc ſaturè, indè dilutè purpureo, ſerotino.*

Postophe d'Hiver.

Le bourgeon de ce Pommier eſt de groſſeur & de longueur médiocres, d'un rouge-brun foncé tirant ſur le violet obſcur, couvert d'un duvet épais.

Le bouton eſt très-large, court, obtus. Le ſupport eſt large.

La feuille eſt plate, ovale, terminée par une petite pointe. La dentelure eſt grande, profonde, aiguë. La couleur eſt un vert foncé en dedans, vert-blanchâtre en dehors. Sa longueur eſt de trois pouces, & ſa largeur de deux pouces quatre lignes.

La fleur eſt grande, belle, bien ouverte. Son diametre eſt de vingt-ſept lignes. Les pétales, longs de treize lignes, larges de neuf lignes, ſont panachés en dehors de couleur de ceriſe très-légere, & peu teints en dedans.

Le fruit eſt gros, applati par les extrémités; ſon diametre eſt de deux pouces neuf lignes, & ſa hauteur de vingt-ſix lignes. La queue eſt menue & courte, plantée dans une cavité unie, profonde, peu évaſée. L'œil eſt petit, placé dans un enfoncement aſſez creuſé, bordé de cinq ou ſix boſſes peu élevées, qui ſe prolongent ſur le fruit, y forment des côtes preſqu'auſſi ſaillantes que celles de la Calville blanche, & rendent le fruit anguleux.

La peau eſt d'un rouge-ceriſe foncé du côté du ſoleil, plus clair du côté de l'ombre; les parties qui n'ont jamais été frappées du ſoleil ſont jaunes. Elle eſt très-liſſe & luiſante.

La chair d'une confiftance affez ferme, tire un peu fur le jaune.

L'eau eft moins relevée que celle des Reinettes. Elle a cependant un aigrelet fin fuffifant pour la rendre agréable.

Les loges féminales font étroites, & le plus fouvent les pepins font avortés.

Cette Pomme eft très-bonne, & fe conferve jufqu'en Mai, & quelquefois au-delà. Elle mérite d'être plus commune.

VII. *MALUS fructu medio, longiori, fapore violæ, ferotino.*

VIOLETTE.

L'ARBRE eft vigoureux & a beaucoup de reffemblance avec le Pommier de Calville d'été.

Ses bourgeons font affez gros, un peu coudés à chaque nœud, tiquetés de petits points blancs, verts du côté de l'ombre, rougeâtres du côté du foleil & à la pointe, couverts d'un duvet très-épais.

Ses boutons font larges & plats. Les fupports font gros.

Ses feuilles font très-grandes, elliptiques, longues de quatre pouces cinq lignes, larges de trois pouces deux lignes, dentelées peu profondément & furdentelées ; la dentelure eft peu aiguë. Elles font portées par de groffes queues longues d'un pouce.

Sa fleur a vingt & une lignes de diametre. Les pétales font longs de dix lignes, larges de huit lignes, très-creufés en cuilleron, froncés par les bords, panachés d'un rouge léger, peu teints en dedans, fort fenfibles aux vents froids.

Son fruit eft de moyenne groffeur, très-alongé, fon diametre étant de deux pouces à l'endroit le plus renflé, qui eft vers la queue ; & fa hauteur d'environ trois pouces. L'œil eft affez large, placé au fond d'une cavité bordée de plis. La queue eft longue, menue, affez enfoncée dans le fruit.

Sa peau eft unie, brillante, d'un rouge-foncé du côté du foleil, d'un jaune fouetté de rouge du côté oppofé.

Sa chair eft fine & délicate, de la même confiftance que celle
de la Calville, verdâtre autour des pepins; dans le refte teinte
de couleur de rofe très-légere.

Son eau tient un peu de celle de la Calville; elle eft fucrée,
douce, & un peu parfumée de violette.

Les loges des pepins font fort longues, & les pepins font communément avortés.

Cette Pomme eft une des meilleures. Il s'en garde jufqu'en
Mai.

VIII. *MALUS fructu magno, compreffo, glabro, faturè rubro, brumali.*
Gros Faros. (*Pl. IV.*)

Les bourgeons de ce Pommier très-vigoureux, font gros,
longs, forts, d'un rouge-brun peu foncé, tiquetés de quelques
petits points à peine apparents.

Ses boutons font grands & larges, & les fupports peu faillants.

Ses feuilles font grandes, longues de trois pouces dix lignes,
larges de deux pouces fept lignes, prefque elliptiques. Les bords
font garnis de grandes dentelures aiguës & profondes, dont la
plupart font doublement furdentelées. Les queues font longues
de douze à dix-fept lignes.

Sa fleur eft très-grande, s'ouvre peu; fon diametre eft de
vingt-fept lignes. Les pétales, longs de treize lignes, larges de
neuf lignes, font légérement panachés en dehors de couleur de
cerife-pâle, & peu teints en dedans; ils fe froncent beaucoup près
de l'onglet, & font traverfés d'un pli profond fuivant leur
longueur.

Son fruit eft gros, applati par les extrémités, un peu plus

renflé vers la queue que vers la tête, bien arrondi fur fon diâmetre, quoiqu'un peu relevé de côtes qui font à peine fenfibles. Son diametre eft de trois pouces, & fa hauteur de deux pouces fix lignes. L'œil eft très-large & bien ouvert, placé dans un enfoncement dont les bords font unis. La queue eft courte & plantée dans une cavité profonde.

Sa peau eft très-unie, teinte prefque par-tout de rouge très-foncé, & chargé de petites raies ou taches longues d'un rouge très-obfcur. Le côté de l'ombre eft ordinairement d'un rouge moins foncé, & les petites raies font d'un rouge vif. Souvent quelque portion de ce côté n'eft point du tout teinte de rouge; & la cavité où la queue s'implante, eft bordée de taches brunes.

Sa chair eft ferme, fine, blanche, un peu teinte de rouge fous la peau.

Son eau eft fort bonne, abondante & d'un goût relevé.

Ses pepins font gros, placés dans de grandes loges, entre lefquelles l'axe du fruit eft creux.

Cette Pomme fe peut conferver jufque vers la fin de Février. C'eft un très-bon fruit.

IX. *M A L U S fructu medio, oblongo, glabro, purpureo, brumali.*

PETIT FAROS.

L'ARBRE eft moins fort que le précédent ; fes feuilles font beaucoup moindres; fes bourgeons font jaunâtres, & très-couverts de duvet.

Son fruit très-différent du Gros Faros pour la forme, eft de moyenne groffeur, alongé, ayant deux pouces fix lignes de diametre fur deux pouces neuf lignes de hauteur; plus renflé vers la queue que vers la tête. L'œil eft affez enfoncé, beaucoup moins ouvert que celui du Gros Faros; dans le fond de la cavité, où il eft placé, on apperçoit plufieurs petites boffes &

plis qui font paroître la peau comme froncée autour de l'œil ;
& les échancrures du calyce comme chiffonnées. La queue eft
courte, groſſe, verte, aſſez enfoncée dans le fruit.

La peau eft très-unie & brillante ; du côté du foleil, elle eft
d'un rouge-ceriſe fort vif, chargé de taches d'un rouge plus foncé ; du côté de l'ombre le rouge eft plus lavé, femé de taches
longuettes d'un rouge aſſez vif. Quelques endroits de ce même
côté n'ont point du tout de rouge.

La chair eft blanche, un peu grenue comme celle de la Calville.

L'eau eft agréable, fans âcreté ni goût de fauvageon.

Les pepins font bien nourris.

Cette Pomme eft bonne ; elle fe conferve auſſi long-temps
que la précédente.

X. *MALUS fructu parvo, fulvaſtro, inodoro, brumali.*

FENOUILLET gris. ANIS. (*Pl. V.*)

Ce pommier eft délicat & de médiocre grandeur.

Ses bourgeons font menus, très-longs, droits, couverts d'un
duvet fin, quelquefois d'un gris-clair, le plus fouvent d'un rouge-
brun clair tirant un peu fur le violet.

Ses boutons font alongés, peu pointus ; les fupports font très-
peu faillants.

Ses feuilles font petites, longuettes, étroites, ayant trois pouces deux lignes de longueur, fur deux pouces de largeur, terminées en pointe aiguë, d'un vert blanchâtre, dentelées finement
& peu profondément, pliées en gouttiere, & l'arrête formant un
arc en dehors. Les queues font longues de quinze à vingt lignes.

Sa fleur a vingt & une lignes de diametre. Les pétales font
longs de dix lignes, larges de fept lignes & demie, froncés &
comme chiffonnés près de l'onglet, panachés de couleur de ceriſe,
& teints de rouge bien marqué en dedans.

Le fruit eſt petit, n'ayant que deux pouces de diametre, ſur un pouce neuf lignes de hauteur, aſſez arrondi, un peu plus ren-flé vers la queue que vers l'œil, qui eſt peu enfoncé. La queue eſt très-courte, implantée dans une cavité en entonnoir, plus large que celle de l'œil & un peu plus profonde.

La peau eſt rude au toucher, d'un gris tirant ſur la couleur de ventre de biche, très-légérement colorée du côté du ſoleil.

La chair eſt tendre, fine, ſans odeur, très-bonne lorſqu'elle n'eſt pas trop fanée; car alors elle devient cotonneuſe.

L'eau eſt ſucrée, & parfumée d'anis ou de fenouil lorſque le fruit a acquis le point de maturité où il commence à ſe faner.

Les pepins ſont courts, bien nourris, très-pointus.

Cette Pomme commence à mûrir en Décembre & ſe garde juſqu'en Février. Elle eſt eſpece ou variété du gros Fenouillet gris, qui n'en differe que par la groſſeur, ayant deux pouces ſept ou huit lignes de diametre, & deux pouces deux ou trois lignes de hauteur; par la queue qui eſt menue & aſſez longue; & par le goût qui eſt moins relevé.

On trouve en Normandie, ſous le nom de *gros* & de *petit Rétel*, deux Pommes fort reſſemblantes au gros & au petit Fenouil-let pour la groſſeur & la couleur; elles ſont de même ſans odeur; elles ſe chargent ordinairement de verrues; leur chair eſt ferme, & ne ſe cotonne point ou très-rarement; elles ſe conſervent plus long-temps. Ce ſont ſans doute deux variétés de Fenouillet; ſi elles ne ſont pas le Fenouillet même ſur lequel le terrein pro-duit ces différences.

XI.

XI. *MALUS fructu medio, cinereo, maculis rubro-fuscis ad solem dis-
tincto, brumali.*

Fenouillet rouge. Bardin.

Courpendu de la Quintinye. (*Pl. VI.*)

Le bourgeon de ce Pommier, qui est vigoureux, est gros,
court, droit, brun-rougeâtre foncé, tiqueté de très-petits points;
il a peu de duvet, & très-fin.

Le bouton est large & plat; le support est saillant, large, un
peu cannelé.

Les feuilles sont de trois pouces six lignes de longueur, sur
deux pouces trois lignes de largeur, dentelées & surdentelées.
Les nervures sont très-saillantes. La queue est grosse, longue
d'environ dix lignes.

La fleur est belle & s'ouvre bien. Son diametre est de vingt-trois
lignes. Les pétales, longs de onze lignes, larges de huit lignes,
sont étroits à leur extrémité, froncés près de l'onglet, panachés
d'un beau rouge-vif, & assez teints en dedans.

Le fruit est de moyenne grosseur, ayant deux pouces six lignes
de diametre, & deux pouces de hauteur. Il est un peu moindre
que le gros Fenouillet gris, & en differe peu pour la forme.
L'œil est ordinairement plus enfoncé. La queue est grosse & fort
courte; ce qui l'a fait nommer *Courpendue.*

La peau est d'un gris plus foncé, fouettée de rouge-brun du
côté du soleil.

La chair est plus ferme, d'un goût plus sucré & plus relevé;
dans les terreins chauds & légers, elle est un peu musquée.

Elle se conserve plus long-temps; dans quelques-années, jusqu'à la fin de Février.

XII. *MALUS fructu medio, aureo, inodoro, autumnali.*

FENOUILLET jaune. Drap d'or.

CETTE Pomme reſſemble aux autres Fenouillets. Elle eſt un peu moins groſſe que le gros Fenouillet gris. Son diametre eſt de deux pouces trois ou quatre lignes, & ſa hauteur eſt de vingt-cinq ou vingt-ſix lignes. L'œil, comme celui de la Pomme d'Anis, eſt placé dans une cavité peu profonde, & preſqu'unie par les bords. La queue, comme celle de la Pomme de Bardin, eſt courte, plantée dans une cavité aſſez profonde, unie & très-évaſée.

Lorſque ce fruit approche de ſa maturité, la peau devient d'un beau jaune, ſe teint de rouge en quelques endroits, & étant par-tout recouverte d'un gris-fauve très-léger qui laiſſe appercevoir les autres couleurs, il réſulte une couleur qu'on croit avoir quel-que reſſemblance avec celle d'un drap d'or.

La chair eſt blanche, ferme, ſans marc, & preſque ſans odeur, plus délicate que celle du Fenouillet gris.

L'eau eſt douce, relevée & fort agréable.

Les pepins ſont larges, courts, pointus, bien nourris, d'un brun tirant ſur le violet.

Cette Pomme qu'on regarde avec raiſon comme une des meil-leures, ſe conſerve rarement au-delà du mois de Novembre. Auſſi-tôt que le point de ſa maturité eſt paſſé, elle devient co-tonneuſe.

XIII. *MALUS fructu magno, glabro, formâ eximiâ, rutilato, au-tumnali.*

Vrai DRAP D'OR. (*Pl. XII. Fig.* 4.)

CE Pommier eſt vigoureux & fructifie bien.

Ses bourgeons ſont de groſſeur & longueur médiocres, droits, d'un rouge-brun peu foncé du côté du foleil, verdâtres du côté de l'ombre, tiquetés.

Ses boutons font larges & courts ; les fupports ont peu de faillie.

Ses feuilles font grandes, longues de quatre pouces, larges de deux pouces huit lignes, dentelées profondément & furdentelées ; la dentelure eft grande & arrondie. L'arrête fe plie un peu en arc en deffous. La queue eft longue d'environ neuf lignes.

Sa fleur a vingt & une lignes de diametre. Les pétales font longs de dix lignes, larges de fix lignes, terminés en pointe, panachés en dehors d'un beau rouge, & lavés en dedans d'une forte teinte de même couleur.

Le fruit eft gros, ayant deux pouces dix lignes de diametre, fur deux pouces & demi de hauteur, léger, d'une forme très-réguliere, bien arrondi fur fon diametre (quelquefois on y apperçoit à peine quelques côtes.) Il diminue un peu de groffeur vers l'œil, qui eft placé dans une cavité profonde, médiocrement évafée, & bordée de boffes très-peu faillantes. La queue eft très-courte, plantée au fommet d'une cavité unie & moins creufée que celle de l'œil.

La peau eft très-liffe, d'un beau jaune imitant l'or mat, femée de très-petits points bruns, & de quelques petites taches rondes, d'environ une ligne d'étendue.

La chair eft légere, un peu grenue, fujette à devenir cotonneufe.

L'eau eft d'un goût agréable, moins relevé que celui des Reinettes.

Les pepins font d'un brun-clair, de forme prefqu'ovale, arrondis fur leur diametre lorfqu'ils font uniques dans une loge, peu applatis lors même qu'ils font doubles.

Cette belle Pomme fe conferve rarement jufqu'en Janvier. Quoiqu'elle ne vaille pas les bonnes Reinettes ; elle peut fe faire regretter lorfqu'elle difparoît. On trouve en Normandie une Pomme qui lui reffemble beaucoup, elle a un peu d'aigrelet, & fe conferve plus long-temps; le terrein feul pourroit faire ces différences: on la nomme *Pomme de Julien* ou de *S. Julien.*

XIV. *MALUS fructu medio, aureo, acidè-dulci, brumali.*

POMME d'Or. REINETTE d'Angleterre. (*Pl. VII.*)

L'ARBRE eft fertile; d'une grandeur médiocre.

Ses bourgeons font gros & longs, d'un brun rougeâtre peu foncé, couverts d'un duvet épais, très-tiquetés de gros points.

Ses boutons font très-courts; & les fupports font larges & peu faillants.

Ses feuilles font longues de trois pouces & demi, larges de vingt-fix lignes, d'un vert foncé, aiguës par les deux extrémités. Leur dentelure eft réguliere, fine, aiguë, peu profonde. La queue eft longue de dix à quinze lignes.

Sa fleur s'ouvre mal. En l'étendant, elle a dix-neuf lignes de diametre. Les pétales font longs de neuf lignes, larges de fix lignes, très-concaves, froncés à l'extrémité, panachés en dehors d'un rouge très-foncé, lavés en dedans d'une forte teinte de rouge. La longueur du piftil eft prefque double de celle des étamines.

Ses fruits font de moyenne groffeur (vingt-quatre lignes de diametre, fur vingt-deux lignes de hauteur;) les plus gros ont vingt-huit ou vingt-neuf lignes de diametre, & de vingt-deux à vingt-cinq lignes de hauteur; la forme des uns paroît alongée, celle des autres applatie. L'œil, peu ouvert, eft placé dans un applatiffement, ou enfoncement évafé, très-peu creufé, & uni. La queue, longue de trois à huit lignes, eft plantée au fommet d'une cavité unie, peu large & peu profonde.

Sa peau eft liffe. Le côté du foleil eft d'un jaune vif lavé de rouge-clair, tiqueté de points & petites taches d'un rouge de fang. Le côté de l'ombre eft jaune mêlé de vert. La plupart de ces fruits étant entiérement recouverts d'un gris très-léger & tranfparent, il réfulte de ce mélange une couleur à laquelle l'imagination aide à reffembler à une couleur d'or terne du côté de l'ombre, vive & brillante du côté du foleil où le rouge donne du feu au jaune.

Sa chair eft d'un blanc un peu jaune, de la même confiftance que celle de la Reinette franche.

Son eau eft affez abondante, d'un goût fucré & très-relevé.

Ses pepins font affez gros, de couleur de maure-doré; on croit appercevoir fur leurs faces de très-petits points dorés.

Cette Pomme eft excellente, & mérite, autant qu'aucune autre, de devenir commune; je dirois *plus*, fi elle étoit un peu plus groffe, & fi elle ne paffoit beaucoup plutôt que la Reinette franche.

XV. *MALUS fructu medio, compreffo, flavo, acidè-dulci, brumali.*

REINETTE dorée. REINETTE jaune tardive.

CETTE Pomme eft de moyenne groffeur, de forme affez réguliere, un peu inégale fur fon diametre qui fouvent eft plus grand fur un fens que fur l'autre, applatie par les extrémités. Son diametre eft d'environ vingt-huit lignes, & fa hauteur de vingt-deux à vingt-cinq lignes. L'œil eft très-enfoncé dans une cavité large, creufée & unie. La queue, longue de cinq à huit lignes, eft plantée dans une cavité large & profonde.

Sa peau eft unie, tiquetée de points d'un gris-clair, d'une belle couleur jaune-foncée imitant la couleur de l'or mat. Le côté du foleil eft légérement fouetté de rouge peu apparent qui anime la couleur jaune: de forte qu'elle mérite mieux qu'aucune autre Pomme le nom de *dorée*.

Sa chair eft blanche, ferme, fine, un peu moins odorante que celle de la Reinette franche.

Son eau eft abondante, très-fucrée, relevée, à peine un peu acide.

Ses pepins font petits, bien nourris, très-pointus, d'un brun-rougeâtre.

Cette Pomme, beaucoup trop rare, eft comparable en bonté à la Reinette franche. Elle commence à mûrir en Décembre, & eft prefqu'entiérement paffée lorfque celle-ci commence à paroître.

XVI. *MALUS fruÉtu medio, compreffo, luteo, acidè-dulci, autumnali.*

Reinette jaune hâtive.

Ce Pommier eft de mediocre grandeur, affez fertile.

Ses bourgeons font menus, d'un brun-clair, tiquetés, un peu coudés à chaque nœud.

Ses boutons font courts, & les fupports larges & peu faillants.

Ses feuilles font très-grandes, elliptiques, longues de quatre pouces, larges de trois pouces, plus étroites vers la queue qu'à l'autre extrémité, dentelées profondément, & furdentelées. Le pédicule eft long de neuf ou dix lignes.

Son fruit eft de moyenne groffeur, ayant environ deux pouces trois lignes de diametre, fur vingt-trois lignes de hauteur; applati par les extrémités, cylindrique fuivant fa hauteur. L'œil eft grand & placé dans une cavité unie, affez profonde, & très-évafée. La queue eft menue, plantée dans une cavité étroite & profonde. Souvent on trouve fur ce fruit plufieurs verrues très-faillantes, de couleur brune.

Sa peau eft d'un jaune-clair, tiquetée de gros points bruns.

Sa chair eft tendre, fujette à devenir cotonneufe.

Son eau est abondante, beaucoup moins relevée que celle des autres Reinettes.

Ses pepins sont larges & plats.

Sa maturité est en Septembre & au commencement d'Octobre. C'est une des meilleures Pommes de cette saison, quoique bien inférieure aux bonnes Reinettes.

XVII. *MALUS fructu vix medio, albido, acidè-dulci, brumali.*

REINETTE blanche.

La taille de ce Pommier égale à peine celle du précédent. Ses feuilles sont médiocrement grandes, d'un vert-pâle.

Ses fruits ne sont que de moyenne grosseur; les plus beaux ayant au plus vingt-six lignes de diametre, sur deux pouces de hauteur. La forme des uns est applatie; celle des autres paroît alongée, la hauteur & le diametre étant presqu'égaux, & le côté de la tête étant moins renflé que celui de la queue. L'œil est placé dans une cavité évasée, peu creusée, bordée, dans la plupart des fruits, de bosses peu saillantes qui s'étendent quelquefois sur une grande partie du fruit, & y forment des côtes peu marquées; dans quelques fruits, cette cavité est unie par les bords, & leur diametre est bien arrondi, sans côtes ni saillies. La queue est courte, plantée dans une cavité unie, étroite, & peu profonde.

La peau est très-lisse, d'un vert-clair ou blanchâtre, qui tire sur le jaune très-clair au temps de la maturité du fruit; fort tiquetée de très-petits points bruns bordés de blanc. Quelquefois le côté exposé au soleil se lave légérement de rouge parsemé de gros points d'un brun-foncé bordés de rouge-vif.

La chair est blanche, tendre, très-odorante; elle se cotonne plutôt qu'elle ne se fanne comme celle de la Reinette dorée & de la Reinette franche.

L'eau eft abondante, d'un goût agréable, mais moins relevé que les bonnes Reinettes.

Ses pepins font grands, plats, d'un brun-clair, logés à l'étroit.

Cette Pomme, très-commune, parce que l'arbre charge bien, commence à mûrir en Décembre, & fe conferve rarement jufqu'en Mars.

XVIII. *MALUS pumila fructu medio, albido, acidè-dulci, brumali.*

POMMIER nain de Reinette. (*Pl. VIII.*)

CE Pommier, lors même qu'il eft greffé fur fauvageon, ou fur Doucin, demeure plus nain que les autres Pommiers greffés fur Paradis; & lorfqu'il eft greffé fur ce dernier, il égale à peine un pied de giroflée.

Les premieres feuilles qui accompagnent fes boutons à fruit font de médiocre grandeur, elliptiques comme celles de la plupart des autres Pommiers. Les autres font étroites & très-alongées, ayant environ trois pouces, fur un pouce ou quinze lignes. Les bords font dentelés finement, réguliérement & peu profondément. Elles font portées par des queues longues de huit à douze lignes.

Ses fruits font de moyenne groffeur, de même forme, couleur, confiftance, goût, &c. que la Reinette blanche, dont vraifemblablement il eft une variété. Cependant ils font rarement tiquetés de points & lavés de rouge du côté du foleil. Lorfque cet arbufte eft greffé fur Paradis, fes fruits font gros; quelques-uns ont plus de trente lignes de diametre fur prefqu'autant de hauteur; ils font relevés de côtes affez fenfibles; beaucoup plus renflés vers la queue, que par la tête.

Cette Pomme fe conferve prefqu'auffi long-temps que la Reinette blanche. Souvent elle n'a que quatre loges, qui contiennent des pepins bruns, pointus, plats & peu nourris.

XIX.

XIX. *MALUS fructu magno, hinc rubro, inde albido, acidè-dulci, brumali.*

REINETTE rouge.

CE Pommier est grand & fertile.

Le bourgeon est gros, long, tiqueté, vert dans le bas, légérement teint de rougeâtre vers la pointe.

Le bouton est très-court, très-plat & comme écrafé. Les supports font larges & cannelés.

La feuille est grande, longue de trois pouces neuf lignes, large de deux pouces dix lignes, prefqu'ovale, dentelée & furdentelée; la dentelure est grande, profonde, aiguë. La queue est longue de dix ou onze lignes.

La fleur a vingt-trois lignes de diametre; les pétales font longs de onze lignes, larges de fept lignes, de forme ovale, froncés & comme chifonnés par les bords, panachés de couleur de cerife légere, peu teints en dedans.

Le fruit est gros (fur les vieux arbres & fur Paradis; fur les jeunes arbres, il n'est que de moyenne groffeur.) Son diametre est de deux pouces neuf lignes, & fa hauteur de deux pouces & demi. Il est plus renflé vers la queue que par la tête. Sa queue est affez longue, planté dans une cavité large & profonde. L'œil est petit, placée dans un enfoncement peu creufé, fouvent bordé de quelques boffes peu faillantes, qui fe prolongent fur cette extrémité du fruit, & la rendent anguleufe.

La peau est très-liffe & un peu luifante. Le côté du foleil est fortement lavé d'un affez beau rouge, femé de petits points d'un gris-clair; le côté de l'ombre est blanc, ou d'un jaune très-clair, tiqueté de très-petits points bruns. Elle fe ride beaucoup; moins cependant que la Reinette franche.

La chair est ferme, d'un blanc un peu jaunâtre.

Tome I. P p

L'eau eft abondante, & d'un aigrelet plus relevé que celle de la Reinette franche.

Les pepins font petits, bien nourris, peu alongés & peu pointus.

Cette Pomme que plufieurs confondent avec la Reinette franche, & qui paroît en être une variété, lui eft peu inférieure; mais elle ne fe conferve pas auffi long-temps.

XX. *MALUS fruĉtu medio, faturè rubro, punĉtis flavis diftinĉto, acidè-dulci, autumnali.* •

R E I N E T T E de Bretagne.

CETTE Pomme eft de groffeur moyenne; fon diametre étant de vingt-fept ou vingt-huit lignes, & fa hauteur un peu moindre; quelquefois elle a plus de trente lignes de diametre fur une hauteur prefqu'égale. L'œil eft placé dans un enfoncement étroit, peu creufé, uni par les bords. La queue eft menue, longue de dix ou onze lignes, plantée dans une cavité plus étroite que celle de l'œil, unie & affez profonde. Le diametre étant très-arrondi, fans boffes, ni côtes; les extrémités étant peu applaties, & le côté de la queue étant plus renflé que celui de la tête, ce fruit paroît alongé. Il s'en trouve cependant qui font fort applatis.

La peau eft rude au toucher; les endroits frappés des rayons directs du foleil font d'un rouge foncé, rayés d'un rouge plus foncé, prefque brun. Les endroits frappés obliquement font d'un beau rouge, rayé de rouge-foncé. Les endroits qui ont toujours été expofés à l'ombre, font partie d'un rouge-clair; partie d'un beau jaune doré. Tous les endroits teints de rouge font tiquetés de fort gros points jaunes, & les endroits jaunes font tiquetés de points gris. Toute la cavité où la queue s'implante eft couverte d'une tache grife, dont les bords font comme découpés en rayons aigus.

La chair eft fine, affez ferme & comme caffante, d'un blanc

qui tire un peu fur le jaune ; fort odorante.

L'eau eft abondante, fucrée, relevée, moins aiguifée d'aigre-let que les bonnes Reinettes.

Les pepins font d'un brun-clair, larges, plats, terminés par une pointe très-aiguë.

Cette Pomme eft fort bonne ; mais elle fe conferve rarement jufqu'à la fin de Décembre.

XXI. *MALUS fruĉtu maximo, coftato, è viridi luteo, acidè-dulci, brumali.*

Grosse Reinette d'Angleterre. (*Pl. XII. Fig.* 5.)

L'Arbre eft grand & beau, affez fertile.

Le bourgeon eft gros, long & fort, rouge-brun, tiqueté, couvert d'un duvet épais.

Le bouton eft court & très-large ; les fupports font larges & plats.

Les feuilles font grandes, longues de trois pouces huit lignes, larges de deux pouces dix lignes ; dentelées profondément & furdentelées, portées par des queues longues d'environ dix lignes. Les feuilles moyennes font très-alongées.

La fleur a dix-neuf lignes de diametre. Les pétales font longs de neuf lignes, larges de fept lignes, elliptiques par l'extrémité, peu teints de rouge en dedans, panachés d'un beau rouge-pourpre en dehors, froncés près de l'onglet.

Le fruit eft très-gros, applati par les extrémités, & fur fon diametre, qui eft fur un fens de trois pouces quatre lignes, & fur l'autre, de trois pouces une ligne ; fa hauteur eft de deux pouces fept lignes. Souvent il a plus de trois pouces neuf lignes de diametre, fur trois pouces de hauteur. Sa forme approche beaucoup de celle de la Calville blanche. La queue eft courte, groffe par l'extrémité, plantée au fond d'une cavité large & unie.

L'œil eſt placé dans un enfoncement très-creuſé, bordé d'élévations aſſez ſaillantes à cette extrémité, qui ſe prolongeant ſur
la plus grande partie du fruit, y forment des côtes ſenſibles,
mais beaucoup moins marquées que celles de la Calville blanche.

La peau, d'abord verdâtre, devient au temps de la maturité
du fruit, d'un jaune-clair, tiquetée de très-petits points bruns
placés au milieu d'une petite tache ronde & blanche. Quelquefois elle eſt tiquetée de gros points rouſſâtres, de diverſes formes, comme la Reinette franche.

La chair eſt ſemblable à celle des autres Reinettes, moins
ferme que celle de la Reinette franche, & un peu ſujette à ſe
cotonner.

L'eau eſt un peu moins relevée que celle des bonnes Reinettes.

Les pepins ſont petits à proportion du fruit, pointus, logés
au large.

Cette belle Pomme mûrit en Décembre, Janvier & Février,
avec la Calville blanche qu'elle ſurpaſſe ordinairement en groſſeur.

XXII. *MALUS fructu magno, acidè-dulci, ſerotino.*

REINETTE Franche.

L'ARBRE eſt grand, & de bon rapport.

Les bourgeons ſont gros, longs, forts, verts du côté de l'ombre, rougeâtres du côté du ſoleil, couverts de duvet, tiquetés
de petits points.

Les boutons ſont très-courts, & les ſupports plats.

Les feuilles ſont de moyenne grandeur, longues de trois pouces huit lignes, larges de deux pouces trois lignes, dentelées
profondément & ſurdentelées; leur forme eſt alongée, aiguë
par les deux extrémités. La queue eſt longue d'environ un
pouce.

La fleur a vingt & une lignes de diametre. Les pétales font longs de dix lignes, larges de fix lignes, panachés en dehors de rouge-vif, fortement teints en dedans, peu concaves, beaucoup plus larges vers l'onglet, qu'à l'autre extrémité.

Le fruit eft gros, ayant quelquefois trois pouces de diametre, fur deux pouces quatre lignes de hauteur, applati par les extrémités, anguleux, ou relevé de quelques côtes affez marquées. L'œil eft petit, placé dans un enfoncement évafé, peu creufé, bordé d'élévations qui font l'extrémité des côtes. La queue eft groffe & courte, plantée dans une cavité très-large & profonde, unie par les bords, teinte de vert, ou de gris.

La peau eft unie, d'un vert très-clair, (lorfque le fruit eft mûr, elle fe ride & devient d'un jaune-pâle) tiquetée de points bruns de diverfes formes, ronds, triangulaires, &c. Quelquefois une partie du côté qui a été expofé au foleil, fe lave légérement de rouge tiqueté de points d'un rouge-vif.

La chair eft ferme, blanche, jaunit un peu dans l'extrême maturité du fruit.

L'eau eft fucrée, relevée, & d'un goût très-agréable, qui fait regarder cette Pomme comme la meilleure de toutes.

Les pepins font plats & larges, d'un brun-clair.

Elle commence à mûrir en Février; & il s'en conferve jufqu'aux nouvelles Pommes. Lorfqu'elle a paffé fon point de maturité, elle devient un peu feche, perd beaucoup de fon goût, & acquiert une odeur défagréable. Cependant on la fouffre volontiers, même avec ces défauts dans l'arriere-faifon, dont elle eft la principale & prefque l'unique reffource.

On diftingue plufieurs variétés de Reinette franche; l'une ne differe de celle qui vient d'être décrite que par la forme, qui eft alongée, & le diametre qui eft plus arrondi, n'étant relevé d'aucune côte, ou ne l'étant que de côtes très-peu faillantes. Une autre eft auffi de forme alongée; & fa peau eft marquée d'un

grand nombre de taches rouffes, la plupart de figure alongée ;
de forte que, quand elle eft mûre, elle paroît comme variée de
jaune & de roux, ce qui la fait communément nommer *Reinette rouffe*. C'eft une excellente Pomme, d'un goût très-fin &
très-relevé. Une autre eft applatie, & fon diametre eft anguleux,
fans qu'on y diftingue de côtes bien marquées. La cavité de fon
œil, & celle de fa queue font très-larges, très-profondes &
unies par les bords. Sa peau eft d'un jaune tirant fur le gris, tiquetée de très-petits points bruns, & fouvent marquée de taches
d'un brun-foncé. Elle fe ride & fe fanne plus que les autres.

XXIII. *MALUS fructu magno, compreffo, cinereo, acidulè - dulci,
brumali.*

REINETTE grife. (*Pl. IX.*)

L'ARBRE eft vigoureux ; mais il foutient mal fes branches.

Ses bourgeons font longs, droits, médiocrement gros, verts
du côté de l'ombre, d'un rouge-brun peu foncé du côté du foleil,
tiquetés, couverts d'un duvet fin.

Ses boutons font courts ; & les fupports plats.

Ses feuilles font d'un vert-foncé, alongées, terminées en pointe, dentelées profondément & furdentelées, longues de quatre
pouces, larges de deux pouces trois lignes ; foutenues par des
queues longues d'environ un pouce.

Sa fleur a dix-fept lignes de diametre ; les pétales font longs
de huit lignes, larges de cinq lignes, très-froncés par les bords,
panachés de rouge-clair en dehors, peu teints en dedans.

Le fruit eft gros, applati par les extrémités ; fon diametre eft
de deux pouces neuf lignes, & fa hauteur de deux pouces trois
lignes. Souvent il n'eft que de moyenne groffeur. Il eft plus renflé vers la queue que vers l'œil qui eft petit, placé dans une cavité médiocrement creufée, unie par les bords ; & quoique ce

fruit ne foit point relevé de côtes, cependant fon diametre eft
rarement arrondi. La queue eft plantée au fommet d'un enfoncement uni, large & profond. Quelquefois cette Pomme eft
à peu-près d'égale groffeur par les deux extrémités, & alors fa
forme eft prefque cylindrique.

La peau eft épaiffe, rude au toucher, couverte d'un épiderme
gris qui laiffe entrevoir une couleur jaune ou verte du côté de
l'ombre, & un jaune rougeâtre du côté du foleil. On trouve fur
quelques fruits des endroits brillants, d'un jaune-doré relevé
de taches d'un rouge-vif.

La chair eft ferme, fine, d'un blanc-jaune; devient cotonneufe dans l'extrême maturité.

L'eau eft abondante, fucrée, relevée d'un acide très-fin &
très-agréable. De forte que plufieurs regardent cette Pomme
comme la plus excellente de toutes. Ceux qui aiment un aigrelet plus vif, lui préferent la Reinette franche, quoiqu'elle ait
beaucoup plus d'odeur.

Les loges font étroites, & renferment des pepins pointus,
alongés, de moyenne groffeur.

Cette Pomme fe conferve prefqu'auffi long-temps que les
Reinettes franches.

XXIV. *M A L U S fructu medio, compreffo, è cinereo fulvaftro, inodoro;
brumali.*

R e i n e t t e grife de Champagne.

C e t t e Pomme eft de moyenne groffeur, très-applatie par les
extrémités, n'ayant que vingt & une lignes de hauteur, fur deux
pouces & demi de diametre. Sa queue eft très-courte, plantée
au fommet d'une cavité profonde & fort évafée. L'œil eft peu
enfoncé.

La peau eft grife, tirant fur le ventre de biche; le côté du foleil eft un peu fouetté de rouge par petites raies courtes & étroites. En un mot, la couleur eft prefque la même que celle du Fenouillet gris.

La chair eft caffante, & n'a gueres plus d'odeur que celle du Fenouillet.

L'eau eft fucrée & fort agréable.

Les pepins font larges, plats, d'un brun-clair.

C'eft une trés-bonne Pomme qui fe garde long-temps, & qui eft préférée aux autres Reinettes par ceux qui n'aiment pas leur odeur & leur acidité.

La forme & la couleur de la Pomme-poire ont affez de ref-femblance avec celles de quelques Reinettes grifes, pour qu'on y foit trompé. Cependant je ne crois pas qu'elle puiffe en être regardée comme une variété, ou ce feroit une variété bien dégé-nérée. Sa peau eft d'un vert-foncé recouverte d'un épiderme gris; fa chair eft dure, feche, & d'un goût peu relevé: & fon feul mérite confifte en ce qu'elle fe conferve long-temps.

XXV. *MALUS fructu medio (vel parvo) fubconico, viridi, lineis eva-nidè rubris virgato, brumali,*

DOUX. DOUX à trochet.

L'ARBRE pouffe avec vigueur & rapporte abondamment.

Ses bourgeons font verts, & garnis de boutons placés fort près les uns des autres.

Ses feuilles font de médiocre grandeur, ovales, terminées en pointe, finement dentelées par les bords, affez unies, portées par de longues queues; les nervures font peu relevées, & les fillons correfpondants peu creufés.

On diftingue le gros & le petit Doux, qui n'ont prefque d'autre différence, que la groffeur. Le gros Doux a environ deux pouces & demi de diametre vers la queue où eft fon plus grand renflement;

renflement; & deux pouces trois lignes de hauteur. Le petit
Doux a vingt-deux lignes de diametre, fur deux pouces de hauteur. L'un & l'autre diminue beaucoup de groffeur par la tête ;
ce qui lui donne une forme un peu conique. L'œil, peu ouvert,
eft placé dans un enfoncement peu creufé. On remarque cinq
petites tumeurs ou boffes placées immédiatement contre les cinq
échancrures qui bordent l'œil. La queue eft affez groffe, courte,
verte, plantée au fommet d'une cavité profonde & peu évafée.
Les boutons étant peu diftants les uns des autres, & les fleurs
coulant rarement, les fruits, très-abondants, font comme raffemblés par maffes ou trochets.

La peau eft unie, de couleur verte qui jaunit très-rarement
au temps de la maturité. Le côté du foleil eft rayé de rouge-
brun très-foible ; & en examinant l'autre côté avec attention,
on y apperçoit quelques raies d'un rouge à peine fenfible.

La chair eft ferme, mais fans marc ; d'un blanc qui tire un peu
fur le vert ; prefque fans odeur.

L'eau eft très-douce & agréable, peu relevée.

Les pepins font larges & courts, bien nourris.

Cette Pomme, commune en Normandie, eft trop rare ailleurs. Elle commence à mûrir en Décembre, & fe garde long-
temps.

XXVI. *MALUS fructu medio, oblongo, rubello, tæniolis intensè rubris
virgato, autumnali.*

PIGEONNET.

LE bourgeon de ce Pommier eft gros, un peu coudé à chaque nœud, rouge-brun, couvert d'un duvet très-fin, peu tiqueté, & de très-petits points.

Le bouton eft long, plat, pointu ; les fupports font affez
faillants.

Tome I.   Q q

Les feuilles font petites, longuettes, pliées en dedans en gouttiere, quelquefois même un peu roulées, dentelées & furdentelées, longues de trois pouces, larges de deux pouces, foutenues par des queues longues d'environ dix lignes.

La fleur s'ouvre peu. Son diametre eft de dix-huit lignes. Les pétales font beaucoup plus longs que larges, très - creufés en cuilleron, prefqu'entiérement blancs, ou fort légérement panachés de rouge. Les échancrures du calyce font très-longues & étroites.

Le fruit eft de moyenne groffeur, fon diametre étant de vingt-fix lignes, & fa hauteur de vingt-cinq lignes; ordinairement il eft un peu applati fur fon diametre, beaucoup plus renflé vers la queue qu'à l'autre extrémité; ce qui lui donne une forme alongée. L'œil eft petit & peu enfoncé. La queue eft courte, groffe, plantée dans une cavité peu profonde.

La peau eft rouge, fouettée de petites raies d'un rouge plus foncé du côté du foleil. Le côté de l'ombre eft très-légérement lavé de rouge, vert-clair en quelques endroits, par-tout marqué de petites raies d'un rouge-clair.

La chair eft blanche, fine, & d'un goût fort agréable.

Cette Pomme eft eftimée, & mériteroit d'être plus commune, fi elle ne difparoiffoit ordinairement dès la fin d'Octobre.

XXVII. *MALUS fructu medio, conico, glabro, rofeo, quadriloculari, brumali.*

PIGEON. Cœur de Pigeon. Jérufalem. (*Pl. XII. Fig. 3.*)

CETTE Pomme eft de moyenne groffeur, de forme plus conique que la précédente, diminuant davantage de groffeur vers l'œil. Elle a vingt-fix lignes de diametre, fur deux pouces de hauteur. Souvent elle eft moins groffe. L'œil eft placé à fleur, entre quelques petites boffes très-peu faillantes, & bordé des échancrures du calyce qui font très-longues & étroites. La queue longue de fix à huit lignes, s'implante dans une cavité profonde & peu évafée.

Sa peau eft fine, unie, luifante, dure, de couleur un peu changeante, lavée d'une couleur de rofe légere, tiquetée de quelques points jaunes. En la regardant d'un certain fens, on apperçoit comme un petit nuage bleuâtre, qui, joint au changement de fa couleur, a pu lui faire donner le nom de *Pigeon*.

Sa chair eft fine, délicate, grenue, légere, ferme, très-blanche, quelquefois très-légérement teinte de rouge fous la peau.

Son eau a une acidité agréable, qu'elle perd prefque entiérement lorfque le fruit eft très-mur.

Elle n'a pour l'ordinaire que quatre loges féminales qui forment une croix à quatre branches égales, d'où elle a vraifemblablement reçu le nom de *Jérufalem*. Quelquefois elle n'a que trois loges, & très-rarement cinq. Ses pepins font petits, bien nourris, très-pointus.

Sa maturité eft en Décembre, Janvier & Février. C'eft une très-jolie Pomme à la vue & au goût. Elle a une variété qui eft d'un blanc de cire du côté de l'ombre.

XXVIII. *MALUS fructu maximo, compreffo, albido, tæniolis rubris virgato, autumnali.*

RAMBOUR franc. (*Pl. X.*)

CE Pommier eft un bel arbre, vigoureux & fertile.

Les bourgeons font gros, longs & forts, d'un rouge-brun-violet, couverts d'un duvet épais, tiquetés de petits points.

Les boutons font gros & courts : les fupports font larges & un peu canelés.

Les feuilles font grandes, longues de trois pouces & demi, larges de deux pouces cinq lignes, finement & profondément dentelées & furdentelées, très-velues par dehors, portées par des queues longues d'environ quinze lignes.

La fleur a vingt & une lignes de diametre. Les pétales font longs de dix lignes, larges de fept lignes, beaucoup plus étroits à l'extrémité que près de l'onglet où ils fe froncent, panachés de couleur de cerife-clair.

Le fruit eft très-gros, applati par les extrémités, ayant trois pouces de diametre, fur deux pouces trois lignes de hauteur. Souvent il a plus de trois pouces & demi de diametre, fur trois pouces de hauteur. Il eft relevé de boffes ou côtes qui rendent fouvent fa forme irréguliere. L'œil eft affez gros, placé au fond d'une cavité de médiocre grandeur, bordée de boffes très-faillantes. La queue eft courte, reçue dans une cavité étroite & profonde : cette extrémité du fruit eft beaucoup plus applatie que l'autre.

La peau du côté du foleil eft blanchâtre, rayée de rouge ; d'un jaune très-clair du côté de l'ombre ; lavée de gris dans la cavité où s'implante la queue.

La chair eft un peu grofliere ; mais étant cuite, elle eft légere & fort bonne.

L'eau eft d'un aigrelet que le feu émouffe & rend agréable. Les pepins font de groffeur proportionnée au fruit.

Cette Pomme mûrit au commencement de Septembre, & dure jufqu'à la fin d'Octobre. Dans fa primeur elle eft fort eftimée pour les compotes ; mais dans fa parfaite maturité, elle perd beaucoup de fon mérite, en perdant trop de fon acidité.

XXIX. *MALUS fructu maximo, compreffo, hinc albido, inde flavo, punctis & tæniolis fanguineis diftincto, brumali.*

RAMBOUR d'hiver.

L'ARBRE reffemble au précédent.

Son fruit eft très-gros, très-applati, ayant trois pouces trois

lignes de diametre, fur deux pouces trois lignes de hauteur.
L'œil eft placé dans une cavité médiocrement large & profonde, bordée de côtes peu élevées, qui rendent cependant un peu
anguleufe cette extrémité du fruit, & fe font quelquefois fentir jufqu'à l'autre extrémité. La queue eft groffe, courte, & plantée au fommet d'une cavité profonde & très-évafée par les bords,
ordinairement teinte de gris ou de vert.

La peau eft unie, jaune du côté du foleil, & d'un vert-blanchâtre du côté de l'ombre, par-tout tiquetée & rayée d'un beau
rouge de fang, beaucoup plus clair du côté de l'ombre que du
côté du foleil.

La chair eft affez tendre, blanche tirant fur le vert.

L'eau eft relevée; mais elle a un petit retour d'âcreté.

Les pepins font ordinairement petits & mal formés.

Cette Pomme peut fe conferver jufques vers la fin de Mars.
Elle fe mange plutôt cuite & en compote, que crue.

XXX. *MALUS fructu parvo, glabro, hinc fubflavefcente, indè fplen-*
didè purpureo, inodoro, brumali.

Api. (*Pl. XI.*)

Ce Pommier ne devient pas un grand arbre. Il pouffe beaucoup de bois droit & long; ce qui le fait nommer en quelques
Provinces, *Pommier de long bois.* Il produit beaucoup de fruit
difpofé fur les branches par bouquets.

Le bourgeon eft menu, long, tiqueté de gros points, brun-
violet.

Le bouton eft affez gros, & moins applati que celui de la
plupart des Pommiers. Les fupports font faillants.

Les feuilles font petites, longues de deux pouces neuf lignes,
larges de feize lignes, dentelées profondément & furdentelées;
leur plus grande largeur eft vers la pointe. Les nervures font

peu faillantes, & souvent teintes de couleur de rofe. Les queues font longues d'environ huit lignes.

La fleur a dix-fept lignes de diametre. Les pétales font concaves, panachés en dehors de couleur de cerife-pâle, affez teints de rouge en dedans, longs de huit lignes, larges de fix lignes près de l'onglet, & terminés prefqu'en pointe.

Le fruit eft petit, de forme applatie, ayant dix-neuf lignes de diametre, fur quatorze lignes de hauteur. L'œil eft petit, placé dans un grand enfoncement bordé de boffes, qui quelquefois ne s'étendent pas au-delà de la tête du fruit; fouvent fe prolongent beaucoup plus loin, & forment des côtes. La queue eft longue, plantée au fommet d'une cavité large & profonde.

La peau eft fine, liffe, luifante, d'un rouge-brun fur un fond vert avant la maturité du fruit; d'un beau rouge-vif & éclatant du côté du foleil au temps de la maturité, & blanche, ou jaune très-clair du côté oppofé.

La chair eft très-fine, blanche, ferme, croquante, fans marc, fans odeur, non fujette à fe faner.

L'eau eft douce, fraîche & agréable.

Les pepins font petits, courts & larges.

Cette jolie Pomme commence à mûrir en Décembre, & fe conferve quelquefois jufqu'en Mai. Sur des arbres de plein-vent, & dans un terrein un peu fec, elle eft moins groffe, mais plus rouge, plus croquante, & d'un goût plus agréable, que fur des arbres en buiffon & dans une terre graffe & humide. Comme elle fupporte mieux qu'aucune autre les premiers froids, on la laiffe ordinairement fur l'arbre jufqu'en Novembre, à moins qu'il ne furvienne des gelées capables de l'endommager.

XXXI. *MALUS fructu parvo, compresso, glabro, nigricante, inodoro, brumali.*

A p i noir.

L'Arbre devient un peu plus grand que le précédent. Ses fleurs, fes feuilles, &c. font les mêmes, ou très-peu différentes.

Le fruit fe diftingue de l'Api commun par fa couleur d'un brun-foncé tirant fur le noir; il eft plus gros, fes qualités & le temps de fa maturité font à peu-près les mêmes.

On cultive peu cet arbre; fans doute parce que fon fruit n'offre pas à la vue des couleurs vives & agréables comme l'Api ordinaire; qu'il fe conferve moins long-temps, & qu'il eft un peu fujet à fe cotonner.

XXXII. *MALUS fructu minimo, globofo, glabro, nigricante, inodoro, brumali.*

P o m m e Noirè.

Cette Pomme eft fort petite, très-ronde fur fon diametre, applatie par les deux extrémités. Son diametre n'eft ordinairement que de quinze ou feize lignes, & fa hauteur de douze ou treize lignes. Sa queue eft menue, longue de fept ou huit lignes, plantée dans une cavité unie, évafée, très-peu profonde. L'ombilic eft placé au milieu d'un applatiffement plutôt que d'un enfoncement.

La peau eft liffe, luifante, d'un violet-brun prefque noir du côté du foleil; le côté de l'ombre eft plus clair, & tiqueté de très-petits points jaunes.

La chair eft blanche, un peu teinte de rouge léger fous la peau, d'une confiftance moins ferme que celle de l'Api. Elle n'a prefque point d'odeur, même dans l'exceffive maturité.

L'eau eſt fraîche & douce, mais preſqu'inſipide.

Les loges féminales contiennent de petits pepins d'un violet-brun moins foncé que la peau du fruit.

Ce petit fruit ſe garde long-temps. Il paroît être une variété de l'Api noir, plus arrondie, plus petite, & de qualité inférieure.

XXXIII. *MALUS fructu parvo, pentagono, partim luteo, partim è rubro flaveſcente, ſerotino.*

POMME Etoilée. POMME d'Etoile.

LA Pomme étoilée eſt petite, très-applatie par les extrémités, ayant deux pouces de diametre ſur dix-huit lignes de hauteur, diviſée ſenſiblement en cinq côtes, ce qui la fait nommer *Pomme étoilée.* L'œil eſt preſque à fleur du fruit ; & derriere les cinq échancrures qui le bordent, il s'éleve cinq petites boſſes ou tumeurs. La queue eſt fort longue, plantée dans une cavité peu évaſée, & très-profonde.

Sa peau eſt unie comme celle de l'Api, plus jaune du côté de l'ombre, d'un rouge moins vif & plus orangé du côté du ſoleil.

Sa chair eſt aſſez ferme ; un peu groſſiere, elle tire ſur le jaune, & rougit légérement ſous la peau.

Son eau a un petit goût de ſauvageon.

Ses pepins ſont gros & noirs.

Son principal mérite eſt de ſe conſerver juſqu'en Juin.

XXXIV. *MALUS fructu medio, compreſſo, ſaturè purpureo, inodoro, brumali.*

Gros API. POMME de Roſe.

L'ARBRE & toutes ſes parties reſſemblent entiérement au Pommier n°. 30.

Son fruit eſt de moyenne groſſeur, très-applati par les deux extrémités,

extrémités, ayant deux pouces trois lignes de diametre, fur vingt lignes de hauteur. (Il s'en trouve dont le diametre eft de deux pouces fept lignes, & la hauteur de vingt-trois lignes.) L'œil eft petit, placé dans un enfoncement uni, peu large & peu creufé. La queue, courte & menue, eft plantée dans une cavité étroite & médiocrement profonde ; cette cavité eft fouvent couverte d'une tache fauve frangée, ou bordée de rayons inégaux.

La peau eft dure, d'un rouge plus foncé que le petit Api ; ou de couleur de cerife-foncée du côté du foleil, qui fe lave & s'éclaircit en approchant du côté de l'ombre. Ce côté eft tantôt d'un vert tirant fur le jaune fouetté de rouge-clair, tantôt entiérement lavé de rouge. Quelquefois toute la peau eft comme marbrée de rouge & de jaune doré.

La chair eft très-blanche, fans marc, moins ferme & moins fine que celle du petit Api.

L'eau eft abondante & affez agréable. Quelques-uns croient y trouver un petit parfum de rofe ; d'autres une odeur de rofe.

Les pepins font larges, & d'un brun-foncé.

Cette Pomme fe conferve long-temps ; elle eft eftimable, mais étant bien inférieure au petit Api, on l'envoie plus communément au Preffoir qu'à la Fruiterie.

XXXV. *MALUS fructu magno, compreffo, è viridi flavefcente, acidulo, brumali.*

Non-pareille. (*Pl. XII. Fig. 2.*)

Les bourgeons de ce Pommier font longs, de groffeur médiocre, d'un brun-clair tirant un peu fur le violet, peu tiquetés, couverts d'un épiderme gris-clair.

Les boutons font grands, comme fendus ou déchirés par l'extrémité. Les fupports font larges & cannelés.

Tome I.   R r

Les feuilles font longues de trois pouces fept lignes, larges de vingt-trois lignes, étroites aux deux extrémités, d'un vert-foncé. La dentelure eft peu aiguë, affez grande & profonde. La queue eft longue d'environ dix-huit lignes.

La fleur a vingt-cinq lignes de diametre. Les pétales font longs de douze lignes, larges de huit lignes, panachés en de-hors de rouge-vif; & lavés de rouge en dedans.

Le fruit eft gros, applati, n'ayant que deux pouces quatre lignes de hauteur, fur deux pouces dix lignes de diametre. Sa circonférence eft ordinairement bien arrondie, quelquefois pref-que triangulaire du côté de la queue. L'œil eft affez grand, placé dans un enfoncement uni, étroit, médiocrement creufé. La queue, longue de neuf ou dix lignes, eft plantée dans une cavité unie, évafée & profonde. Cette extrémité eft très-applatie, & beaucoup plus large que le côté de l'œil qui diminue de grof-feur en s'arrondiffant réguliérement.

La peau eft liffe, d'un vert un peu jaune, tiquetée de très-petits points bruns, fouvent marquée de quelque grande tache grife; rarement elle prend une très-légere impreffion de rouge du côté du foleil. Dans l'extrême maturité, elle devient d'un jaune-clair, & fe ride comme la Reinette franche.

La chair eft d'un blanc un peu jaune, tendre ou moins ferme & moins odorante que la Reinette. Elle fe pique & fe cotonne, lorfqu'elle paffe de maturité.

L'eau eft agréable, relevée d'un peu d'acide, d'un goût fort approchant de celui de la Reinette.

Les loges féminales font grandes, garnies de pepins de mé-diocre groffeur, bien nourris, très-pointus, d'un brun-clair.

Cette Pomme eft très-bonne; elle mûrit en Janvier, Février & Mars.

XXXVI. *MALUS fructu magno, compresso, costato, lætè viridi, brumali.*

HAUTE-BONTÉ. (*Pl. XII. Fig.* 1.)

La Pomme de Haute-bonté est grosse, applatie par les ex-trémités, sa hauteur n'étant que de deux pouces trois lignes, sur deux pouces dix lignes de diametre ; souvent elle est plus grosse. Le côté de la queue est un peu plus renflé que l'autre extrémité. L'œil est placé dans une cavité de largeur & profondeur mé-diocres, bordée de bosses, dont les unes ne s'étendent pas au-delà de la tête du fruit; les autres se prolongent sur toute sa hauteur, & y forment des côtes qui rendent sa circonférence anguleuse. La queue est grosse, longue de six ou sept lignes, implantée au sommet d'une cavité assez profonde, resserrée par l'extrémité des côtes qui viennent y aboutir.

Sa peau est fine, lisse, d'un vert-gai, qui tire un peu sur le jaune dans la parfaite maturité du fruit. Quelques endroits du côté du soleil prennent une légere impression de rouge, à peine sensible.

Sa chair est tendre, délicate, d'un blanc un peu vert, trop odorante.

Son eau est abondante, relevée d'un aigrelet fin, moins vif, & moins agréable que celui des Reinettes.

Ses pepins sont petits, longuets, très-pointus.

Sa maturité est en Janvier & Février; il s'en conserve jus-qu'en Avril.

XXXVII. *MALUS fructu parvo, hinc atro-rubente, indè purpuras-cente, brumali.*

CAPENDU. (*Pl. XIII.*)

Les bourgeons de ce Pommier sont de moyenne grosseur,

longuets, d'un brun-rougeâtre, tiquetés de petits points, un peu coudés aux nœuds.

Les boutons font larges & courts. Les fupports un peu cannelés ont peu de faillie.

Les feuilles font longues de deux pouces onze lignes, larges de vingt-deux lignes, plus larges vers la pointe que vers la queue, dentelées finement & réguliérement, & furdentelées, portées par des queues longues d'environ quinze lignes.

La fleur a vingt & une lignes d'étendue. Les pétales font longs de dix lignes, larges de fept lignes, prefqu'ovales, creufés en cuilleron, légérement panachés de couleur de rofe, peu teints en dedans.

Le fruit eft petit, ayant un pouce neuf lignes de diametre fur autant de hauteur. Il eft plus renflé du côté de la queue que du côté de la tête. La queue eft affez longue & très-enfoncée dans le fruit, qui eft applati par cette extrémité. L'œil eft large, placé dans une cavité fort évafée & profonde.

La peau eft d'un rouge obfcur prefque noir du côté du foleil; d'un rouge pourpre plus clair du côté de l'ombre, dont fouvent quelques endroits ne font point du tout teints de rouge. Elle eft toute tiquetée de points fauves, qui font pour la plupart un peu enfoncés dans la peau.

La chair eft affez fine, approchant de celle de la Reinette, un peu jaunâtre, excepté fous la peau où elle eft teinte de rouge très-clair.

L'eau eft un peu aigrelette, & affez agréable.

Cette Pomme fe peut conferver jufqu'à la fin de Mars.

XXXVIII. *MALUS fructu magno, albido, glaciato.*

Pomme de Glace. Transparente.

La Pomme de Glace est grosse, très-renflée vers la queue, diminuant beaucoup de grosseur vers l'œil, où elle se termine presqu'en pointe obtuse. Son diametre est de trente-deux lignes & sa hauteur de trente lignes. Sur les arbres vieux, ou greffés sur Paradis, il s'en trouve de trois pouces trois lignes de diametre, sur trois pouces de hauteur. La queue est grosse & courte, plantée dans une cavité profonde, unie, médiocrement évasée. L'œil est très-petit, enfoncé dans une cavité étroite peu creusée, & ordinairement bordée de quelques bosses.

La peau est fine, unie, luisante, d'un vert-clair qui devient blanchâtre au temps de la maturité du fruit ; quelquefois le côté du soleil devient jaune semé de quelques petites taches d'un rouge-vif ; par-tout elle est fort tiquetée de très-petits points blancs. Alors sa chair est tendre, très-blanche ; & son eau abondante est relevée d'acidité, qui rend cette Pomme très-bonne étant cuite, ou séchée au four. Mais aussi-tôt que le point de sa maturité est passé, sa chair devient ferme, un peu transparente, de couleur verdâtre, comme si elle avoit été frappée & pénétrée de gelée, ou comme du melon d'eau nouvellement mis au sucre. Dans cet état elle se conserve long-temps sans se pourrir ; mais l'eau est presqu'insipide, ou d'un goût désagréable : de sorte que c'est un fruit que la curiosité, plutôt que son utilité, peut faire multiplier. Merlet dit qu'il y en a une variété d'un rouge-brun-violet : je ne la connois point. Si elle est perdue, elle mérite peu de regrets.

XXXIX. *MALUS fructifera*, *flore fugaci*. H. R. P.

POMME-FIGUE.

CE Pommier, comme le précédent intéreffe plus la curiofité que l'économie.

Le bourgeon eft gros, court, vert, très-garni d'yeux, un peu coudé à chaque nœud, couvert d'un duvet épais, tiqueté de très-petits points.

Le bouton eft grand, alongé. Le fupport eft gros, relevé d'une arrête très-faillante qui eft fenfible jufqu'au-delà du bouton alterne.

La feuille eft étroite & longuette, terminée prefque réguliérement en pointe, dentelée finement & très-peu profondément ; fa longueur eft de deux pouces & demi, & fa largeur de quinze ou feize lignes.

Les fleurs, raffemblées en bouquets de quatre à fix & portées par des pédicules longs de fept à neuf lignes, font compofées: 1°. d'un calyce charnu divifé par les bords en cinq échancrures longues, étroites, terminées en pointe très-aiguë, rouges en dedans, fur-tout à la pointe, qui eft teinte de cette couleur en dehors & en dedans : 2°. de cinq pétales de grandeur inégale, de même forme & confiftance que les échancrures, mais beaucoup plus petits, un peu teints de rouge à l'extrémité, attachés fur les bords intérieurs du calyce aux angles des échancrures: 3°. de douze à dix-huit étamines, terminées par de petits fommets ; leurs filets gros, très-velus, mêlés & entrelacés les uns dans les autres, cachent tellement le piftil qu'on ne l'apperçoit qu'avec peine. Toutes les parties de la fleur, les pétales même, font couvertes de duvet en dehors & en dedans.

Le fruit eft petit, alongé, de forme irréguliere, fouvent applati fur fon diametre, ou relevé de côtes, plus gros vers la queue qu'à l'autre extrémité ; communément plus renflé par les bouts que par le milieu; fa queue eft très - peu enfoncée, quelquefois recouverte à fa naiffance par une ou deux boffes très - faillantes ; fon œil eft petit, & placé prefqu'à fleur. La hauteur eft d'environ deux pouces, & le diametre de dix-huit ou vingt lignes.

La peau eft d'un vert-jaunâtre, légérement lavée de rouge-brun du côté du foleil.

L'ombilic, recouvert par les échancrures defféchées du calyce, eft creux jufqu'au quart de la longueur du fruit; dans le fond, on retrouve les pétales defféchés, & les ftyles du piftil. Six petites loges triangulaires font difpofées autour du tube ou canal de l'ombilic, & contiennent les étamines defféchées, avec leurs fommets. Vers la moitié de la longueur du fruit, il y a cinq autres petites loges fans pepins.

CULTURE.

Les semences font un moyen très - incertain de multiplier les bonnes efpeces de Pommiers. Elles fe confervent & fe perpétuent par la greffe en fente, en écuffon, en couronne.

Le Pommier fe greffe 1°. fur franc, c'eft-à-dire, fur des fujets élevés de femences dans les pépinieres, ou de drageons du pied des vieux Pommiers des vergers & des forêts. Ces fujets produifent des Arbres propres pour les vergers & les grands - plein-vent : 2°. fur le Pommier de Doucin, qui forme des Arbres de moyenne grandeur, propres pour le buiffon, l'efpalier & le demi-plein vent; lorfque le terrein plaît au Doucin, ils deviennent prefqu'auffi forts que fur le franc. Il fe multiplie par les marcotes & les drageons. 3°. Les Pommiers greffés fur le Pommier nain de Paradis, forment des paliffades baffes, ou de très-petits buiffons qui s'élevent à peine à trois pieds. Ils donnent du fruit plus promptement, plus abondant à proportion, & beaucoup plus gros, que fur franc ou fur Doucin. Cet Arbriffeau fe propage par les marcotes, les drageons enracinés & les boutures. Pendant les premieres années après la plantation des Pommiers greffés fur Doucin, & fur Paradis, il fort du pied des fujets beaucoup de rejets qui peuvent fervir à les multiplier, mais qui fatiguent l'Arbre, fi l'on n'a foin de les éclater.

Un terrein gras, profond, un peu humide, eft celui qui convient le mieux au Pommier. Il s'accommode de tout autre, même d'un terrein glaifeux. Mais il réuffit médiocrement dans les terres feches; & ne vit pas long-temps dans celles qui ont peu de profondeur. Le Paradis veut une terre meuble & douce; fes foibles racines ne pouvant s'étendre dans une terre compacte, il y périt en peu de temps, ou ne fait qu'y languir.

On plante peu de Pommiers en efpalier, à moins qu'on ne veuille couvrir des murs à l'expofition du nord. On les éleve dans les potagers, en buiffon, en éventail, en contre-efpalier; & ils fe taillent fuivant les regles générales, mais un peu plus long que la plupart des autres Arbres fruitiers. Quant à ceux qui font en plein-vent, donner quelques labours au pied; détruire les parafites, le gui & la mouffe, qui les fatiguent; retrancher le bois mort; les décharger des brindilles & des branches languiffantes, qui les rendent trop confus, étiolent les bonnes branches, & nuifent à leur fécondité; foutenir leurs branches lorfqu'elles courent rifque de

rompre

rompre fous le poids des fruits ; ce font tous les foins qu'ils exigent.

USAGES.

Pendant toute l'année on peut fervir fur la table des Pommes crues, cuites, en compote, en beignets, &c. Elles fe confifent en gelée. On en fait fécher au four, dont le goût eft très-agréable. Prefque tous les fruits tardifs des autres gen- res font peu eftimables ; ce font au contraire les meilleures Pommes, les Reinettes franches & la Poftophe d'hiver, qui fe confervent jufqu'aux nouvelles Calvilles d'été.

Pl. I.

Calville d'Eté.

Aubriet del.   *Poletnich Sculp.*

Calville Blanche.

Calville Rouge.

Magd. Basseporte del.   *Ch. Milsan Sculp.*

Gros Faros.

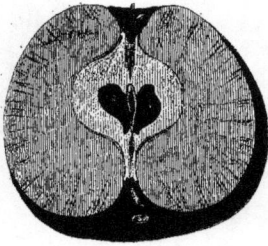

Anis.

Aubriet del.

F.^{nis} Tardieu Sculp.

Fenouillet Rouge?

Magd. Basseporte del.   *Ch. Milsan Sculp.*

Pomme d'Or.

L.B. del.   Cᵗᵉ Haussard Sculp.

Pommier Nain.

Aubriet del.   *C.me Haussard Sculp.*

Reinette Grise.

Rambour Franc.

Aubriet del. Mesnil Sculp.

Apy.

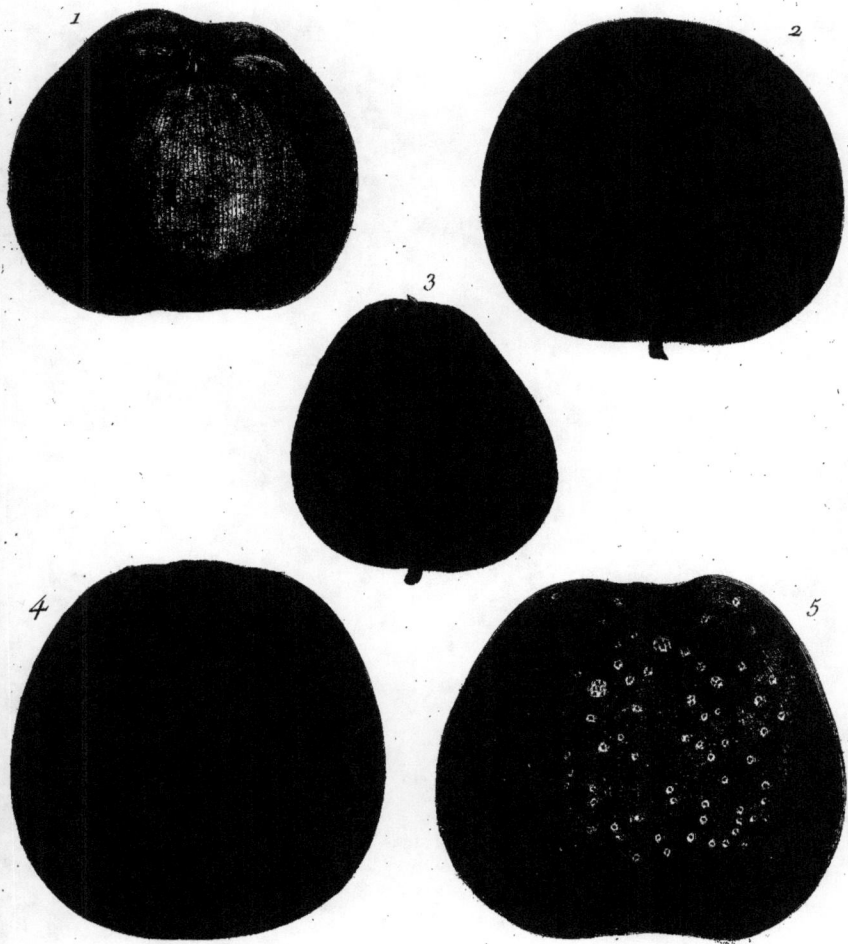

Poletnich Sculp

1. Haute - bonté. 2. Non - pareille. 3. Pigeon. 4. Drap - d'or.
5. Grosse Reinette d'Angleterre.

Magd. Basseporte del.   *E.th Haussard Sculp.*

Capendu.

Aubriet del.   Poletnich Sculp.

Reinette Franche).

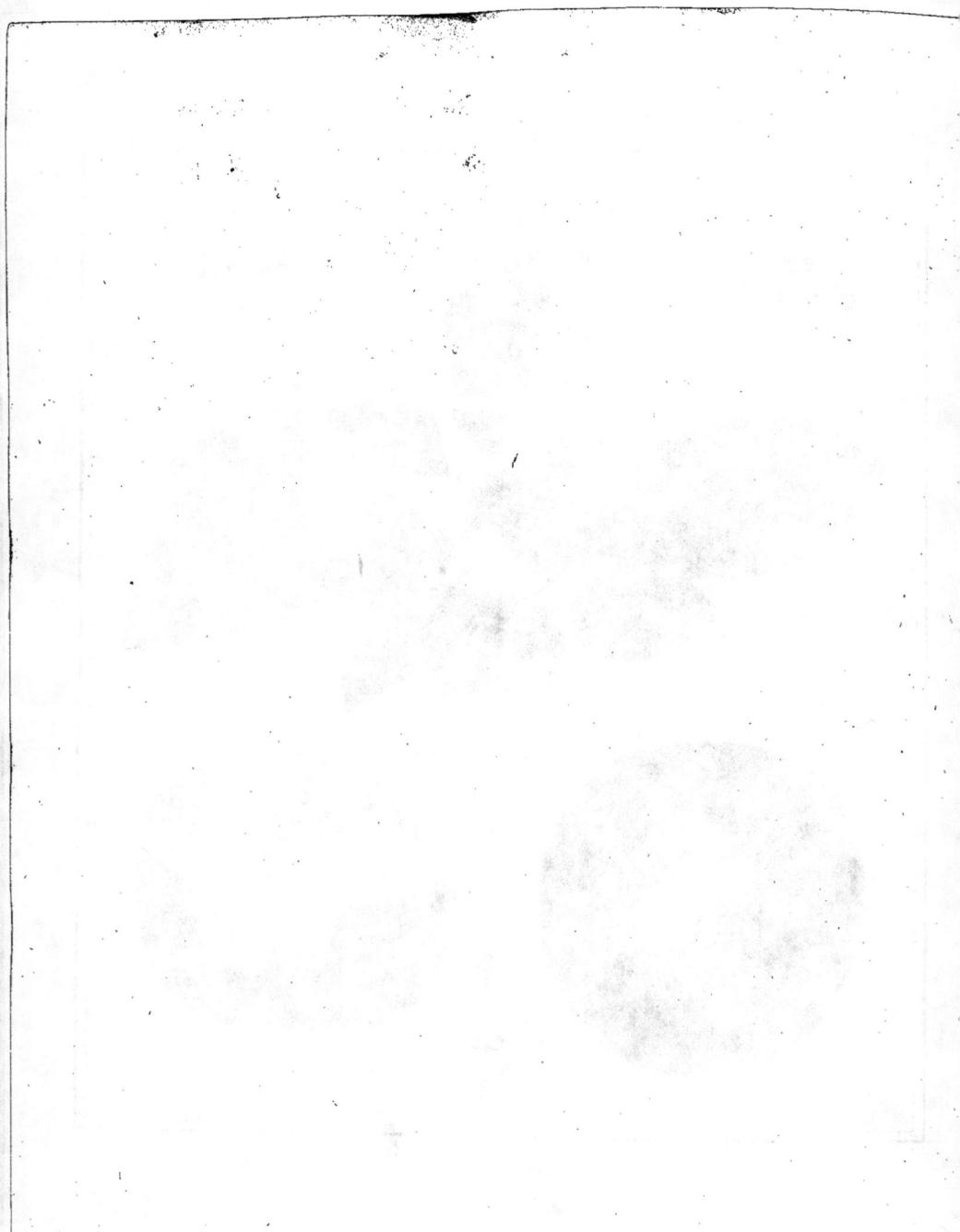

MESPILUS,
AZEROLIER.

CETTE belle famille, dont les fleurs au printemps, & les fruits en automne font un des principaux ornements des jardins & des bofquets, comprend plufieurs efpeces de petits Arbres, de grands & de petits Arbriffeaux, qui ne produifant point de fruits comeftibles, font étrangers à ce Traité. Nous n'y ferons entrer que les Neffliers, & les Azeroliers dont le fruit peut fe manger.

MESPILUS Apii folio laciniato, fructu majore.

AZEROLIER blanc d'Italie. (*Pl. I.*)

CET Azerolier devient à peu-près de la même grandeur que l'Aubépine. Il donne rarement du fruit dans ce climat, s'il n'eft planté en efpalier à une bonne expofition.

Ses bourgeons font gros, couverts d'un duvet blanchâtre, très-garnis de feuilles, & fouvent de quelques épines longues de fix à quinze lignes, & groffes à leur naiffance.

Ses boutons font ronds, gros, couverts d'écailles brunes.

Ses fleurs font raffemblées par bouquets fur une tige qui porte quatre fleurs à fon extrémité. Des deux côtés de cette tige fortent de l'aiffelle d'une feuille quatre petites branches ou ramifications dans un ordre alterne, dont chacune longue de dix-huit à vingt-quatre lignes, porte à fon extrémité deux ou trois fleurs; de forte que le bouquet eft compofé de douze à feize fleurs. Chaque fleur eft d'environ fept lignes de diametre: elle a 1°. un calyce charnu divifé en cinq échancrures courtes &

terminées en pointe : 2°. cinq pétales blancs, ronds, très-con-caves ou creusés en cuilleron, ayant environ trois lignes de hauteur, & autant de largeur : 3°. de quinze à vingt-cinq éta-mines blanches terminées par des sommets de même couleur : 4°. deux piftils, rarement trois, & plus rarement un, furmontés de ftigmates d'un vert-gai, figurés comme une petite tête plate de clou. Ces fleurs ne s'ouvrent que vers la mi-Mai.

Les feuilles font alternes, divifées en trois découpures ; celle du milieu plus longue & plus large que les autres fe termine ordinairement par trois grandes dents aiguës. Les deux décou-pures latérales ont rarement quelque dent ; elles s'écartent beau-coup de celle du milieu, & viennent former un angle aigu fur le pédicule : de forte que fi l'on étend une feuille, & que de la pointe d'une découpure latérale à celle de l'autre on tire une ligne droite, on aura un triangle prefqu'équilatéral, dont cha-que côté fera d'environ deux pouces dans les grandes feuilles. Elles font d'un vert-gai en dedans, & blanchâtres en dehors. Leurs nervures font peu fenfibles. Leur queue eft courte & affez groffe. Elles fe tiennent fermes fans fe plier en aucun fens. Les petites feuilles, celles des branches & des boutons à fruit, font longuettes, beaucoup moins larges que les grandes ; leurs décou-pures font moins profondes ; celle du milieu eft plus longue que les deux autres, terminée comme elles, & non pas divifée en trois dents comme celle des grandes feuilles.

Quoique le bouquet de fleurs en contienne quinze ou feize, il eft rare qu'il arrête plus de fix ou fept fruits fur une même tige. Des fruits, les uns font ronds, les autres un peu turbinés. Leur groffeur varie beaucoup fuivant les terreins, les années & l'expofi-tion ; ils font beaux dans notre climat lorfqu'ils ont dix lignes de diametre, fur une pareille hauteur. Quelques-uns font fphéri-ques applatis par les extrémités, ayant environ une ligne de dia-metre plus que de hauteur. Tous ont la tête applatie, comme la plupart des fruits de cette famille, & terminée par un ombilic très-large, bordé des échancrures du calyce. La queue est de moyenne groffeur, longue d'une à huit lignes, plantée à fleur du fruit.

La peau est très-liffe & un peu luifante; le côté de l'ombre est blanchâtre, ou d'un jaune-pâle, quelquefois très-légérement lavé de rouge. L'autre côté est d'un rouge peu foncé.

La chair est d'un jaune-clair, pâteufe & peu délicate.

L'eau, très-peu abondante, est un peu aigrelette.

On trouve dans ce fruit deux gros noyaux inégaux, offeux & très-durs, applatis fur le côté où ils font appliqués l'un contre l'autre, arrondis de l'autre côté qui est fouvent creufé d'un petit fillon ou cannelure fuivant fa hauteur. Ils font tantôt raccourcis, tantôt alongés fuivant les proportions du fruit. Quelquefois il n'y a qu'un gros noyau qui est prefque rond; quelquefois aufli il y a trois noyaux.

Sa maturité est vers la mi-Octobre. Ce fruit est fort estimé en Italie où on le mange crud; & on en fait des confitures qui ne font pas mauvaifes.

On diftingue plufieurs variétés de cet Azerolier, à petit fruit jaunâtre, à petit fruit rouge, &c. Il y en a une à gros fruit très-rouge, *Mespilus Apii folio laciniato, fructu majore, intenfiùs rubro, gratioris faporis*, H. Cath. Le fruit est prefqu'aufli gros que celui du précédent, plus applati par les extrémités, d'un rouge-ponceau-clair, teint d'un rouge-vif en quelques endroits. Il en fubfiste encore un pied dans le jardin du Val, qu'on affûre que Louis XIV a planté lui-même: j'en ai actuellement fous les yeux une belle branche chargée de fruit. Quelques-uns l'appellent *Epine d'Efpagne*; fans doute parce que celui du jardin du Val fut envoyé d'Efpagne à Louis XIV.

Il y a quelques autres efpeces d'Azeroliers, dont les fruits ne font guere plus mauvais que ceux du précédent; tels font

1°. l'Azerolier du Canada *Mespilus Canadensis Sorbi torminalis facie*. Inst. dont la fleur a dix lignes & demie de diametre ; trois, quatre, communément cinq, & très-rarement deux pistils ; jamais plus de dix étamines, longues d'environ quatre lignes, terminées par de gros sommets de couleur de rose mêlée de blanc ; de chaque côté de l'onglet des cinq pétales, il s'éleve une étamine. Ses feuilles sont larges du côté de la queue, divisées par les bords en plusieurs découpures peu profondes, dont la dentelure & surdentelure est très-aiguë ; elles ont environ trois pouces & demi de longueur, sur deux pouces de largeur vers la queue ; elles sont minces, relevées en dehors de nervures fines. Ses fruits sont d'un beau rouge, rassemblés par bouquets, comme ceux du Sorbier torminal. Quelques Jardiniers nomment cet Azerolier *Epine à feuilles d'Erable*, quoique ses feuilles soient beaucoup plus alongées, & ressemblent peu à celles de cet Arbre.

2°. L'Azerolier de Virginie *Cratægus crus galli*. Linn. dont la fleur a de huit à neuf lignes de diametre ; de quinze à vingt étamines ; trois pistils, rarement deux ou quatre. Le calyce ressemble à celui de la fleur du Poirier ; il est divisé en cinq échancrures longues & très-étroites. Les feuilles se terminent en pointe longue & aiguë du côté de la queue, & sont ordinairement accompagnées à leur naissance de deux stipules frangées & découpées. L'autre extrémité est large, cependant terminée par une petite pointe ; vers cette extrémité, les bords sont divisés en plusieurs découpures, ordinairement beaucoup moins grandes & encore moins profondes que celles du précédent, garnies de dents aiguës, & surdentelées. Ces feuilles sont fermes & étoffées. Sous l'aisselle de chacune, il y a un bouton ou une grande & forte épine, qui fait nommer cet Azerolier *Epine à longs dards*. Son fruit est gros, d'une odeur & d'une saveur approchant de celles d'une mauvaise Pomme : jaune-pâle ; applati par les extrémités ; anguleux, ou relevé de côtes sur son diametre. Il y a un autre

Azerolier, qu'on nomme auſſi de Virginie, qui n'a point, ou
très-peu d'épines. Sa feuille eſt de même forme, mais moins
grande, & d'un vert moins clair. Son fruit eſt bien arrondi, d'un
beau rouge, moins gros.

Je pourrois ajouter, 3°. l'Azerolier-Poirier, dont la feuille eſt
elliptique, longue d'environ cinq pouces, & large de trois pouces, beaucoup plus étroite par les extrémités que par le milieu,
dentelée finement, & peu profondément vers la queue, qui eſt
menue, longue de quinze à vingt lignes: l'autre extrémité eſt
garnie de grandes dents ſurdentelées. Le dedans eſt d'un vert
un peu luiſant; le dehors eſt blanchâtre, couvert d'un duvet fin.
Son fruit eſt de la forme d'une petite Poire, bien arrondie ſur ſon
diametre, applatie par la tête où l'œil eſt placé preſqu'à fleur; il
n'eſt pas plus ouvert que celui des Poires. Il ſe termine réguliérement en pointe vers la queue, qui eſt menue, longue de ſept à
quinze lignes. Son diametre eſt de dix à onze lignes, & ſa hauteur
de douze ou treize lignes. Sa peau eſt lavée de rouge du côté du
ſoleil, d'un jaune-rougeâtre de l'autre côté. Sa chair eſt jaune, un
peu pierreuſe. Son eau n'eſt pas déſagréable. Dans l'intérieur on
trouve, comme dans les Poires, cinq loges & dix petits pepins.
L'Azerole-Poire mûrit vers la mi-Septembre. Pluſieurs Botaniſtes
regardent cet Arbre comme un vrai Poirier. Il en a en effet tous
les caractéres.

MESPILUS, N e f f l i e r.

I. *MESPILUS* Germanica, *folio laurino non ſerrato; ſive Meſpilus*
ſylveſtris. C. B. P.

N e f f l i e r des bois. (*Pl. II.*)

LES Neffliers s'élevent au-deſſus des Arbriſſeaux, & forment
de petits Arbres. Leurs branches s'étendent de côté & d'autre
ſans régularité. Leurs bourgeons font un petit coude à chaque

nœud, qui eſt garni d'un bouton. Les boutons à bois ſont fort petits ; ceux à fruit ſont plus renflés. Ceux-ci s'ouvrent au prin-temps, & produiſent, comme ceux du Coignaſſier, une petite branche ſur la longueur de laquelle il ſe développe pluſieurs feuilles, & à ſon extrémité une fleur.

Le Neſſlier commun s'éleve ſans culture dans les bois ; & com-me il s'y multiplie par ſes ſemences, il arrive ſouvent dans ſon fruit, dans ſes feuilles, dans ſes épines, &c. de légeres varia-tions ſur leſquelles les Botaniſtes ont établi pluſieurs variétés. Mais ces différences étant peu conſidérables, quelquefois même peu conſtantes, nous les comprendrons ſans diſtinction dans la deſcription du Neſſlier des bois.

Sa fleur eſt compoſée d'un calyce d'une ſeule piece, diviſé par les bords en cinq appendices, quelquefois fort étroits, quel-quefois aſſez larges. Ce calyce ſupporte cinq grands pétales blancs, arrondis, & concaves ou creuſés en cuilleron. On trou-ve dans l'intérieur de la fleur une vingtaine d'étamines attachées aux bords du calyce. Au milieu des étamines eſt le piſtil formé d'un embryon qui fait partie du calyce, & de cinq ſtyles termi-nés par des ſtigmates arrondis.

Ses feuilles ſont grandes, longues d'environ cinq pouces & larges de deux pouces, ſimples, entieres, formant un ovale très-alongé, terminées par les deux extrémités en pointe preſqu'é-gale, poſées alternativement ſur les branches, ſoutenues par des queues aſſez courtes. Elles ſont couvertes d'un duvet très-fin, relevées en dehors d'arrêtes aſſez ſaillantes, creuſées en dedans de ſillons peu profonds. Sous l'aiſſelle des feuilles, il ſort un bou-ton ou une épine, quelquefois l'un & l'autre. Les feuilles ſont très-légérement dentelées dans quelques individus ; dans quel-ques autres elles ſont unies ; & dans d'autres on en trouve d'u-nies & de dentelées. Il y a des Neſſliers qui ont des épines ; il y en a qui n'en ont point. J'ajouterai que les feuilles, ſur différents
individus,

individus, & souvent sur un même individu, n'ont pas les mêmes proportions. Les unes sont très-alongées ; les autres sont plus larges relativement à leur longueur.

Ses fruits sont petits, terminés par un ombilic très-ouvert, dont le diametre est presqu'égal à celui des fruits, qui sont comprimés par cette extrémité ; il est bordé des échancrures du calyce qui subsistent jusqu'à la maturité du fruit. Il y a des fruits applatis par les deux extrémités, dont le diametre est de douze à quatorze lignes, sur sept ou huit de la tête à la queue. Il y en a qui sont alongés, ayant douze ou treize lignes de diametre, sur quatorze ou quinze lignes de hauteur ; d'autres enfin ont une hauteur & un diametre presqu'égaux. Ordinairement aux Nefles alongées, les découpures du calyce se rapprochant les unes des autres, couvrent l'ombilic ; aux Nefles raccourcies, elles sont courtes, ou s'écartent, & laissent l'ombilic ouvert.

Lorsque les Nefles des bois sont molles, elles paroissent d'un goût relevé & assez agréable à ceux qui aiment ce fruit de fantaisie.

On trouve dans l'intérieur de la Nefle cinq noyaux osseux & très-durs.

II. *MESPILUS folio Laurino major.* C. B. P.

Nefflier cultivé à gros fruit. (*Pl. III.*)

Ce Nefflier est plus fort, & devient plus grand que les Nefliers des bois.

Le bourgeon est gros, brun-foncé, fort tiqueté de points gris, coudé à chaque nœud.

Le bouton est fort petit, terminé en pointe obtuse, comme collé sur la branche. Son support est large & saillant.

La fleur a près de vingt-cinq lignes de diametre. Le calyce est haut de quatre lignes, large de huit lignes. Ses cinq échancrures

Tome I. T t

font longues de huit à dix lignes, larges de trois lignes près le calyce, & terminées réguliérement en pointe très-aiguë. Les cinq pétales font blancs, ronds, ayant près de neuf lignes de longueur & autant de largeur. Plus de quarante étamines prennent naiffance des bords intérieurs du calyce. Le centre de la fleur eft occupé par cinq ftyles joints par la bafe fans adhérence, & terminés par des ftigmates.

Les feuilles font plus grandes que celles du Nefflier des bois. Il s'en trouve fur les bourgeons vigoureux qui ont plus de fix pouces de longueur fur plus de deux pouces neuf lignes de largeur. L'extrémité fe termine en pointe ; le côté de la queue eft obtus, & fouvent accompagné d'une ou deux oreilles qui reffemblent à de petites folioles. Celles des autres branches font prefqu'également pointues par les deux extrémités, & fans oreilles à leur épanouiffement : les bords des unes font unis vers la queue, & dentelés réguliérement, très-finement & très-peu profondément vers l'extrémité. Les bords des autres font garnis de grandes dentelures obtufes, irrégulieres, & très-peu profondes. Elles font d'un vert-foncé, relevées en dehors de groffes nervures, creufées de fillons peu profonds en dedans ; mais relevées de groffes boffes qui fe forment entre les nervures latérales, & s'étendent prefque de toute leur longueur ; ce qui fait que la groffe nervure fe replie en arc en dehors, & que les bords de la feuille fe roulent un peu du même fens.

Les fruits font gros & courts, ayant dix-neuf lignes de diametre, fur quinze ou feize lignes de hauteur, quelques-uns moins. Il s'en trouve qui ont deux pouces de diametre, fur vingt lignes de hauteur. Lorfque ces groffes Neffles font molles, elles font beaucoup moins délicates & moins relevées que les fauvages, & fouvent elles ont un goût de pourri : parce que les fruits commençant toujours à mollir par le cœur, lorfque le dedans de ces groffes Neffles feroit bon à manger, le dehors eft encore

vert; & lorſque le dehors eſt en état d'être mangé, le dedans
eſt pourri : au lieu que les petites Neffles, dont la ſuperficie eſt
peu diſtante du centre, molliſſent par-tout preſqu'en même temps.
Pour procurer le même avantage aux groſſes Neffles, il faut, lorſqu'elles commencent à s'attendrir en dedans, les mettre dans un
van & les remuer, afin de meurtrir leur ſuperficie, & les diſpo-
ſer à mollir auſſi promptement que l'intérieur. Enſuite on les
entaſſe ſur de la paille où elles achevent bientôt de mollir.

La groſſe Neffle contient cinq noyaux oſſeux, comme celle
des bois.

III. *MESPILUS folio Laurino, fructu ſine oſſiculis.*
NEFFLIER à fruit ſans noyaux. (*Pl. 1 V.*)

CE Nefflier eſt à peu-près de la même grandeur que le précédent.

Ses bourgeons ſont plus menus, & plus alongés, d'un brun
moins foncé, tiquetés de petits points d'un jaune rougeâtre. Ils
ont quelques épines.

Ses boutons ſont beaucoup plus gros, plus alongés, écartés
de la branche. Les ſupports ſont moins ſaillants.

Sa fleur a quinze lignes de diametre. Elle eſt compoſée 1°. d'un
calyce d'une ſeule piece, diviſé en cinq grandes échancrures,
dont deux qui enveloppent la fleur avant ſon épanouiſſement,
ſont preſqu'auſſi grandes que les pétales, un peu blanchâtres
vers le calyce, vertes dans le reſte, longues de ſix lignes, larges
de cinq lignes, terminées en pointe. Les trois autres ne different
des pétales que par leur ſituation, & la couleur verte qui borde
leur extrémité; elles ſont blanches dans leur très-grande partie,
& figurées comme les pétales; ſeulement on apperçoit une petite
pointe au milieu de leur extrémité : 2°. de cinq pétales blancs,
longs de ſix lignes & demie, larges d'autant, épais ou étoffés,

T t ij

diminuant de largeur vers l'onglet, ronds par l'extrémité, quelques-uns presque figurés en cœur, traversés dans toute leur longueur d'un sillon sensible : 3°. de trente à quarante étamines terminées par de gros sommets : 4°. de trois styles informes sans stigmates, de la base desquels s'élevent cinq étamines avec leurs sommets. Outre les échancrures, souvent une ou deux stipules vertes, longues de sept à huit lignes, larges d'une ligne & demie à leur naissance, terminées en pointe, sortent du calyce & subsistent jusqu'à la maturité du fruit. La fleur du Nefflier sans pepin differe de celle du Nefflier à gros fruit, 1°. par sa grandeur qui est beaucoup moindre : 2°. par son calyce qui est moins large, plus alongé & assez semblable à celui du Poirier : 3°. par les échancrures : 4°. par le pistil.

Ses feuilles sont beaucoup moindres, sur-tout en longueur, que celles du Nefflier à gros fruit. Les grandes feuilles des bourgeons ont deux pouces & demi de longueur, sur dix-huit lignes de largeur. La grosse arrête se courbe un peu en arc en dehors, & les petites nervures y sont très-saillantes. Les bords se froncent, & sont garnis & comme festonnés de grandes dents arrondies, irrégulieres & peu profondes. La queue est fort courte, d'un rouge plus foncé que celle des feuilles du Nefflier à gros fruit. Les feuilles des branches à fruit sont, comme celles des autres Neffliers, alongées, unies par les bords, pointues par les deux extrémités ; elles sont longues de quatre à quatre pouces & demi, & larges de vingt à vingt-quatre lignes.

Ses fruits sont petits, ayant onze ou douze lignes de diametre, sur une hauteur tantôt égale, tantôt moindre, & quelquefois plus grande. Les deux échancrures vertes du calyce se conservent sur le bord du large ombilic du fruit jusqu'à sa maturité ; les trois autres se dessechent ordinairement long-temps avant que le fruit soit parvenu à sa grosseur. Ces Neffles n'ont point de noyaux, avantage qui, joint à celui d'être délicates, & de mollir entiérement en peu de temps, doit les faire préférer à toutes les autres.

Le Nefflier se multiplie par les semences. Les deux especes qu'on cultive dans les jardins se perpétuent par la greffe en fente, & en écusson, sur le Poirier, le Coignassier, le Nefflier sauvage, & toute la famille du *Mespilus*. Tout terrein lui convient. Dans les terres humides, le fruit est plus gros ; dans les terres seches, il a plus de goût. Si l'on veut lui donner une forme réguliere, il en est susceptible, & ne craint point la taille. On peut l'élever en tige, le tenir en buisson, l'étendre en espalier ou en éventail ; du reste il n'exige aucune culture.

Ce fruit se mange crud sans sucre, ou glacé de caramel.

La culture de l'Azerolier est la même que celle du Nefflier.

Ses fruits se mangent cruds ou en compote lorsqu'ils sont murs, & non pas mous. On les confit entiers. Il en vient d'assez bonnes confitures d'Italie, où l'Azerole blanche est estimée.

Les Azeroles mûrissent en Octobre & Novembre. Les Neffles se mangent en Novembre & Décembre.

Azerolier d'Italie.

Neflier des Bois.

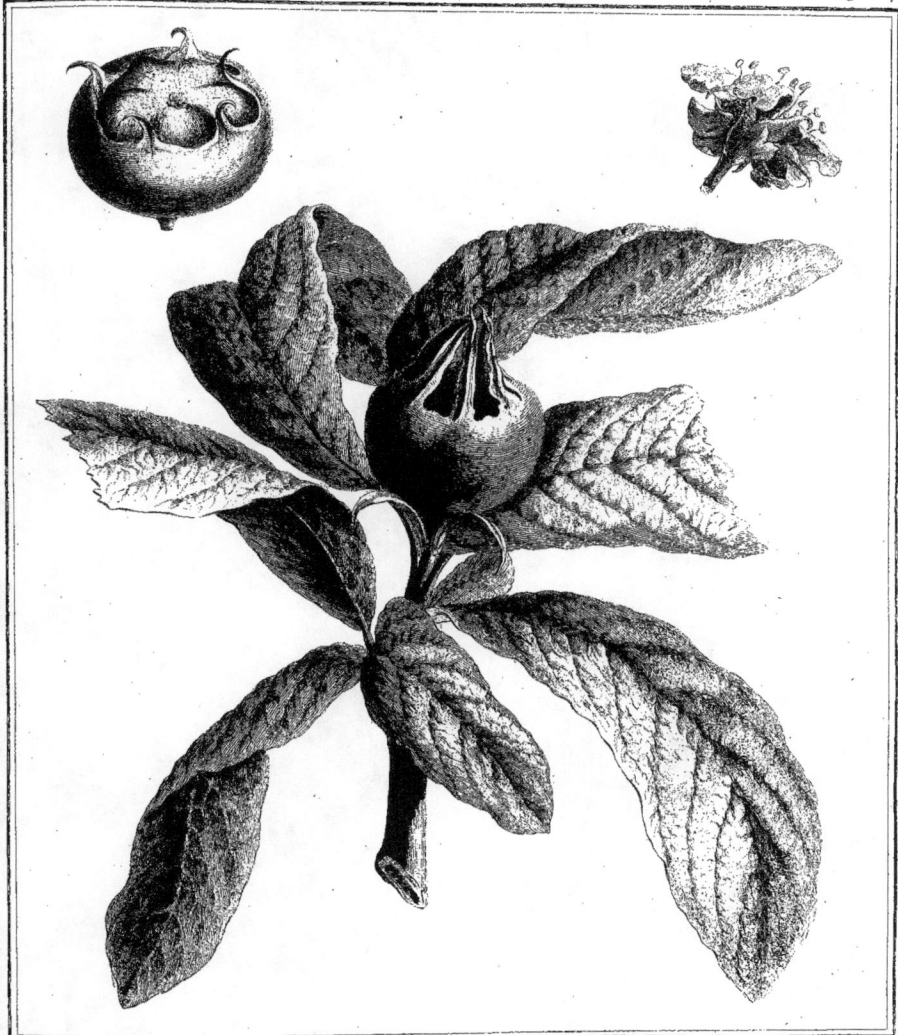

Mag.ᵈᵉ Basseporte del.   P.ᵗʰ Haussard Sculp.

Neslier a gros fruit.

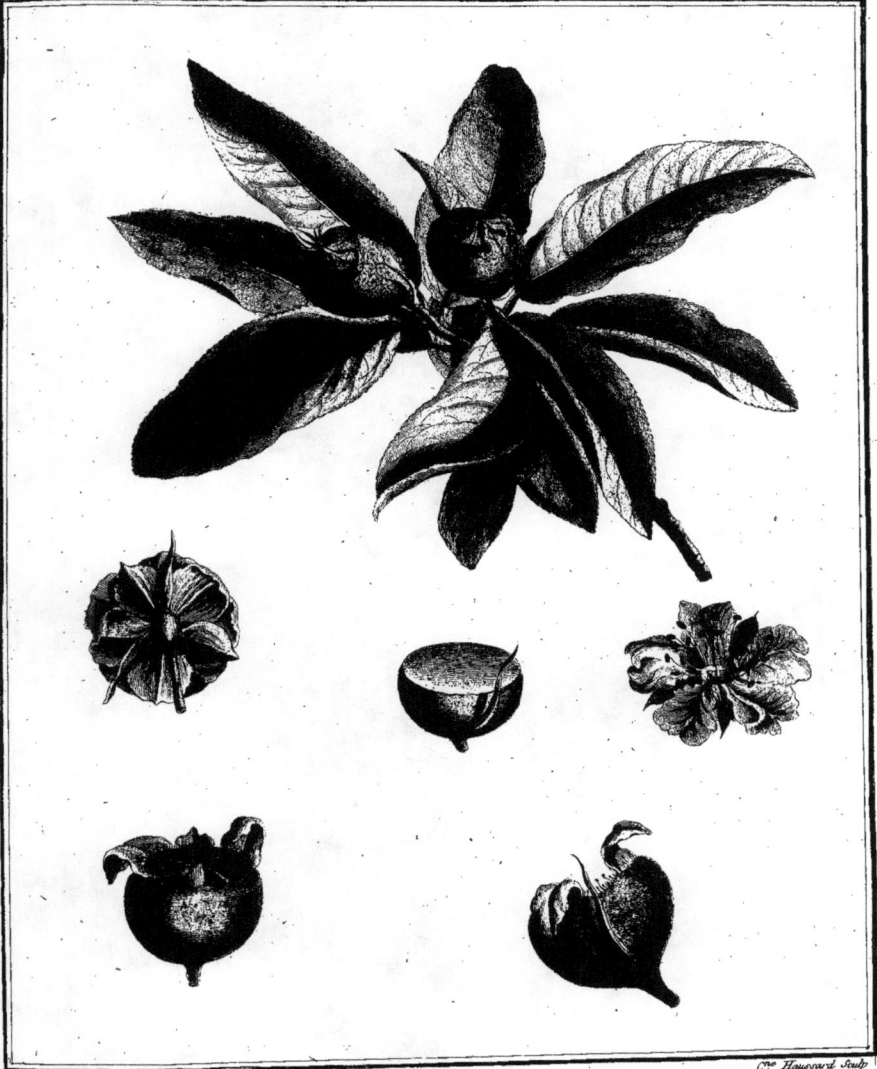

Aubriet *del.*   C.^e *Haussard Sculp.*

Neslier sans Noyaux.

MORUS,
MURIER.

MORUS fructu nigro. C. B. Pin. 459.

MURIER à fruit noir.

CE MURIER, le feul qui doit trouver place dans ce Traité, eft un affez grand Arbre, dont la forme eft peu agréable & peu réguliere. Il foutient mal une partie de fes branches, fe foutient mal lui-même, fa tige étant ordinairement tortue ou penchée de quelque côté. Il produit quelquefois des bouchons de faux bois dans un endroit, & fe dégarnit ailleurs.

Les bourgeons ne font ni gros ni longs. Leur écorce eft d'un vert-clair tirant fur le fauve en quelques endroits; pendant l'hiver elle devient d'un brun rougeâtre, tiqueté de points gris.

Les boutons font gros, terminés en pointe aiguë, bruns, peu écartés de la branche. Le fupport eft fort gros & faillant.

Les feuilles font figurées en cœur alongé & un peu étroit du côté de la queue, qui eft fort groffe, ferme, ronde, d'un vert-clair, longue de huit à quinze lignes; les bords font garnis réguliérement de grandes dents aiguës, dont quelques-unes font fur-dentelées. Le dehors de la feuille eft relevé de groffes nervures blanchâtres, très-faillantes, qui fe ramifient en un grand nombre de moindres; le dedans eft creufé de fillons peu profonds correfpondants aux nervures. Les grandes feuilles ont fix pouces & demi de longueur, fur fix pouces de largeur.

Au mois de Mai, chaque bouton qui s'ouvre, produit un bourgeon. Des premiers anneaux qui font à l'infertion de ce bour-

geon, il fort d'un à quatre épis de fleurs. A mefure que le bourgeon s'alonge, il produit des feuilles, & en même temps fous
l'aiffelle de chaque feuille un bouton, & à côté de ce bouton un
épi de fleurs. Il naît ainfi des boutons & des fleurs fous l'aiffelle
des trois ou quatre premieres feuilles qui fe développent; fous
les autres, il n'y a que des boutons. Les fleurs attachées immédiatement & grouppées fans pédicule fur une queue, filet, rafle ou
fupport commun, forment une efpece de chaton ou d'épi. Sur un
même individu, on trouve des épis de fleurs mâles & ftériles, &
des épis de fleurs femelles & fertiles. Les épis de fleurs mâles font
longs de fix à dix-huit lignes; ceux de fleurs femelles, de quatre
à fix lignes. Chaque fleur mâle eft compofée d'un calyce divifé
en quatre échancrures qui s'épanouiffent; de quatre étamines affez
longues furmontées de gros fommets; & d'un piftil avorté. Chaque fleur femelle eft compofée d'un calyce charnu divifé en quatre échancrures qui ne s'épanouiffent point; mais demeurent fermées & appliquées fur un piftil qu'elles couvrent, & dont elles
ne laiffent fortir que le ftyle divifé en deux branches recourbées,
& repofant fur un embryon conique, qui contient une femence
ou un pepin. Quelques branches ne portent que des chatons de
fleurs mâles, & d'autres des chatons de fleurs femelles. Il y a auffi
des Mûriers qui donnent beaucoup plus de fleurs mâles que de
fleurs femelles. Il faut éviter de les multiplier.

Les fleurs mâles tombent après avoir fécondé les fleurs femelles. Celles-ci deviennent des baies ou de petits fruits longs de quatre à cinq lignes, larges de deux à trois lignes & demie, compofés de quatre pieces ou lobes, emboîtés l'un dans l'autre, &
fe recouvrant en partie. De dix à trente-fix de ces baies (fuivant
le nombre des fleurs de l'épi) raffemblées & ferrées l'une contre
l'autre fans aucune adhérence, & attachées immédiatement fur
le fupport commun, fe forme le fruit qu'on appelle *Mûre*. Une
belle Mûre a environ quatorze lignes de longueur, fur dix ou
onze

onze de diametre. La peau de chacune des baies eſt d'abord d'un vert-clair, enſuite d'un beau rouge, enfin d'un noir-foncé & luiſant : alors elle eſt mûre ; ſa peau eſt très-mince & ſe rompt facilement ; elle ne contient aucune ſubſtance ſolide, mais un jus ou eau d'un beau rouge-foncé, & d'un goût aigrelet. On trouve dans chaque baie une petite ſemence applatie, d'un rouge-foncé, oblongue, un peu moins obtuſe par une extrémité que par l'autre. Le ſupport commun de toutes les baies qui forment le fruit eſt ligneux & très-dur, garni d'un grand nombre de poils & fibres très-menues, longues de près de deux lignes, qui pénetrent avant dans les baies, & leur ſervent d'attache ſur ce ſupport.

On plante le Mûrier dans une baſſe-cour ou quelqu'autre lieu couvert & propre à abriter ſes fleurs & les empêcher de couler : il ne demande ni taille ni culture. Les amateurs de ſon fruit peuvent planter un Mûrier en eſpalier à quelqu'expoſition que ce ſoit ; il tapiſſera fort bien le mur & donnera de très-beau fruit. On peut l'élever de ſemences, mais les marcotes & les boutures ſont une voie plus prompte, plus ſûre & plus facile.

On mange les Mûres crues au commencement du repas. On en fait des ſyrops propres à appaiſer ou modérer les maux de gorge ; mais on emploie plus ordinairement à cet uſage les Mûres des haies, qui ſont les fruits de la ronce ; non qu'elles ſoient préférables, mais parce qu'elles ſont plus communes.

La maturité des Mûres eſt depuis la fin de Juillet, juſques vers la fin de Septembre. Aux approches de l'automne, les feuilles du Mûrier ſe couvrent de taches rouſſâtres.

Fin du Tome premier.

E R R A T A.

Page 41, *ligne* 5, un peu : *liſez*, très-peu.

De l'Imprimerie de L. F. Delatour, 1768.

Mûrier.

www.ingramcontent.com/pod-product-compliance
Lightning Source LLC
Chambersburg PA
CBHW060927220326
41599CB00020B/3038